牯牛降木本植物

赵 凯 倪味咏 方宏明 ◎ 主编

中国林业出版社

内容简介

本书共收录牯牛降地区木本植物88科279属698种，其中野生分布的86科269属668种，包括2011年保护区第二次科考以来发表的新种1种、安徽新记录13种、地区新记录105种，订正了14个以往错误鉴定种，排除了有历史资料记录但确认无分布的物种33种。所有物种均有简要的文字描述和特征明晰的精美图片，95%以上照片均为编写团队在保护区内实地拍摄获得，具有很强的可读性和科普性。此外，还梳理了材用、药用、观赏等12个类别的587种资源植物。本书的编写旨在让更多人了解牯牛降地区植物资源的多样性，培养公众学习植物的热情，为植物资源开发利用奠定基础。本书可为区域植物爱好者及热心生物多样性保护事业人士提供植物物种鉴定方面的帮助，亦可作为牯牛降地区开展自然研学和生态旅游的重要工具书。

图书在版编目（CIP）数据

牯牛降木本植物 / 赵凯，倪味咏，方宏明主编.
北京：中国林业出版社，2025.4. -- ISBN 978-7-5219-2962-1
Ⅰ．S717.254
中国国家版本馆CIP数据核字第2024C0F693号

责任编辑：李春艳
封面设计：睿思视界视觉设计

出版发行：中国林业出版社
　　　　　（100009，北京市西城区刘海胡同7号，电话010-83143579）
电子邮箱：30348863@qq.com
网址：https://www.cfph.net
印刷：北京博海升彩色印刷有限公司
版次：2025年4月第1版
印次：2025年4月第1次
开本：880mm×1230mm　1/16
印张：26
字数：800千字
定价：289.00元

《牯牛降木本植物》编写委员会

主　编　赵　凯　倪味咏　方宏明

副主编　桂正文　张丁来　李　键　张　庆　王　彬　马海波

顾　问　彭华胜　邵剑文　吴成海　刘鹤龄　陈明林

编委会成员（按姓氏笔画排序）

马建华　邢昌清　朱咸斌　朱晓静　伍　胜　刘　坤

吴　彦　吴成妹　宋　婧　宋丽雅　宋浩伟　张　宏

陈方明　陈斌龙　林　庶　胡淑宝　查道义　俞文雅

施　皓　姚　丽　谈　凯　盛桂祥　章　伟　梁长武

谢云胜　翟　伟　翟玉山　穆　丹

使用说明

- 植物分类
- 篇章题名
- 书　名
- 物种中文名
- 种分类地位
- 物种学名
- 保护级别
- IUCN 濒危等级
- 分布类型
- 照片
- 文字描述
- 别名

物种中文名	如无特殊说明，与中国生物物种名录（http://www.sp2000.org.cn/）保持一致。
种分类地位	如无特殊说明，与植物智网站（http://www.iplant.cn/）保持一致。
别名	其他文献经常使用的该种中文名。
保护级别	"省"代表省级重点保护野生植物；"国一"代表国家一级重点保护野生植物；"国二"代表国家二级重点保护野生植物。
IUCN 濒危等级	"CR"代表极危，"EN"代表濒危，"VU"代表易危，"NT"代表近危，"LC"代表低危，"DD"代表数据缺乏。
分布类型	"Y"代表野生分布，"Z"代表人工栽培。

　　党的十八大将生态文明建设提升至中国特色社会主义事业五位一体总体布局的战略核心以来，生物多样性保护工作便获得了前所未有的关注与重视。牯牛降，这座屹立于皖南山区腹地的巍峨山峰，与黄山、清凉峰并称为皖南三大高峰，其境内藏有华东地区最为完整原始的生态系统连片无人区，被誉为"华东地区动植物基因库"和"绿色自然博物院"。早在1982年改革开放初期，牯牛降自然保护区就已经成立，1988年晋升为国家级自然保护区，是安徽省第一个以森林生态系统为主要保护对象的国家级自然保护区。这一前瞻性举措，为这片宝贵的原生生态系统及珍稀濒危野生动植物资源筑起了坚实的保护屏障，区内不仅栖息着黑麂、中华鬣羚、白颈长尾雉、藏酋猴、豹猫、黄喉貂等一大批珍稀濒危野生动物，也生长着银杏、象鼻兰、霍山石斛、南方红豆杉、长序榆、永瓣藤等一大批珍稀濒危野生植物。

　　1983年，安徽省林业厅与安徽省科学技术委员会携手，组织了包括安徽师范大学、安徽农学院、安徽省林业科学研究所、安徽省生物研究所在内的17家单位，联合开展了牯牛降保护区综合科学考察工作。本人有幸作为大学生实习，参加了此次考察活动。此次科考工作不仅为牯牛降生物多样性保护工作奠定了坚实基础，对于推动全省生物多样性保护工作也发挥了重要作用，其成果对后续《安徽植物志》《安徽两栖爬行动物志》《安徽兽类志》等全省志书的编纂贡献良多，进一步确立了牯牛降国家级自然保护区在皖南山区乃至安徽省生物多样性保护中的核心地位。此后数十年间，安徽师范大学、安徽大学、南京林业大学、安徽农业大学等高校持续围绕牯牛降保护区开展生物多样性监测，取得了一系列科研成果。

　　木本植物，以其高大的树形与坚硬的植株区别于草本植物，包含了大量可供药用和材用，以及园林绿化、蜜源、油料、纤维等资源物种，不仅在生态系统中占据了支配地位，也在人类生产生活中发挥着不可或缺的作用。在生态文明建设工作蓬勃发展的今天，牯牛降国家级自然保护区联合安庆师范大学开展的牯牛降木本植物调查工作，不仅是过往生物多样性保护和监测工作的延续，更是深入贯彻习近平生态文明思想，践行"绿水青山就是金山银山"理念的生动实践。

经过编写团队4年间30余次的野外调查与充分的资料收集，本次调查不仅总结了自2011年第二次科考以来发现的新种1种、安徽新记录13种、地区新记录105种，还订正了14个过往的错误鉴定种，排除了33种有历史资料记录但实则无分布的物种，最终完成了牯牛降地区全部的698种木本植物的编目，并配以特征鲜明的精美彩色照片。编写组还筛选出具有药用、材用、园林绿化、蜜源等12类利用价值的资源植物共计587种，占全部木本植物的84.10%，为未来生物多样性资源的合理利用提供了重要依据。

《牯牛降木本植物》一书的出版，不仅为皖南地区开展生物多样性保护相关工作提供了有力支持，也为生物多样性资源的开发利用指明了方向，对科普研学、生态旅游等工作的开展具有较高指导价值。此书是皖南山区乃至安徽省生物多样性保护工作的又一重要成果。在此，我期许安徽的植物分类工作者再接再厉，继续开展更深入的植物资源调查和研究的同时，能基于充分的保护，在生物多样性资源开发利用方面取得新的更大的成绩。

——谨此序。

中国科学院院士 韩斌

2024年11月21日

前 言

牯牛降位于安徽省南部的祁门和石台两县交界处，是黄山山脉向西延伸的主体，最高峰海拔1727.6米，与黄山、清凉峰并称皖南三大高峰，是华东地区地理条件最为复杂、生态系统最为完整、自然植被最为原始的地区之一，被誉为"华东地区动植物基因库"和"绿色自然博物院"。1980年，著名生态学家侯学煜先生来安徽考察后，建议将牯牛降建为自然保护区。1982年，安徽省人民政府批准建立了牯牛降省级自然保护区。1988年5月，经国务院批准晋升为国家级自然保护区，牯牛降成为安徽省第一个以森林生态系统为主要保护对象的国家级自然保护区。

自保护区成立以来，共组织了两次全面科考。第一次是保护区刚刚成立后的1983年，由安徽省科学技术委员会和安徽省林业厅组织的保护区第一次综合科学科考，科学考察成果《牯牛降科学考察集》于1990年正式出版。2011年，在安徽省林业厅的组织下，开展了牯牛降自然资源综合科学考察工作，科考成果《安徽牯牛降国家级自然保护区生物多样性及其保护策略》于2020年正式出版。两轮科考基本摸清了牯牛降植物多样性本底。

木本植物因其植株高大、多年生等特点，在森林生态系统中占据了主导地位，也是最容易引人关注的植物类群。木本植物包含了大量有观赏、药用、木材价值的树种，在林业产业开发利用方面具有重要价值，也是生物多样性保护和利用的重要类群。近年来，随着分子生物学的长足发展，原有植物分类系统发生较大改变，曾经运用的植物分类学体系迎来重大变革，牯牛降的植物也需根据新的分类体系进行重新厘定。在此背景下，牯牛降国家级自然保护区启动了本次木本植物资源调查工作，旨在进一步摸清保护区木本植物现状，依据最新植物分类系统厘清木本植物分类地位，为今后保护区在生物多样性保护、科研监测、科普宣教和合理资源利用等方面奠定基础。

为顺利完成本次牯牛降木本植物调查工作，调查组历时4年，先后30余次赴保护区开展野外调查，拍摄高清植物图片10万余张，对历史资料记录的木本植物进行逐一考证。《牯牛降木本植物》共收录牯牛降国家级自然保护区及周边地区野生分布的木本植物86科269属668种，包括保护区第二次科考以来发表的新种1种、安徽新记录13种、地区新记录105种，订正了14个以往错误鉴定种，排除了有历史资料记录但确认无分布的物种33种。为兼顾本书科普用途，书稿还收录了牯牛降地区常见的栽培木本植物30种，共收录牯牛降及周边地区木本植物88科279属698种。考虑到物种识别鉴定方面的需求，本书为每个物种均配了精美的实物图片，95%以上照片均为编写团队在保护区内实地拍摄获得。本书还梳理了材用植物、药用植物、观赏植物在内12类资源植物587种，占牯牛降木本植物的84.10%，可为将来开展植物资源开发利用工作奠定基础。本书裸子植物采用Christenhusz系统，被子植物采用APG IV系统，物种中文名及分类总体与中国生物物种名录（http://www.sp2000.org.cn/）和植物智网站（http://www.iplant.cn）保持一致。

在本书编撰过程中，中国中医科学院彭华胜教授，安徽师范大学邵剑文教授、陈明林教授，安徽中医药大学吴成海教授、刘鹤龄教授，信阳师范大学朱鑫鑫博士，安徽省林业科学研究院胡一民高级工程师，黄山市林业科学研究所潘新健所长等对本书提供重要指导；信阳师范大学朱鑫鑫博士，清凉峰国家级自然保护区方国富，安徽师范大学刘坤、张思宇提供了部分照片；保护区相关工作人员在资料收集、野外调查及书稿编写过程中给予了充分支持。在此一并致谢。

本书可为开展牯牛降生物多样性研究工作提供基础数据，也可为林业工作者及野生动植物爱好者提供物种鉴定方面的帮助，还可作为牯牛降地区开展自然教育和研学游的重要工具书。因编者水平有限，疏漏之处在所难免，敬请批评指正。

编者

2024年10月

目录

序　言
前　言

总　论

一、自然概况 …………………………………………………………………… 002

二、木本植物区系组成 ………………………………………………………… 003

三、重点保护物种 ……………………………………………………………… 004

四、资源植物 …………………………………………………………………… 008

各　论

一 裸子植物

银杏 …………………… 016	圆柏 …………………… 019	南方红豆杉 …………… 022
雪松 …………………… 016	高山柏 ………………… 019	榧 ……………………… 022
马尾松 ………………… 017	刺柏 …………………… 020	巴山榧 ………………… 023
黄山松 ………………… 017	三尖杉 ………………… 020	罗汉松 ………………… 023
杉木 …………………… 018	粗榧 …………………… 021	
侧柏 …………………… 018	红豆杉 ………………… 021	

二 被子植物

大屿八角 ……………… 026	二色五味子 …………… 028	紫玉兰 ………………… 031
红茴香 ………………… 026	草珊瑚 ………………… 029	黄山玉兰 ……………… 031
南五味子 ……………… 027	山蒟 …………………… 029	望春玉兰 ……………… 032
华中五味子 …………… 027	鹅掌楸 ………………… 030	凹叶厚朴 ……………… 032
翼梗五味子 …………… 028	玉兰 …………………… 030	天女花 ………………… 033

木莲……033	大血藤……053	小叶黄杨……074
含笑……034	三叶木通……054	尖叶黄杨……075
野含笑……034	木通……055	缺萼枫香……075
蜡梅……035	鹰爪枫……055	枫香……076
浙江新木姜子……035	五月瓜藤……056	蜡瓣花……076
天目木姜子……036	尾叶那藤……056	腺蜡瓣花……077
山鸡椒……036	倒卵叶野木瓜……057	灰白蜡瓣花……077
豹皮樟……037	猫儿屎……057	牛鼻栓……078
黄丹木姜子……037	千金藤……058	金缕梅……078
黑壳楠……038	蝙蝠葛……058	檵木……079
红果山胡椒……038	秤钩风……059	杨梅叶蚊母树……079
山橿……039	木防己……060	交让木……080
山胡椒……039	风龙……060	虎皮楠……080
狭叶山胡椒……040	豪猪刺……061	峨眉鼠刺……081
大果山胡椒……040	安徽小檗……062	细枝茶藨子……081
乌药……041	庐山小檗……062	刺葡萄……082
三桠乌药……041	阔叶十大功劳……063	腺枝毛葡萄……082
绿叶甘檀……042	南天竹……063	华东葡萄……083
红脉钓樟……042	绣球藤……064	菱叶葡萄……083
檫木……043	单叶铁线莲……064	葛藟葡萄……084
樟……043	大花威灵仙……065	开化葡萄……084
浙江桂……044	牯牛铁线莲……065	蘡薁……085
香桂……044	女萎……066	蛇葡萄……085
紫楠……045	毛果铁线莲……066	三裂蛇葡萄……086
薄叶润楠……045	扬子铁线莲……067	牯岭蛇葡萄……086
刨花润楠……046	山木通……067	异叶蛇葡萄……087
红楠……046	威灵仙……068	白蔹……087
浙南菝葜……047	圆锥铁线莲……068	牛果藤……088
托柄菝葜……047	柱果铁线莲……069	羽叶牛果藤……089
华东菝葜……048	清风藤……069	地锦……089
短梗菝葜……048	鄂西清风藤……070	异叶地锦……090
菝葜……049	凹萼清风藤……070	绿叶地锦……090
小果菝葜……049	尖叶清风藤……071	三叶崖爬藤……091
黑果菝葜……050	垂枝泡花树……071	俞藤……091
三脉菝葜……051	多花泡花树……072	合欢……092
土茯苓……051	暖木……072	山槐……092
缘脉菝葜……052	红柴枝……073	云实……093
鞘柄菝葜……052	笔罗子……073	肥皂荚……093
棕榈……053	黄杨……074	皂荚……094

紫荆 … 095	单瓣李叶绣线菊 … 114	钝叶蔷薇 … 134
花榈木 … 095	粉花绣线菊 … 115	粉团蔷薇 … 134
翅荚香槐 … 096	绣球绣线菊 … 115	棣棠 … 135
香槐 … 096	中华绣线菊 … 116	鸡麻 … 135
光叶马鞍树 … 097	野珠兰 … 116	太平莓 … 136
马鞍树 … 097	白鹃梅 … 117	寒莓 … 136
槐 … 098	西北栒子 … 117	木莓 … 137
刺槐 … 098	华中栒子 … 118	山莓 … 137
油麻藤 … 099	平枝栒子 … 118	掌叶覆盆子 … 138
葛麻姆 … 099	火棘 … 119	高粱藨 … 138
庭藤 … 100	野山楂 … 119	灰白毛莓 … 139
宁波木蓝 … 100	湖北山楂 … 120	三花悬钩子 … 139
华东木蓝 … 101	石楠 … 120	茅莓 … 140
河北木蓝 … 101	光叶石楠 … 121	盾叶莓 … 140
多花木蓝 … 102	红叶石楠 … 121	周毛悬钩子 … 141
苏木蓝 … 102	毛叶石楠 … 122	湖南悬钩子 … 141
紫藤 … 103	中华落叶石楠 … 122	白叶莓 … 142
江西夏藤 … 103	石斑木 … 123	蓬蘽 … 142
网络夏藤 … 104	黄山花楸 … 123	铅山悬钩子 … 143
香花鸡血藤 … 104	水榆花楸 … 124	红腺悬钩子 … 143
锦鸡儿 … 105	棕脉花楸 … 124	插田藨 … 144
黄檀 … 105	石灰花楸 … 125	桃 … 144
大金刚藤 … 106	西洋梨 … 125	李 … 145
宽叶胡枝子 … 106	杜梨 … 126	紫叶李 … 145
绿叶胡枝子 … 107	豆梨 … 126	杏 … 146
广东胡枝子 … 107	毛豆梨 … 127	梅 … 146
短梗胡枝子 … 108	楔叶豆梨 … 127	迎春樱 … 147
春花胡枝子 … 108	全缘叶豆梨 … 128	大叶早樱 … 147
胡枝子 … 109	湖北海棠 … 128	山樱花 … 148
美丽胡枝子 … 109	垂丝海棠 … 129	微毛樱 … 148
多花胡枝子 … 110	三叶海棠 … 129	钟花樱 … 149
绒毛胡枝子 … 110	光萼海棠 … 130	日本晚樱 … 149
中华胡枝子 … 111	台湾林檎 … 130	樱桃 … 150
截叶铁扫帚 … 111	东亚唐棣 … 131	毛柱郁李 … 150
铁马鞭 … 112	金樱子 … 131	细齿稠李 … 151
大叶胡枝子 … 112	小果蔷薇 … 132	绢毛稠李 … 151
细梗胡枝子 … 113	软条七蔷薇 … 132	椤木 … 152
筅子梢 … 113	悬钩子蔷薇 … 133	刺叶桂樱 … 152
荷包山桂花 … 114	商城蔷薇 … 133	臭樱 … 153

佘山羊奶子 … 153	青檀 … 174	栓皮栎 … 193
胡颓子 … 154	构棘 … 174	小叶栎 … 194
蔓胡颓子 … 154	东部柘藤 … 175	白栎 … 194
牛奶子 … 155	柘 … 175	槲栎 … 195
木半夏 … 155	桑 … 176	锐齿槲栎 … 195
毛木半夏 … 156	鸡桑 … 176	枹栎 … 196
雀梅藤 … 156	蒙桑 … 177	黄山栎 … 196
长叶冻绿 … 157	华桑 … 177	杨梅 … 197
薄叶鼠李 … 157	构 … 178	枫杨 … 197
圆叶鼠李 … 158	楮构 … 178	青钱柳 … 198
刺鼠李 … 158	藤构 … 179	胡桃楸 … 198
冻绿 … 159	琴叶榕 … 179	化香 … 199
山鼠李 … 160	薜荔 … 180	山核桃 … 199
皱叶鼠李 … 160	珍珠莲 … 180	亮叶桦 … 200
北枳椇 … 161	爬藤榕 … 181	江南桤木 … 201
光叶毛果枳椇 … 161	紫麻 … 181	桤木 … 201
猫乳 … 162	米心水青冈 … 182	川榛 … 202
牯岭勾儿茶 … 162	光叶水青冈 … 182	华榛 … 202
多花勾儿茶 … 163	栗 … 183	华千金榆 … 203
铜钱树 … 163	茅栗 … 183	雷公鹅耳枥 … 203
马甲子 … 164	锥栗 … 184	湖北鹅耳枥 … 204
枣 … 164	甜槠 … 184	扶芳藤 … 204
榉树 … 165	米槠 … 185	胶州卫矛 … 205
大叶榉树 … 165	苦槠 … 185	冬青卫矛 … 205
杭州榆 … 166	钩锥 … 186	陈谋卫矛 … 206
红果榆 … 166	罗浮锥 … 186	大果卫矛 … 206
春榆 … 167	栲 … 187	中华卫矛 … 207
多脉榆 … 167	秀丽锥 … 187	白杜 … 207
榆 … 168	包果柯 … 188	西南卫矛 … 208
榔榆 … 168	柯 … 188	肉花卫矛 … 208
长序榆 … 169	短尾柯 … 189	卫矛 … 209
刺榆 … 169	青冈 … 189	裂果卫矛 … 209
紫弹树 … 170	褐叶青冈 … 190	百齿卫矛 … 210
朴树 … 170	细叶青冈 … 190	垂丝卫矛 … 210
黑弹树 … 171	小叶青冈 … 191	福建假卫矛 … 211
西川朴 … 171	云山青冈 … 191	大芽南蛇藤 … 211
珊瑚朴 … 172	尖叶栎 … 192	短梗南蛇藤 … 212
糙叶树 … 172	乌冈栎 … 192	灰叶南蛇藤 … 212
山油麻 … 173	麻栎 … 193	苦皮藤 … 213

东南南蛇藤 213	省沽油 233	青花椒 253
窄叶南蛇藤 214	膀胱果 233	臭常山 253
永瓣藤 214	野鸦椿 234	茵芋 254
雷公藤 215	中国旌节花 234	枳 254
秃瓣杜英 215	瘿椒树 235	柚 255
日本杜英 216	黄连木 235	柑橘 255
猴欢喜 216	南酸枣 236	苦木 256
金丝桃 217	盐肤木 237	臭椿 256
响叶杨 217	野漆 237	红椿 257
垂柳 218	木蜡树 238	香椿 257
旱柳 218	毛漆树 238	楝 258
银叶柳 219	刺果毒漆藤 239	糯米椴 258
南川柳 219	紫果槭 239	华东椴 259
粤柳 220	青榨槭 240	粉椴 259
柞木 220	葛萝槭 240	白毛椴 260
山桐子 221	苦条槭 241	短毛椴 260
山拐枣 221	三角槭 241	扁担杆 261
油桐 222	毛脉槭 242	梧桐 261
山麻秆 222	鸡爪槭 242	光叶荛花 262
野梧桐 223	临安槭 243	安徽荛花 262
白背叶 223	稀花槭 243	多毛荛花 263
卵叶石岩枫 224	秀丽槭 244	芫花 263
粗糠柴 224	五角槭 244	毛瑞香 264
山乌桕 225	五裂槭 245	结香 264
乌桕 225	安徽槭 245	米面蓊 265
白木乌桕 226	锐角槭 246	槲寄生 265
日本五月茶 226	阔叶槭 246	锈毛钝果寄生 266
算盘子 227	建始槭 247	青皮木 266
湖北算盘子 227	毛果槭 247	蓝果树 267
落萼叶下珠 228	天目槭 248	喜树 267
青灰叶下珠 228	无患子 248	钻地风 268
叶底珠 229	黄山栾树 249	粉绿钻地风 268
重阳木 229	楝叶吴萸 249	圆锥绣球 269
紫薇 230	吴茱萸 250	中国绣球 269
南紫薇 230	花椒簕 250	蜡莲绣球 270
赤楠 231	竹叶花椒 251	冠盖绣球 270
轮叶赤楠 231	朵花椒 251	冠盖藤 271
地稔 232	小花花椒 252	黄山溲疏 271
过路惊 232	野花椒 252	齿叶溲疏 272

宁波溲疏 272	天目紫茎 292	刺毛越橘 311
疏花山梅花 273	木荷 292	无梗越橘 312
绢毛山梅花 273	白檀 293	黄背越橘 312
八角枫 274	华山矾 293	扁枝越橘 313
毛八角枫 274	朝鲜白檀 294	杜仲 313
灯台树 275	琉璃白檀 294	细叶水团花 314
梾木 275	叶萼山矾 295	水团花 314
毛梾 276	光亮山矾 295	茜树 315
四照花 276	薄叶山矾 296	钩藤 315
山茱萸 277	山矾 296	大叶白纸扇 316
君迁子 277	老鼠屎 297	香果树 316
柿 278	赤杨叶 297	流苏子 317
野柿 278	玉铃花 298	栀子 317
山柿 279	栓叶安息香 298	羊角藤 318
油柿 279	野茉莉 299	日本粗叶木 318
杜茎山 280	芬芳安息香 299	虎刺 319
紫金牛 280	赛山梅 300	浙皖虎刺 319
朱砂根 281	垂珠花 300	短刺虎刺 320
红凉伞 281	白花龙 301	六月雪 320
百两金 282	小叶白辛树 301	白马骨 321
九管血 282	软枣猕猴桃 302	白花苦灯笼 321
锦花紫金牛 283	对萼猕猴桃 302	狗骨柴 322
光叶铁仔 283	葛枣猕猴桃 303	鸡仔木 322
厚皮香 284	大籽猕猴桃 303	蓬莱葛 323
亮叶厚皮香 284	异色猕猴桃 304	线叶蓬莱葛 323
杨桐 285	小叶猕猴桃 304	亚洲络石 324
红淡比 285	中华猕猴桃 305	络石 324
格药柃 286	羊踯躅 305	紫花络石 325
微毛柃 286	丁香杜鹃花 306	毛药藤 325
窄基红褐柃 287	杜鹃花 306	祛风藤 326
短柱柃 287	马银花 307	贵州娃儿藤 326
岩柃 288	黄山杜鹃 307	厚壳树 327
翅柃 288	云锦杜鹃 308	粗糠树 327
小果石笔木 289	毛果珍珠花 308	枸杞 328
毛柄连蕊茶 289	小果珍珠花 309	雪柳 328
尖连蕊茶 290	灯笼树 309	尖萼梣 329
油茶 290	马醉木 310	苦枥木 329
细叶短柱茶 291	南烛 310	白蜡树 330
茶 291	江南越橘 311	庐山梣 330

金钟花 331	青荚叶 345	鸡树条 359
木樨 331	冬青 345	猬实 359
宁波木樨 332	香冬青 346	下江忍冬 360
女贞 332	绿冬青 346	郁香忍冬 360
扩展女贞 333	铁冬青 347	金银忍冬 361
小蜡 333	木姜冬青 347	忍冬 361
蜡子树 334	枸骨 348	菰腺忍冬 362
长筒女贞 334	猫儿刺 348	盘叶忍冬 362
牛屎果 335	毛冬青 349	大盘山忍冬 363
流苏树 335	矮冬青 349	淡红忍冬 363
华素馨 336	三花冬青 350	半边月 364
醉鱼草 336	厚叶冬青 350	南方六道木 364
黄荆 337	尾叶冬青 351	海金子 365
兰香草 337	短梗冬青 351	树参 365
臭牡丹 338	大叶冬青 352	常春藤 366
大青 338	具柄冬青 352	刺楸 366
浙江大青 339	大柄冬青 353	匍匐五加 367
海州常山 339	大果冬青 353	白簕 367
白棠子树 340	心叶帚菊 354	细柱五加 368
紫珠 340	接骨木 354	三叶五加 368
红紫珠 341	合轴荚蒾 355	藤五加 369
华紫珠 341	壮大荚蒾 355	黄山五加 369
老鸦糊 342	蝴蝶戏珠花 356	吴茱萸五加 370
日本紫珠 342	具毛常绿荚蒾 356	棘茎楤木 370
全缘叶紫珠 343	茶荚蒾 357	楤木 371
豆腐柴 343	宜昌荚蒾 357	头序楤木 371
白花泡桐 344	荚蒾 358	
毛泡桐 344	浙皖荚蒾 358	

参考文献 372

附 录

附录1 牯牛降木本植物名录 376
附录2 植物种名生僻字 396

牯牛降木本植物

总 论

一、自然概况

（一）地理位置

安徽牯牛降国家级自然保护区位于安徽省西南部石台与祁门两县交界处，地理坐标介于东经117°24′53″~117°34′20″、北纬30°00′23″~30°04′33″之间。保护区横跨池州和黄山两市，与石台县的大演乡、仙寓镇和祁门县的安凌镇、箬坑乡、历口镇等五乡（镇）接壤。保护区总面积为6713.3公顷。

（二）地质地貌

牯牛降国家级自然保护区位于太平复向斜向西南延伸的东南翼的边缘部，在大地构造上属于南京凹陷与江南台隆的过渡地带，即正处于下扬子台坳江南台隆两大地质构造单位的交接处，具有较强的活动性。

牯牛降的主体大历山—牯牛大岗，经多旋回构造运动的影响，已发育成安徽省内典型的屈指可数的褶皱断块山。约在8.5亿年前的前震旦纪和震旦纪之间的雪峰造山运动，使牯牛降主体及南部地区隆起成陆，结束海侵历史。此时山体原为近东西走向，后经印支运动、燕山运动的不断改造，山体抬升，且向北东方向偏移。距今约2亿年前的中生代三叠纪末的印支运动时期，牯牛降主体急剧断块隆起，并有花岗闪长岩体侵入，主体北侧地带也褶皱隆起成陆，遂与牯牛降山体连成一体。以后的燕山运动、喜马拉雅山运动中，本区都发生过断层抬升，岩浆侵入活动。第三纪末期至第四纪以来的新构造运动强烈，使山体继续间歇性抬升，气候随之不断发生冷暖变化，岩体沿节理不断发生冰缘作用，并受到溶冻、流水、化学风化和重力等作用。大自然的伟力和奇巧，将牯牛降山体塑造得如此雄伟而又绮丽。它群山巍峨，峭壁深渊，怪石林立，成为皖南又一座壮丽的大山。

牯牛降主峰海拔1727.6米，相对高差1694米。山体南北两侧因大地构造单位和地质发育历史各异，其地质构造形迹、岩性和地表组成物质迥然不同，因而南、北坡各显其不同的特点。如南坡山势陡峻，多千米以上的高峰；北坡地势平缓，高峰少，最高峰仅千米左右。岩石成分复杂，有花岗岩、千枚岩、石灰岩等。受断裂切割和后期差异升降运动等影响，在地形上构成高峰峻岭、峡谷万丈的地貌景观。主峰一带明显突出，外围呈中低山峦，南坡山势陡峻，北坡地势平缓的地形。

（三）水文、气候条件

牯牛降山峰林立，沟谷纵横，沟谷内的溪流基本以牯牛降山脉为界，分割为秋浦河和阊江两大水系。属于秋浦河水系的主要河流有公信河、白沙河、秋浦河，属于阊江水系的主要河流有历溪河、三道河、彭龙河。秋浦河水系往东北在贵池殷家汇直接入长江，阊江水系向西南入江西，经鄱阳湖入长江。

保护区地处中亚热带北缘，属中亚热带温暖湿润的季风气候区。由于地形复杂，高差较大，山地局部气候和垂直气候明显，区内平均气温9.2~16.0℃，1月份平均气温-1.9~3.5℃，7月份平均气温19.7~27.9℃。

牯牛降是安徽省最大的降水中心之一，年均降水量达1600~1700毫米，推算最大年降水量可达2700毫米，集中在3~8月（占全年降水量的76%），南坡雨量较北坡多7%左右。

丰富的降雨使得牯牛降地区水资源非常丰富，地表水资源模数为每平方千米约97万立方米，地下水资源模数为每平方千米约17万立方米。得益于丰富的植被，土壤保水性强，河流终年水不断流，最小月径流量为0.15立方米/秒，多年平均径流量为0.77立方米/秒。非洪水期间，河水清澈，含沙量为零。地表水基本上属中性水、软水，据水样分析，重金属和有机氯含量均远远低于中国地表水水质卫生标准，天然水质良好。

（四）土壤条件

保护区内水平地带性土壤为黄红土壤。随着海拔高度的下降，生物、气候垂直变化明显，土壤呈现出明显的差异，构成了明显的山地土壤垂直带谱，依次为山地草甸土带（海拔1650米以上山顶或近山顶平缓处），山地黄棕壤带（分布在海拔1100米以上山地），山地黄壤带（分布在海拔700~1100米之间的山地中部），黄红壤带（700米以下的山下部或山麓地带）。

（五）植被资源概况

安徽牯牛降国家级自然保护区属森林生态系统类型的国家级自然保护区。保护区自然植被类型齐全，植被保存完好，生态系统结构复杂。其森林群落在水平分布上显示出中亚热带较典型的森林植被特征，即以壳斗科（Fagaceae）常绿种类为建群种，樟科（Lauraceae）和山茶科（Theaceae）等植物为伴生种的常绿阔叶林。常绿阔叶林主要建群种有甜槠（Castanopsis eyrei）、苦槠（C. sclerophylla）、米槠（C. carlesii）、青冈（Quercus glauca）、小叶青冈（Q. myrsinifolia）、短尾柯（Lithocarpus brevicaudatus）等，保护区还有其他地区较为罕见的钩锥（C. tibetana）、秀丽锥（C. jucunda）、乌冈栎（Quercus phillyreoides）、光叶水青冈（Fagus lucida）、包果柯（Lithocarpus cleistocarpus）林。

同时，保护区的森林植被群落在不同垂直带有明显的差异，自下而上分为四个垂直带：

（1）常绿阔叶林带：分布于海拔700米以下地区，最高可达900米，青冈林、甜槠林最为普遍，海拔500米以下分布有苦槠林、米槠林、小叶青冈林等，红楠（Machilus thunbergii）林则沿沟谷广泛分布。

（2）常绿—落叶阔叶混交林带：分布于海拔700~1000米之间，表现出常绿和落叶树种混杂，物种丰富，优势不明显的特点。常见种主要有小叶青冈、短柄枹（Quercus serrata）、褐叶青冈（Q. stewardiana）、交让木（Daphniphyllum macropodum）、茅栗（Castanea seguinii）、檫木（Sassafras tzumu）、缺萼枫香（Liquidambar acalycina）、鹅掌楸（Liriodendron chinense）、青钱柳（Cyclocarya paliurus）等。

（3）山地落叶阔叶林带：分布于海拔1000~1400米之间，主要建群种为壳斗科落叶树种，如茅栗、锥栗（Castanea henryi）、短柄枹等，檫木、四照花（Cornus kousa subsp. chinensis）、化香（Platycarya strobilacea）等也较为常见，混有包果柯、短尾柯、柯（Lithocarpus glaber）等常绿树种。

（4）山地灌草丛带：分布于海拔1300米以上的山脊线附近，主要灌木树种有黄山木兰（Yulania cylindrica）、黄山栎（Quercus stewardii）、雷公藤（Tripterygium wilfordii）、南方六道木（Zabelia dielsii）、三桠乌药（Lindera obtusiloba）、绿叶胡枝子（Lespedeza pseudomaximowiczii）、短梗胡枝子（L. cyrtobotrya）、刺柏（Juniperus formosana）、三脉菝葜（Smilax trinervula）、黄山杜鹃（Rhododendron maculiferum subsp. anhweiense）等，主要草本植物有大油芒（Spodiopogon sibiricus）、山类芦（Neyraudia montana）、萱草（Hemerocallis fulva）、野古草（Arundinella hirta）、多叶韭（Allium plurifoliatum）、九华蒲儿根（Sinosenecio jiuhuashanicus）、黄山龙胆（Gentiana delicata）等。

牯牛降地区的针叶林分布也随海拔变化发生改变，海拔700米以下阴坡以马尾松（Pinus massoniana）林最为常见，海拔800米以上土壤贫瘠的山顶岩石中，则以黄山松（P. hwangshanensis）林占绝对优势。人工杉木（Cunninghamia lanceolata）林最高可分布至海拔900米。

总体而言，安徽牯牛降国家级自然保护区内植被类型复杂，水平地带性突出，垂直分布明显，具有一定的天然原始性，是华东地区天然植被保存最好、面积最大、植物群落类型最多、最具特色的地区之一。

二、木本植物区系组成

（一）物种组成

牯牛降地区野生分布的木本植物86科269属668种（含种以下等级），根据《安徽树木志》（訾兴中等，2015），安徽省共有木本植物1051种（含种以下等级，不含栽培种，竹类除外），牯牛降地区野生分布的木本植物占全省63.56%，木本植物多样性不可谓不丰富。

（二）区系分析

根据《中国种子植物属的分布区类型》（吴征镒，1991）关于中国种子植物属的分布区类型的划分，可将牯牛降木本植物划分为15种分布区类型。所有区系成分中，东亚分布最多，占17.10%，北温带分布、泛热带分布及东亚和北美间断分布略低，分别为16.36%、15.99%和15.24%。世界广布成分有5个属，占1.86%，热带成分（2-7）107属，占39.78%，温带成分（8-14）143属，占53.16%，中国特有14属，占5.20%。对比科考报告中保护区总的种子植物区系分析结果，木本植物区系依然保持了温带和热带成分相差不大的过渡属性，但世界广布成分有所降低，中国特有成分则显著增加（表1）。

表1 牯牛降木本植物属的区系分析

分布区类型	属数	占总属数（%）
1. 世界广布	5	1.86
2. 泛热带分布	43	15.99
3. 东亚（热带、亚热带）及热带南美间断	9	3.35
4. 旧世界热带分布	18	6.69
5. 热带亚洲至热带大洋洲分布	9	3.35
6. 热带亚洲至热带非洲分布	6	2.23
7. 热带亚洲分布	22	8.18
8. 北温带分布	44	16.36
9. 东亚和北美间断分布	41	15.24
10. 旧世界温带分布	8	2.97
11. 温带亚洲分布	3	1.12
12. 地中海区、西亚至中亚分布	1	0.37
13. 中亚分布	—	—
14. 东亚分布	46	17.10
15. 中国特有分布	14	5.20
合计	269	100

三、重点保护物种

（一）国家重点保护物种

牯牛降地区野生分布的国家重点保护木本植物共计18种，隶属于11科14属（表2）。其中，永瓣藤（*Monimopetalum chinense*）是牯牛降地区特有种，仅分布于皖赣交界处的狭长地带。长序榆（*Ulmus elongata*）仅零散分布于浙江、福建、江西及安徽四省交界处，种质资源极其稀缺，且具有较高观赏价值。牯牛降地区在祁门历溪坞分布有2株，石台龙门潭、七彩玉谷（图1右）各分布1株。根据最新研究成果，此前确定为天竺桂（*Cinnamomum japonicum*）的国家二级保护植物被重新定种为浙江桂（*C. chekiangense*），因而该种并未被列入国家重点保护植物名录。值得一提的是，本次调查在河汉坞记录到5株野生银杏（*Ginkgo biloba*）（图1左），为中国不多的野生银杏孑遗种群之一。

表2 牯牛降地区分布的国家重点保护野生木本植物

序号	科	属	种中文名	种学名	保护级别
1	银杏科 Ginkgoaceae	银杏属 *Ginkgo*	银杏	*Ginkgo biloba*	国一
2	红豆杉科 Taxaceae	红豆杉属 *Taxus*	红豆杉	*Taxus wallichiana* var. *chinensis*	国一
3			南方红豆杉	*Taxus wallichiana* var. *mairei*	国一
4		榧树属 *Torreya*	榧	*Torreya grandis*	国二
5			巴山榧	*Torreya fargesii*	国二

(续)

序号	科	属	种中文名	种学名	保护级别
6	木兰科 Magnoliaceae	鹅掌楸属 Liriodendron	鹅掌楸	Liriodendron chinense	国二
7		厚朴属 Houpoea	凹叶厚朴	Houpoea officinalis var. biloba	国二
8	豆科 Fabaceae	红豆属 Ormosia	花榈木	Ormosia henryi	国二
9	榆科 Ulmaceae	榉属 Zelkova	大叶榉	Zelkova schneideriana	国二
10		榆属 Ulmus	长序榆	Ulmus elongata	国二
11	壳斗科 Fagaceae	栎属 Quercus	尖叶栎	Quercus oxyphylla	国二
12	卫矛科 Celastraceae	永瓣藤属 Monimopetalum	永瓣藤	Monimopetalum chinense	国二
13	楝科 Meliaceae	香椿属 Toona	红椿	Toona ciliata	国二
14	山茶科 Theaceae	山茶属 Camellia	茶	Camellia sinensis	国二
15	猕猴桃科 Actinidiaceae	猕猴桃属 Actinidia	软枣猕猴桃	Actinidia arguta	国二
16			大籽猕猴桃	Actinidia macrosperma	国二
17			中华猕猴桃	Actinidia chinensis	国二
18	茜草科 Rubiaceae	香果树属 Emmenopterys	香果树	Emmenopterys henryi	国二

图1　牯牛降野生分布的银杏（左）和长序榆（右）

（二）省重点保护物种

牯牛降地区野生分布的省重点保护木本植物共计59种，隶属于36科50属（表3）。其中草珊瑚（*Sarcandra glabra*）、猴欢喜（*Sloanea sinensis*）、锦花紫金牛（*Ardisia violacea*）和茜树（*Aidia cochinchinensis*）在省内仅见于牯牛降；高山柏仅见于牯牛降主峰，数量不到10株（图2），省内其他地区仅见于清凉峰、黄山、六股尖等主峰区；蜡梅（*Chimonanthus praecox*）在石台马鞍山、金钱山有少量野生种群；刨花润楠（*Machilus pauhoi*）仅见于观音堂，数量近100株，省内其他地区见于休宁岭南；云山青冈（*Quercus sessilifolia*）在保护区内仅见于祁门桶坑、历溪坞和石台祁门岔，省内其他地区见于休宁岭南西溪和歙县清凉峰。西川朴仅见于祁门历溪坞，罗浮锥见于祁门南部。

表3 牯牛降地区分布的省重点保护野生木本植物

序号	科	属	种中文名	种学名	IUCN 等级
1	柏科 Cupressaceae	刺柏属 Juniperus	高山柏	*Juniperus squamata*	LC
2	红豆杉科 Taxaceae	三尖杉属 Cephalotaxus	三尖杉	*Cephalotaxus fortunei*	LC
3			粗榧	*Cephalotaxus sinensis*	NT
4	五味子科 Schisandraceae	八角属 Illicium	红茴香	*Illicium henryi*	LC
5		五味子属 Schisandra	二色五味子	*Schisandra bicolor*	LC
6	金粟兰科 Chloranthaceae	草珊瑚属 Sarcandra	草珊瑚	*Sarcandra glabra*	LC
7	胡椒科 Piperaceae	胡椒属 Piper	山蒟	*Piper hancei*	LC
8	木兰科 Magnoliaceae	玉兰属 Yulania	黄山玉兰	*Yulania cylindrica*	LC
9		天女花属 Oyama	天女花	*Oyama sieboldii*	NT
10		含笑属 Michelia	野含笑	*Michelia skinneriana*	LC
11	蜡梅科 Calycanthaceae	蜡梅属 Chimonanthus	蜡梅	*Chimonanthus praecox*	LC
12	樟科 Lauraceae	木姜子属 Litsea	天目木姜子	*Litsea auriculata*	LC
13		润楠属 Machilus	刨花润楠	*Machilus pauhoi*	LC
14	黄杨科 Buxaceae	黄杨属 Buxus	小叶黄杨	*Buxus sinica* var. *parvifolia*	LC
15	虎皮楠科 Daphniphyllaceae	虎皮楠属 Daphniphyllum	虎皮楠	*Daphniphyllum oldhamii*	LC
16	葡萄科 Vitaceae	崖爬藤属 Tetrastigma	三叶崖爬藤	*Tetrastigma hemsleyanum*	LC
17	蔷薇科 Rosaceae	花楸属 Sorbus	黄山花楸	*Sorbus amabilis*	LC
18		苹果属 Malus	台湾林檎	*Malus doumeri*	LC
19	榆科 Ulmaceae	榉属 Zelkova	榉树	*Zelkova serrata*	LC
20		榆属 Ulmus	红果榆	*Ulmus szechuanica*	LC
21	大麻科 Cannabaceae	朴属 Celtis	西川朴	*Celtis vandervoetiana*	LC
22		青檀属 Pteroceltis	青檀	*Pteroceltis tatarinowii*	LC
23	壳斗科 Fagaceae	锥属 Castanopsis	钩锥	*Castanopsis tibetana*	LC
24			罗浮锥	*Castanopsis fabri*	LC
25			秀丽锥	*Castanopsis jucunda*	LC
26		栎属 Quercus	云山青冈	*Quercus sessilifolia*	LC

(续)

序号	科	属	种中文名	种学名	IUCN 等级
27	胡桃科 Juglandaceae	青钱柳属 Cyclocarya	青钱柳	Cyclocarya paliurus	LC
28		榛属 Corylus	华榛	Corylus chinensis	LC
29	卫矛科 Celastraceae	雷公藤属 Tripterygium	雷公藤	Tripterygium wilfordii	NT
30	杜英科 Elaeocarpaceae	杜英属 Elaeocarpus	日本杜英	Elaeocarpus japonicus	LC
31		猴欢喜属 Sloanea	猴欢喜	Sloanea sinensis	LC
32	桃金娘科 Myrtaceae	蒲桃属 Syzygium	轮叶赤楠	Syzygium buxifolium var. verticillatum	LC
33	瘿椒树科 Tapisciaceae	瘿椒树属 Tapiscia	瘿椒树	Tapiscia sinensis	LC
34	无患子科 Sapindaceae	槭属 Acer	临安槭	Acer linganense	VU
35			稀花槭	Acer pauciflorum	VU
36			安徽槭	Acer anhweiense	NT
37			锐角槭	Acer acutum	LC
38	芸香科 Rutaceae	茵芋属 Skimmia	茵芋	Skimmia reevesiana	LC
39	青皮木科 Schoepfiaceae	青皮木属 Schoepfia	青皮木	Schoepfia jasminodora	LC
40	报春花科 Primulaceae	紫金牛属 Ardisia	锦花紫金牛	Ardisia violacea	NT
41	五列木科 Pentaphylacaceae	厚皮香属 Ternstroemia	亮叶厚皮香	Ternstroemia nitida	LC
42		红淡比属 Cleyera	红淡比	Cleyera japonica	LC
43	山茶科 Theaceae	核果茶属 Pyrenaria	小果石笔木	Pyrenaria microcarpa	LC
44	山矾科 Symplocaceae	山矾属 Symplocos	光亮山矾	Symplocos lucida	DD
45	猕猴桃科 Actinidiaceae	猕猴桃属 Actinidia	对萼猕猴桃	Actinidia valvata	NT
46	杜鹃花科 Ericaceae	杜鹃花属 Rhododendron	羊踯躅	Rhododendron molle	LC
47			黄山杜鹃	Rhododendron maculiferum subsp. anhweiense	LC
48			云锦杜鹃	Rhododendron fortunei	LC
49	茜草科 Rubiaceae	茜树属 Aidia	茜树	Aidia cochinchinensis	LC
50		虎刺属 Damnacanthus	浙皖虎刺	Damnacanthus macrophyllus	LC
51		鸡仔木属 Sinoadina	鸡仔木	Sinoadina racemosa	LC
52	木樨科 Oleaceae	女贞属 Ligustrum	扩展女贞	Ligustrum expansum	NT
53			蜡子树	Ligustrum leucanthum	LC
54	青荚叶科 Helwingiaceae	青荚叶属 Helwingia	青荚叶	Helwingia japonica	LC
55	冬青科 Aquifoliaceae	冬青属 Ilex	大叶冬青	Ilex latifolia	LC
56	荚蒾科 Viburnaceae	接骨木属 Sambucus	接骨木	Sambucus williamsii	LC
57	忍冬科 Caprifoliaceae	猬实属 Kolkwitzia	猬实	Kolkwitzia amabilis	VU
58	五加科 Araliaceae	刺楸属 Kalopanax	刺楸	Kalopanax septemlobus	LC
59		五加属 Eleutherococcus	细柱五加	Eleutherococcus nodiflorus	LC

图 2　牯牛降主峰分布的高山柏

四、资源植物

牯牛降木本植物中，共有 587 种植物存在某一方面或多方面资源开发的用途，占所有物种的 84.10%，考虑到对新近发表或分类地位发生变化的物种还缺乏了解，随着对植物了解的进一步加深，这个比例可能会进一步增加。

（一）材用植物

牯牛降地区可供材用的木本植物共计 148 种，占所有木本植物的 21.20%。从数量来看，以马尾松、黄山松、杉木、枫香（*Liquidambar formosana*）、甜槠、樟（*Camphora officinarum*）等最为常见，从开发潜力来看，以壳斗科和樟科常绿树种推广价值最大，如红楠、紫楠（*Phoebe sheareri*）、檫木、光叶水青冈、米槠、钩锥、栲（*C. fargesii*）、乌冈栎等。

（二）药用植物

牯牛降地区可供药用的植物共计 341 种，占所有木本植物的 48.85%。常见的有南方红豆杉（*Taxus wallichiana* var. *mairei*）、杜茎山（*Maesa japonica*）、紫金牛（*Ardisia japonica*）、朱砂根（*A. crenata*）、百两金（*A. crispa*）、九管血（*A. brevicaulis*）、光叶铁仔（*Myrsine stolonifera*）、土茯苓（*Smilax glabra*）、三叶崖爬藤（*Tetrastigma hemsleyanum*）、乌药（*Lindera aggregata*）、女萎（*Clematis apiifolia*）、威灵仙（*C. chinensis*）、雷公藤、过路惊（*Tashiroea quadrangularis*）、米面蓊（*Buckleya henryi*）、毛药藤（*Sindechites henryi*）、祛风藤（*Biondia microcentra*）、贵州娃儿藤（*Tylophora silvestris*）、细柱五加（*Eleutherococcus nodiflorus*）等。

（三）观赏植物

牯牛降地区可供绿化或观赏的木本植物共计 286 种，占所有木本植物的 40.97%。其中，观叶植物有：红楠、青荚叶（*Helwingia japonica*）、猴欢喜、佘山羊奶子（*Elaeagnus argyi*）、胡颓子（*E. pungens*）、秀丽槭（*Acer elegantulum*）、木莲（*Manglietia fordiana*）等。观花植物有：赤杨叶（*Alniphyllum fortunei*）、玉铃花（*Styrax obassis*）、单

叶铁线莲（*Clematis henryi*）、蜡瓣花（*Corylopsis sinensis*）、清风藤（*Sabia japonica*）、山矾（*Symplocos sumuntia*）、马银花（*Rhododendron ovatum*）、云锦杜鹃（*R. fortunei*）、马醉木（*Pieris japonica*）、翅荚香槐（*Platyosprion platycarpum*）、长序榆、迎春樱（*Prunus discoidea*）、山樱花（*P. serrulata*）、大叶早樱（*P. × subhirtella*）、疏花山梅花（*Philadelphus laxiflorus*）、灯台树（*Cornus controversa*）、四照花（*C. kousa* subsp. *chinensis*）、小叶白辛树（*Pterostyrax corymbosus*）、半边月（*Weigela japonica* var. *sinica*）、大叶白纸扇（*Mussaenda shikokiana*）、雪柳（*Fontanesia philliraeoides* var. *fortunei*）、华素馨（*Jasminum sinense*）等。观果植物有：铁冬青（*Ilex rotunda*）、毛冬青（*I. pubescens*）、大柄冬青（*I. macropoda*）、青皮木（*Schoepfia jasminodora*）、华紫珠（*Callicarpa cathayana*）、水榆花楸（*Sorbus alnifolia*）、下江忍冬（*Lonicera modesta*）、铜钱树（*Paliurus hemsleyanus*）等。

（四）食用植物

牯牛降地区可直接食用或含淀粉、含糖、作为饲料等间接食用的木本植物共计162种，占所有木本植物的23.21%。可直接食用的野生果类主要有三叶木通（*Akebia trifoliata*）、尾叶那藤（*Stauntonia obovatifoliola* subsp. *urophylla*）、猫儿屎（*Decaisnea insignis*）、软枣猕猴桃（*Actinidia arguta*）、蔓胡颓子（*Elaeagnus glabra*）、华桑（*Morus cathayana*）、迎春樱（*Prunus discoidea*）、掌叶覆盆子（*Rubus chingii*）、盾叶莓（*R. peltatus*）、蓬蘽（*R. hirsutus*）等。可作为蔬菜直接食用的木本植物有香椿（*Toona sinensis*）、梧桐（*Firmiana simplex*）、榆（*Ulmus pumila*）、野鸦椿（*Euscaphis japonica*）、白鹃梅（*Exochorda racemosa*）、省沽油（*Staphylea bumalda*）、刺槐（*Robinia pseudoacacia*）、枸杞（*Lycium chinense*）、大青（*Clerodendrum cyrtophyllum*）、豆腐柴（*Premna microphylla*）、树参（*Dendropanax dentiger*）、楤木（*Aralia elata*）、江南越橘（*Vaccinium mandarinorum*）等。含淀粉或含糖，加工后可食用或饮用的有青榨槭（*Acer davidii*）、南酸枣（*Choerospondias axillaris*）、菝葜（*Smilax china*）、土茯苓（*Smilax glabra*）、苦槠、细叶青冈（*Quercus shennongii*）、薜荔（*Ficus pumila*）等。可作为香料的植物有浙江桂、香桂（*Cinnamomum subavenium*）、竹叶花椒（*Zanthoxylum armatum*）、野花椒（*Z. simulans*）、青花椒（*Z. schinifolium*）等。

（五）纤维植物

牯牛降地区分布的木本植物中，其纤维可供造纸、人造棉等使用的植物共计56种，占所有木本植物的8.02%。其中，具有较高开发利用价值的有棕榈（*Trachycarpus fortunei*）、珊瑚朴（*Celtis julianae*）、朴树（*C. sinensis*）、毛瑞香（*Daphne kiusiana* var. *atrocaulis*）、芫花（*D. genkwa*）、梧桐、油麻藤（*Mucuna sempervirens*）、葛麻姆（*Pueraria montana* var. *lobata*）、紫麻（*Oreocnide frutescens*）、香果树（*Emmenopterys henryi*）、野珠兰（*Stephanandra chinensis*）、短梗南蛇藤（*Celastrus rosthornianus*）、络石（*Trachelospermum jasminoides*）、春榆（*Ulmus davidiana* var. *japonica*）、糙叶树（*Aphananthe aspera*）、青檀（*Pteroceltis tatarinowii*）、楮树（*Broussonetia kazinoki*）等。

（六）蜜源植物

牯牛降木本植物中，有蜜源植物27种，占所有木本植物的3.87%。其中，椴属（*Tilia*）、柳属（*Salix*）、柃属（*Eurya*）、猕猴桃属（*Actinidia*）、山茱萸属（*Cornus*）大多数物种均可作蜜源植物，其他蜜源植物主要有梧桐、槐（*Styphnolobium japonicum*）、黄连木（*Pistacia chinensis*）、柞木（*Xylosma congesta*）、山桐子（*Idesia polycarpa*）、山拐枣（*Poliothyrsis sinensis*）等。

（七）芳香植物

牯牛降地区分布的木本植物当中，芳香可提精油的植物共计36种，占所有木本植物的5.16%。主要物种有中华猕猴桃（*Actinidia chinensis*）、络石、梅（*Prunus mume*）、杨梅（*Myrica rubra*）、流苏树（*Chionanthus retusus*）、竹叶花椒、玉兰（*Yulania denudata*）、樟、红楠、玉铃花、蜡梅、山鸡椒（*Litsea cubeba*）、女贞（*Ligustrum lucidum*）、金银忍冬（*Lonicera maackii*）、悬钩子蔷薇（*Rosa rubus*）、化香等。

（八）油脂植物

牯牛降地区分布的木本植物当中，种子富含油脂可提取食用或工业用或制皂的植物共计86种，占所有木本植物的12.32%。主要物种有黄连木、油茶（*Camellia oleifera*）、茶（*C. sinensisi*）、山桐子、胡桃楸（*Juglans mandshurica*）、省沽油、山油麻（*Trema cannabina* var. *dielsiana*）、白背叶（*Mallotus apelta*）、粗榧（*Cephalotaxus sinensis*）、交让木、马甲子（*Paliurus ramosissimus*）、乌桕（*Triadica sebifera*）、山乌桕（*T. cochinchinensis*）、无患子（*Sapindus saponaria*）、重阳木（*Bischofia polycarpa*）、算盘子（*Glochidion puberum*）、日本五月茶（*Antidesma japonicum*）等。

（九）鞣料类植物资源

牯牛降地区分布的木本植物当中，有些植物后含物中的丹宁、果胶、蜡质、生漆等可供工业用途的植物共计44种，占所有木本植物的6.30%。这些植物主要有胡桃楸、猫儿屎、云实（*Caesalpinia decapetala*）、算盘子、笔罗子（*Meliosma rigida*）、女贞、叶底珠（*Flueggea suffruticosa*）、桃（*Prunus persica*）、山核桃（*Carya cathayensis*）、杜仲（*Eucommia ulmoides*）、盾叶莓、豆腐柴、白蜡树（*Fraxinus chinensis*）、铜钱树、大叶白纸扇、野漆（*Toxicodendron succedaneum*）、暖木（*Meliosma veitchiorum*）、杜梨（*Pyrus betulifolia*）、红椿（*Toona ciliata*）、油柿（*Diospyros oleifera*）等。

（十）天然色素植物

牯牛降地区分布的木本植物当中，可提取色素制作或媒染剂的植物共计13种，占所有木本植物的1.86%。这13种植物分别为粗糠柴（*Mallotus philippensis*）、黄连木、苦条槭（*Acer tataricum* subsp. *theiferum*）、乌桕、猫乳（*Rhamnella franguloides*）、冻绿（*Rhamnus utilis*）、圆叶鼠李（*R. globosa*）、构棘（*Maclura cochinchinensis*）、部柘藤（*Maclura orientalis*）、山矾、栀子（*Gardenia jasminoides*）、水榆花楸（*Sorbus alnifolia*）、厚壳树（*Ehretia acuminata*）。

（十一）杀虫和灭菌植物

牯牛降地区分布的木本植物当中，含毒性可用于杀虫的植物共计18种，占所有木本植物的2.58%。这18种植物分别为乌桕、算盘子、叶底珠、野漆、白檀（*Symplocos tanakana*）、竹叶花椒、茶（*Camellia sinensis*）、苦皮藤（*Celastrus angulatus*）、樟、乌药、大血藤（*Sargentodoxa cuneata*）、芫花、皂荚（*Gleditsia sinensis*）、银杏、木荷（*Schima superba*）、楝（*Melia azedarach*）、宁波溲疏（*Deutzia ningpoensis*）、苦木（*Picrasma quassioides*）。

（十二）防火林植物

牯牛降地区分布的木本植物当中，可用于营造防火林的树种有32种，占所有木本植物的4.58%。主要为常绿、含水量高、含油量低的物种，主要有木荷、黑壳楠（*Lindera megaphylla*）、浙江新木姜子（*Neolitsea aurata* var. *chekiangensis*）、薄叶润楠（*Machilus leptophylla*）、黄丹木姜子（*Litsea elongata*）、杨梅、红楠、红茴香（*Illicium henryi*）、甜槠、乌冈栎、青冈、云山青冈、木莲、花榈木、红淡比（*Cleyera japonica*）、马银花、钩锥、厚皮香（*Ternstroemia gymnanthera*）、杨桐（*Adinandra millettii*）等。

牯牛降木本植物

各 论

一 裸子植物

PART ONE

GYMNOSPERM

银杏 银杏科 Ginkgoaceae 银杏属 Ginkgo
Ginkgo biloba L.

别名：白果树

高大乔木；幼树树皮浅纵裂，大树灰褐色深纵裂。叶扇形，有长柄，无毛，有多数叉状并列细脉，秋季落叶前金黄色。雌雄异株，雄球花柔荑花序状下垂，雌球花具长梗，梗端常分两叉，风媒传粉。种子具长梗，近圆球形，熟时黄色或橙黄色，外被白粉。花期3~4月，种子9~10月成熟。

中国特有中生代孑遗树种，全国各地广泛栽培。石台河叉坞有野生分布。树形优美，秋季叶色金黄，适合园林绿化栽培；种子可食用、药用；叶可入药和制作杀虫剂。

雪松 松科 Pinaceae 雪松属 Cedrus
Cedrus deodara (Roxb. ex D. Don) G. Don

高大乔木；树皮深灰色，裂成不规则的鳞状块片。叶针形，坚硬，腹面两侧各有2~3条气孔线，背面4~6条。雄球花长卵圆形或椭圆状卵圆形，长2~3厘米；雌球花卵圆形，长约8毫米。球果卵圆形或宽椭圆形，长7~12厘米，直径5~9厘米，有短梗。

产阿富汗至印度及中国西藏。全国各地广泛栽培。牯牛降保护站院内栽培。树形美观，常绿，适合园林绿化栽培；材质坚实、致密而均匀。

马尾松
松科 Pinaceae　松属 *Pinus*
Pinus massoniana Lamb.

别名：枞树

高大乔木。树皮红褐色，下部灰褐色，裂成不规则的鳞状块片。针叶 2 针一束，细柔，微扭曲，边缘有细锯齿。雄球花淡红褐色，圆柱形，聚生于新枝下部苞腋，穗状；雌球花单生或 2~4 个聚生于新枝近顶端，淡紫红色。球果卵圆形或圆锥状卵圆形，有短梗，下垂，成熟前绿色，熟时栗褐色。花期 4~5 月，球果翌年 10~12 月成熟。

产淮河以南地区，在长江流域分布于海拔 800 米以下地区。牯牛降海拔 700 米以下山坡广布。木材供建筑、枕木、矿柱、家具等用；树干可割取松脂；树干及根部可培养茯苓、蕈类；树皮可提取栲胶。

黄山松
松科 Pinaceae　松属 *Pinus*
Pinus hwangshanensis W. Y. Hsia

高大乔木。树皮深灰褐色，裂成不规则鳞状厚块片或薄片；枝平展，老树树冠平顶。针叶 2 针一束，稍硬直，边缘有细锯齿。雄球花圆柱形，聚生于新枝下部成短穗状。球果卵圆形，几无梗，向下弯垂，常宿存树上 6~7 年。花期 4~5 月，球果翌年 10 月成熟。与马尾松区别在于该种树形笔直，松针更短更密集。

中国特有种，产淮河流域以南海拔 600 米以上的山地及台湾中央山脉。牯牛降海拔 600 米以上山地广布。用途同马尾松，但材质更坚实耐用；为长江中下游地区海拔 700 米以上酸性土荒山的重要造林树种。

杉木 柏科 Cupressaceae 杉木属 Cunninghamia
Cunninghamia lanceolata (Lamb.) Hook.

别名：杉树

高大乔木。树皮灰褐色，裂成长条片脱落，内皮淡红色；小枝近对生或轮生，常成二列状。叶披针形或条状披针形，微弯呈镰状，革质坚硬，下面淡绿色，沿中脉两侧各有1条白粉气孔带。雄球花圆锥状，通常40余个簇生枝顶；雌球花单生或2~3(~4)个集生，绿色。球果卵圆形，苞鳞革质，熟时棕黄色。花期4月，球果10月下旬成熟。

牯牛降保护区内广泛栽培。木材纹理直，易加工，耐腐力强，不受白蚁蛀食，作为用材植物在温带亚热带地区栽培非常广泛。

侧柏 柏科 Cupressaceae 侧柏属 Platycladus
Platycladus orientalis (L.) Franco

乔木。树皮薄，浅灰褐色，纵裂成条片。叶鳞形，先端微钝，两侧的叶船形，先端微内曲，背部有钝脊，尖头的下方有腺点。雄球花黄色，卵圆形；雌球花近球形，蓝绿色被白粉。球果近卵圆形，成熟后红褐色，木质开裂。花期3~4月，球果10月成熟。

产河北、山西、陕西及云南等地。广东以北、甘肃以东的全国大部分地区有栽培。牯牛降保护站院内栽培。材质细密，富树脂而耐腐，坚实耐用；种子与生鳞叶的小枝入药，前者为强壮滋补药，后者为健胃药；常栽培作庭园树。

圆柏
柏科 Cupressaceae **刺柏属** *Juniperus*

Juniperus chinensis Roxb.

别名：桧柏

乔木。树皮深灰色，纵裂，成条片开裂；树冠尖塔形，老后下部大枝平展，形成广圆形的树冠。叶二型，即刺叶及鳞叶。雌雄异株，稀同株，雄球花黄色，椭圆形。球果近圆球形，两年成熟，熟时暗褐色，被白粉。

产内蒙古以南各地区，亦多栽培。牯牛降保护区周边村庄附近常见栽培。木材坚韧致密有香气，耐腐力强；树根、树干及枝叶可提取柏木脑及柏木油；枝叶入药；种子可提润滑油。

高山柏
柏科 Cupressaceae **刺柏属** *Juniperus*

Juniperus squamata Buch.-Ham. ex D. Don

别名：大香桧

多为匍匐状灌木，也可为小乔木。树皮褐灰色，裂成不规则薄片脱落。叶全为刺形，3叶轮生，基部下延生长，具白粉带，绿色中脉不明显。雄球花卵圆形，雄蕊4~7对。球果卵圆形或近球形，熟后蓝黑色，稍有光泽，无白粉，内有种子1枚。

产西南山区、横断山脉及湖北、福建、台湾等地区。牯牛降分布于主峰区，安徽省内黄山、六股尖高山罕见。

刺柏 柏科 Cupressaceae 刺柏属 *Juniperus*
Juniperus formosana Hayata

别名：山刺柏、刺松

乔木。树皮褐色，纵裂成长条薄片脱落；树冠塔形或圆柱形；小枝下垂，三棱形。3叶轮生，条状披针形或条状刺形。雄球花圆球形或椭圆形。球果近球形或宽卵圆形，熟时淡红褐色，被白粉，顶部微张开。

中国特有种，产新疆以外大部分地区。牯牛降保护区内广布。木材纹理直、均匀，耐水湿；树形美观，可作庭园树种。

三尖杉 三尖杉科 Cephalotaxaceae 三尖杉属 *Cephalotaxus*
Cephalotaxus fortunei Hook.

乔木。树皮红褐色，裂成片状脱落；枝条稍下垂；树冠广圆形。叶披针状条形，排成两列，微弯，中脉隆起，气孔带白色，较绿色边带宽3~5倍，绿色中脉带明显或微明显。雄球花8~10聚生成头状；雌球花的胚珠3~8枚发育成种子，总梗长1.5~2厘米。种子椭圆状卵形，假种皮成熟时紫红色。花期4月，种子8~10月成熟。

中国特有种，产淮河流域以南各地。牯牛降保护区内广布。材质坚实有弹性；叶、枝、种子、根可提取多种植物碱，对治疗淋巴肉瘤等有一定的疗效；种仁可榨油；可作庭园树种。

粗榧 三尖杉科 Cephalotaxaceae 三尖杉属 *Cephalotaxus*
Cephalotaxus sinensis (Rehder & E. H. Wilson) H. L. Li

灌木至小乔木。树皮灰褐色，裂成薄片状脱落。叶条形，叶片比三尖杉短，排列成两列，通常不向下弯曲。雄球花6~7聚生成头状。种子通常2~5枚着生于轴上，卵圆形、椭圆状卵形或近球形。花期3~4月，种子8~10月成熟。

中国特有种，产黄河以南大部分地区。牯牛降保护区内零星分布。药用价值同三尖杉；可作庭园树种。

红豆杉 红豆杉科 Taxaceae 红豆杉属 *Taxus*
Taxus wallichiana var. *chinensis* (Pilg.) Florin

高大乔木。树皮灰褐色至红褐色或暗褐色，裂成条片脱落。叶排列成两列，条形，多数微弯，长1~3厘米，宽2~4毫米，中脉带上有密生均匀而微小的圆形角质乳头状突起点，常与气孔带同色，稀色较浅。雄球花淡黄色。种子生于杯状红色肉质的假种皮中。

中国特有种，产甘肃陕西南部至西南山区，安徽黄山、牯牛降高海拔地区有野生分布。木材坚实耐用；种子鲜红，经冬不落，观赏价值高；树皮可提取紫杉醇，有抗癌功效；种子甘甜，但有毒，谨慎食用。

南方红豆杉

红豆杉科 Taxaceae　红豆杉属 *Taxus*

Taxus wallichiana var. *mairei* (Lemée & H. Lév.) L. K. Fu & Nan Li

别名：美丽红豆杉

与红豆杉的区别主要在于叶常较宽长，多呈弯镰状，多数不弯曲，通常长2~3.5厘米，宽3~4毫米，上部常渐窄，先端渐尖，下面中脉带上无角质乳头状突起点，或局部有成片或零星分布的角质乳头状突起点，中脉带明晰可见，其色泽与气孔带相异，呈淡黄绿色或绿色。种子通常较大，微扁，多呈倒卵圆形。

产陕西甘肃南部及长江流域以南各地，垂直分布一般较红豆杉低。牯牛降地区海拔1000米以下沟谷中零星分布。木材性质与用途和红豆杉相同。

榧

红豆杉科 Taxaceae　榧属 *Torreya*

Torreya grandis Fort. ex Lindl.

别名：香榧

高大乔木，树皮灰褐色，不规则纵裂。叶条形，排成两列，通常直，下面淡绿色，气孔带常与中脉带等宽。雄球花圆柱状，雄蕊多数，各有4个花药。种子椭圆形或卵圆形，胚乳微皱。花期4月，种子翌年10月成熟。

中国特有种，产长江流域以南地区，栽培历史悠久。牯牛降保护区海拔800米以下沟谷中零星分布。材质优良；树形笔直高大，可庭院栽培；种子制成干果供食用，亦可榨食用油；假种皮可提炼香榧壳油。

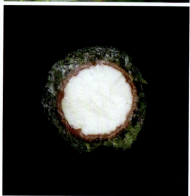

巴山榧 红豆杉科 Taxaceae 榧属 Torreya
Torreya fargesii Franch.

小乔木至乔木，树皮深灰色，不规则纵裂。叶条形，通常直，先端具刺状短尖头，基部微偏斜，中脉不隆起，气孔带较中脉带为窄。雄球花卵圆形，种子卵圆形，胚乳显著深皱。花期4~5月，种子9~10月成熟。与榧树区别在于后者叶片基部歪斜，种子胚乳不明显皱缩。

中国特有种，产甘肃和陕西南部、西南山区以及安徽、浙江等地。牯牛降保护区海拔1000米以上山脊零星分布。木材坚硬，结构细致；树形优美，适宜庭院栽培；种子可榨油。

罗汉松 罗汉松科 Podocarpaceae 罗汉松属 Podocarpus
Podocarpus macrophyllus (Thunb.) Sweet

高大乔木，高达20米，树皮灰褐色，浅纵裂，薄片状脱落。叶条状披针形，微弯，螺旋状着生，中脉显著隆起，下面带白色，中脉微隆起。雄球花穗状，3~5个腋生；雌球花单生叶腋，有梗。种子卵圆形，熟时紫黑色，有白粉，种托肉质圆柱形。花期4~5月，种子8~9月成熟。

产长江流域以南各地，多为栽培，极少野生。牯牛降观音堂、保护站等地栽培。材质细致均匀，易加工；可作家具、器具、文具及农具等用；种子奇特，适宜观赏。

二 被子植物

PART TWO

ANGIOSPERM

大屿八角　五味子科 Schisandraceae　八角属 Illicium

Illicium angustisepalum A. C. Smith

别名：闽皖八角

小乔木。叶革质，4~6片假轮生，长椭圆形，先端近急尖至渐尖，基部渐狭；中脉在上面微隆起，在下面突起；叶柄上面成窄翅。花腋生，花被片白色，22~24枚，内面花被片线形；雄蕊约24枚。蓇葖11~13枚，先端尖。

产安徽、福建及广东沿海岛屿。牯牛降大历山海拔1000米左右沟谷中小片分布。本种叶片常绿，有较高观赏价值，但果实有毒，不可食用。

红茴香　五味子科 Schisandraceae　八角属 Illicium

Illicium henryi Diels

别名：披针叶茴香、莽草

灌木或乔木。树皮灰褐色至灰白色。叶互生或2~5片簇生，革质，倒披针形，先端长渐尖，基部楔形；中脉在叶上面下凹，在下面突起，侧脉不明显。花粉红色至深红色，腋生或近顶生，单生或2~3朵簇生；花被片10~15，雄蕊11~14枚；心皮10~15枚；蓇葖10~15。花期4~6月，果期8~10月。

产秦岭—淮河以南各地。牯牛降大演等地海拔1000米以下沟谷边零星分布。本种叶绿花红，十分美丽，常见栽培。叶、果含芳香油；含莽草亭，有剧毒。

南五味子 五味子科 Schisandraceae 南五味子属 *Kadsura*
Kadsura longipedunculata Finet & Gagnep.

常绿木质藤本。叶长圆状披针形，先端渐尖，边有疏齿。花单生于叶腋，雌雄异株或同株，花被片白色至淡黄色，8~17片，雄蕊群球形红色，花丝极短，花梗0.7~4.5厘米；雌蕊群球形绿色，花梗长3~13厘米。聚合果球形，深红色。花期6~9月，果期9~12月。

产长江流域及以南各地。牯牛降保护区内山坡、林缘广泛分布。根、茎、叶、种子均可入药；种子为滋补强壮剂和镇咳药，治神经衰弱、支气管炎等症；茎、叶、果实可提取芳香油；果熟后味甜，可生食；茎皮可作绳索。

华中五味子 五味子科 Schisandraceae 五味子属 *Schisandra*
Schisandra sphenanthera Rehder & E. H. Wilson

落叶木质藤本。叶倒卵形，上面深绿色，下面淡灰绿色，叶柄红色。花梗纤细，花被橙黄色，5~9枚，具缘毛。雄蕊群倒卵圆形，黄色；雌蕊群卵球形，绿色。聚合果果托长6~17厘米，成熟时浆果红色，具短柄。花期4~7月，果期7~9月。

产黄河流域及以南各地。牯牛降保护区内山坡、林缘广泛分布。果药用，为五味子代用品；种子榨油可制肥皂或作润滑油；果熟后味甜，可生食；茎皮可作绳索。

翼梗五味子 五味子科 Schisandraceae 五味子属 Schisandra
Schisandra henryi C. B. Clarke

落叶木质藤本。当年生枝淡绿色，小枝紫褐色，具宽近 1~2.5 毫米的翅棱，被白粉。叶宽卵形，上面绿色，下面淡绿色；叶柄红色，具叶基下延的薄翅。雄蕊群倒卵圆形，黄色；雌蕊群卵球形，绿色。小浆果红色，球形。花期 5~7 月，果期 8~9 月。

产长江流域以南各地。牯牛降赤岭公路旁零散分布。茎供药用，有通经活血、强筋壮骨之效；果熟后味甜，可生食；茎皮可作绳索。

二色五味子 五味子科 Schisandraceae 五味子属 Schisandra   别名：瘤枝五味子
Schisandra bicolor W. C. Cheng

落叶木质藤本，全株无毛。当年生枝淡红色，稍具纵棱，二年生枝褐紫色或褐灰色。叶近圆形，边缘具胼胝质尖的疏离浅齿，干膜质边缘下延至叶柄成狭翅，上面绿色，下面灰绿色；叶柄淡红色。花雌雄同株，稍芳香，花被片 7~13，弯凹；外轮绿色，内轮红色。小浆果球形。花期 5 月，果期 7~8 月。

产安徽、浙江、江西、湖南、广西、云南等地。牯牛降九龙池等地林缘零散分布。果熟后味甜，可生食；茎皮可作绳索。

草珊瑚　金粟兰科 Chloranthaceae　草珊瑚属 Sarcandra
Sarcandra glabra (Thunb.) Nakai

常绿半灌木，高 50~120 厘米。茎与枝均有膨大的节。叶革质，椭圆形，顶端渐尖，基部尖或楔形，边缘具粗锐锯齿，齿尖有一腺体，两面均无毛。穗状花序顶生，雄蕊肉质，1 枚，棒状至圆柱状；子房球形或卵形，无花柱，柱头近头状。核果球形，熟时亮红色。花期 6 月，果期 8~10 月。

产长江流域以南各地。牯牛降观音堂沟谷旁零星分布。全株供药用，清热解毒、祛风活血、消肿止痛、抗菌消炎。

山蒟　胡椒科 Piperaceae　胡椒属 Piper
Piper hancei Maxim.

别名：海风藤

攀缘藤本，长可达 10 米余，茎、枝具细纵纹。叶卵状披针形，顶端短尖或渐尖，基部渐狭或楔形，离基三出脉。花单性，雌雄异株，聚集成与叶对生的穗状花序。雄花序长 6~10 厘米，花序轴被毛；雌花序长约 3 厘米，果期延长。浆果球形，黄色。花期 3~8 月。

产长江以南各地。牯牛降广布于保护区林下、崖壁等生境。茎、叶药用，治风湿、咳嗽、感冒等。

鹅掌楸
木兰科 Magnoliaceae 鹅掌楸属 *Liriodendron*
Liriodendron chinense (Hemsl.) Sarg.

别名：马褂木

高大乔木。叶马褂状，下面苍白色。花杯状，花被片9，外轮3片绿色，萼片状，向外弯垂，内两轮6片，直立，绿色具黄色纵条纹；花期时雌蕊群超出花被之上。聚合果长7~9厘米。花期5月，果期9~10月。

产秦岭以南各地，台湾有栽培。牯牛降两河口、三十六湾、历溪大水排等地有小片分布。木材纹理直、质轻软、易加工，少变形，无虫柱；叶和树皮入药；树形优美，适合园林绿化。

玉兰
木兰科 Magnoliaceae 玉兰属 *Yulania*
Yulania denudata (Desr.) D. L. Fu

别名：白玉兰、望春花

落叶乔木。树皮深灰色，粗糙开裂。冬芽及花梗密被淡灰黄色长绢毛。叶宽倒卵形，具短突尖。花先叶开放，直立，芳香；花被片9，白色，基部常带粉红色，近相似。聚合果圆柱形，外种皮红色，内种皮黑色。花期2~3月，果期8~9月。

产长江流域及以南各地，全国各地广泛栽培。牯牛降保护区内广泛分布，作为行道树及观赏树种在村庄及路旁也常见栽培。材质优良；花蕾入药与辛夷功效同；花含芳香油；早春白花满树，观赏价值极高。

紫玉兰 木兰科 Magnoliaceae 玉兰属 *Yulania*
Yulania liliiflora (Desr.) D. L. Fu

别名：辛夷

落叶灌木，高约3米。常丛生，树皮灰褐色，小枝绿紫色或淡褐紫色。叶倒卵形，先端渐尖。花叶同放，花瓶形，稍有香气；花被片9~12，外轮3片萼片状，紫绿色，披针形，常早落，内两轮肉质，外面紫色或紫红色，内面带白色，花瓣状；雄蕊紫红色；雌蕊群淡紫色。聚合果深紫褐色，圆柱形。花期3~4月，果期8~9月。

产福建、湖北、四川、云南（西北部），全国各地广泛栽培。牯牛降周边村庄常见栽培。树皮、叶、花蕾均可入药；花蕾晒干后称辛夷，主治鼻炎、头痛，作镇痛消炎剂。

黄山玉兰 木兰科 Magnoliaceae 玉兰属 *Yulania*
Yulania cylindrica (E. H. Wilson) D. L. Fu

别名：黄山木兰

落叶乔木。嫩枝、叶柄、叶背被淡黄色平伏毛。老枝紫褐色，皮揉碎有辛辣香气。叶倒卵形，先端尖或圆。花先叶开放，直立；花被片9，外轮3片萼片状，狭小，中内两轮花瓣状，白色，基部常红色。聚合果圆柱形，长5~7.5厘米，下垂，初时绿色带紫红色后变暗紫黑色。花期5~6月，果期8~9月。

产安徽、浙江、江西、福建、湖北（西南部）。牯牛降分布于保护区内近山顶处灌丛中，山坡林下也有零星分布。观赏价值高，适合庭院栽培。

望春玉兰　木兰科 Magnoliaceae　玉兰属 *Yulania*
Yulania biondii (Pamp.) D. L. Fu

落叶乔木。顶芽卵圆形，密被淡黄色展开长柔毛。叶椭圆状披针形。花先叶开放，芳香；花被片9，外轮3片狭条形，中内两轮近匙形，白色，外面基部常紫红色。聚合果圆柱形，常因部分不育而扭曲。花期3月，果熟期9月。

产陕西、甘肃、河南、湖北、四川等地。安徽大别山区有野生分布，牯牛降地区秋浦河边做行道树栽培。花可提出浸膏作香精；本种为优良的庭园绿化树种；本种是中药辛夷的正品。

凹叶厚朴　木兰科 Magnoliaceae　厚朴属 *Houpoea*
Houpoea officinalis var. *biloba* Rehder & E. H. Wilson

落叶乔木，高达20米。顶芽大，狭卵状圆锥形，无毛。叶大，7~9片聚生于枝端，长圆状倒卵形，先端具短急尖或凹缺，全缘而微波状。花白色，外轮3片淡绿色，盛开时常向外反卷，内两轮白色，基部具爪。聚合果长圆状卵圆形，种子三角状倒卵形。花期5~6月，果期8~10月。

产秦岭—淮河以南各地。牯牛降祁门大洪岭林场有野生分布。树皮、根皮、花、种子及芽皆可入药，以树皮为主；种子有明目益气功效；芽作妇科药用；花大美丽，可作绿化观赏树种。

天女花　木兰科 Magnoliaceae　天女花属 Oyama
Oyama sieboldii (K. Koch) N. H. Xia & C. Y. Wu

别名：小花木兰、天女玉兰

落叶小乔木或灌木。叶宽倒卵形，中脉及侧脉被白色长绢毛。花叶同时开放，花白色，芳香；花梗长 3~7 厘米，密被褐色及灰白色平伏状长柔毛；花被片 9，近等大，内两轮 6 片基部渐狭成短爪。聚合果熟时红色，倒卵圆形或长圆形；蓇葖狭椭圆形。

产辽宁、安徽、浙江、江西、福建（北部）、广西。牯牛降分布于近山顶悬崖处。花可提取芳香油；花色美丽，适合庭园观赏；花入药，可制浸膏。

木莲　木兰科 Magnoliaceae　木莲属 Manglietia
Manglietia fordiana Oliv.

别名：乳源木莲

高大乔木。嫩枝及芽有红褐色短毛，后脱落。叶革质，狭倒卵形，边缘稍内卷，下面疏生红褐色短毛。花被片纯白色，每轮 3 片，外轮 3 片质较薄，近革质，内 2 轮的稍小，常肉质。聚合果褐色，卵球形；种子红色。花期 5 月，果期 10 月。

产长江以南各地。牯牛降双河口等地零星分布。木材供板料、细工用材；果及树皮入药，治便闭和干咳；树形高大，花色艳丽，适宜庭院栽培；可做防火林。

含笑 木兰科 Magnoliaceae　含笑属 *Michelia*
Michelia figo (Lour.) DC.

常绿灌木。芽、嫩枝、叶柄、花梗均密被黄褐色绒毛。叶革质，狭椭圆形。花直立，淡黄色而边缘有时红色或紫色，具甜浓的芳香，花被片6，肉质，较肥厚。聚合果蓇葖卵圆形或球形，顶端有短尖的喙。花期3~5月，果期7~8月。

产华南南部各地，现广植于全国各地。牯牛降保护站内栽培。本种除供观赏外，花瓣可拌入茶叶制成花茶，亦可提取芳香油和供药用。

野含笑 木兰科 Magnoliaceae　含笑属 *Michelia*
Michelia skinneriana Dunn

常绿乔木。树皮灰白色，平滑；芽、嫩枝、叶柄、叶背中脉及花梗均密被褐色长柔毛。叶革质，狭倒卵状椭圆形，上面深绿色，有光泽，下面被稀疏褐色长毛。花淡黄色，芳香；花被片6，外轮3片基部被褐色毛。聚合果黑色，球形或长圆体形。花期5~6月，果期8~9月。

产长江以南各地。牯牛降赤岭公路旁山坡上零星分布。花色艳丽，适宜庭院栽培；可做防火林。

蜡梅 蜡梅科 Calycanthaceae 蜡梅属 Chimonanthus
Chimonanthus praecox (L.) Link

落叶灌木。幼枝四方形，老枝近圆柱形。叶纸质至近革质，叶背脉上被疏毛。花黄色，先花后叶，芳香，内部花被片比外部花被片短，基部有爪；雄蕊花药向内弯；花柱长达子房3倍，基部被毛。果托近木质化，坛状或倒卵状椭圆形。花期11月至翌年3月，果期4~11月。

全国各地广泛栽培。牯牛降保护区周边常见栽培。观赏价值高，常见栽培；根、叶药用；花可提取蜡梅浸膏；种子含蜡梅碱。

浙江新木姜子 樟科 Lauraceae 新木姜子属 Neolitsea
Neolitsea aurata var. *chekiangensis* Yen. C. Yang & P. H. Huang

常绿乔木。幼枝黄褐色或红褐色，有锈色短柔毛。叶片披针形或倒披针形，下面薄被棕黄色丝状毛。伞形花序3~5个簇生于枝顶或节间。果椭圆形；果梗先端略增粗，有稀疏柔毛。花期2~3月，果期9~10月。

产浙江、安徽、江苏、江西及福建。牯牛降广布于保护区沟谷旁。果核可榨油，供制肥皂和润滑油用；枝叶可蒸馏芳香油，作化妆品原料；树皮民间用来治胃脘胀痛。

天目木姜子 樟科 Lauraceae　木姜子属 *Litsea*
***Litsea auriculata* S. S. Chien & W. C. Cheng**

落叶乔木。树皮小鳞片状剥落呈鹿斑状。小枝紫褐色，无毛。叶互生，椭圆形，基部耳形，下面苍白绿色，有短柔毛，羽状脉。伞形花序先叶开花，雄花花梗长 1.3~1.6 厘米，被丝状柔毛；雌花雄花较小，花梗长 6~7 毫米，花柱近顶端略有短柔毛，柱头 2 裂或顶端平。果卵形，成熟时黑色；果托杯状。花期 3~4 月，果期 7~8 月。

产安徽大别山区和皖南山区，浙江及广东也有。牯牛降祁门叉、小园等地有少量分布。木材重而致密，可供家具等用；果实和根皮，民间用来治寸白虫；叶外敷治伤筋；先叶开花，适宜观赏。

山鸡椒 樟科 Lauraceae　木姜子属 *Litsea*
***Litsea cubeba* (Lour.) Pers.**

别名：山苍子

落叶小乔木，枝、叶芳香。叶互生，纸质披针形，上面深绿色，下面粉绿色，两面均无毛，中脉、侧脉在两面均突起。伞形花序单生或簇生，先叶开放。果近球形，熟时黑色。花期 2~3 月，果期 7~8 月。

产长江流域及以南各省地。牯牛降保护区内广布。花、叶和果皮是主要提制柠檬醛的原料，供医药制品和配制香精等用；根、茎、叶和果实均可入药，有祛风散寒、消肿止痛的功效；先叶开花，适宜观赏。

豹皮樟
樟科 Lauraceae　木姜子属 *Litsea*
Litsea coreana var. *sinensis* (C. K. Allen) Yen C. Yang & P. H. Huang

常绿乔木。树皮呈鹿皮斑痕。叶片长圆形或披针形，先端多急尖，上面较光亮，幼时基部沿中脉有柔毛，叶柄上面有柔毛，下面无毛。雄蕊9，花丝有长柔毛，腺体箭形；花柱有稀疏柔毛，柱头2裂。果近球形，果托扁平。花期8~9月，果期翌年夏季。

产长江流域及以南各地。牯牛降保护区内广布。民间用根治疗胃脘胀痛；可种植做防火林。

黄丹木姜子
樟科 Lauraceae　木姜子属 *Litsea*
Litsea elongata (Wall. ex Nees) Benth. et Hook. f.

别名：长叶木姜子

常绿小乔木。树皮灰黄褐色，小枝密被褐色绒毛。叶革质，长圆状披针形，上面无毛，下面被短柔毛。伞形花序单生，每一花序有花4~5朵；花梗被丝状长柔毛。果长圆形，成熟时黑紫色；果托杯状。花期5~11月，果期2~6月。

产长江流域及以南各地。牯牛降保护区内广布。木材可供建筑及家具等用；种子可榨油，供工业用；可种植作防火林。

黑壳楠 樟科 Lauraceae 山胡椒属 Lindera
Lindera megaphylla Hemsl.

常绿乔木。树皮灰黑色。枝条紫黑色，散布有木栓质凸起的近圆形纵裂皮孔。叶互生，倒披针形至倒卵状长圆形，革质，上面深绿色，有光泽，下面淡绿苍白色。伞形花序多花，黄绿色，雄的多达 16 朵，雌的 12 朵。果椭圆形至卵形，成熟时紫黑色。花期 2~4 月，果期 9~12 月。

产秦岭—淮河以南各地。牯牛降观音堂等地沟谷旁零星分布。种仁含油近 50%，可制皂；果皮、叶可作调香原料；木材纹理直、结构细，可作装饰薄木、家具及建筑用材；可种植作防火林。

红果山胡椒 樟科 Lauraceae 山胡椒属 Lindera
Lindera erythrocarpa Makino

别名：红果钓樟

落叶小乔木。叶倒披针形，基部狭楔形下延，有稀疏贴服柔毛或无毛。伞形花序着生于腋芽两侧各一。雄花花被外面被疏柔毛，内面无毛；雌花较小，花被两面有毛。果球形，熟时红色。花期 4 月，果期 9~10 月。

产秦岭—淮河以南各地。牯牛降保护区内广布。种子可榨油；果实密集红艳，可供园林观赏。

山橿　樟科 Lauraceae　山胡椒属 *Lindera*
Lindera reflexa Hemsl.

别名：木姜子

落叶灌木。树皮棕褐色，幼枝黄绿色，光滑，无皮孔，冬芽长角锥状。叶倒卵状椭圆形，幼时在中脉上被微柔毛，不久脱落。伞形花序着生于叶芽两侧各一，总苞片4，内有花约5朵。果球形，熟时红色。花期4月，果期8月。

产秦岭—淮河以南各地。牯牛降保护区内广布。根药用，可止血、消肿、止痛。

山胡椒　樟科 Lauraceae　山胡椒属 *Lindera*
Lindera glauca (Siebold & Zucc.) Blume

别名：假死柴

落叶灌木或小乔木。叶宽椭圆形，被白色柔毛，纸质，羽状脉；叶枯后不落。伞形花序腋生；雄花花被外面被柔毛；雄蕊9，近等长；雌花花被片外面无毛或被稀疏柔毛。果球形，熟时黑褐色。花期3~4月，果期7~8月。

产黄河以南各地。牯牛降保护区内广布。叶、果皮可提芳香油；种仁油可作肥皂和润滑油；根、枝、叶、果药用。

狭叶山胡椒　樟科 Laurace　山胡椒属 Lindera
Lindera angustifolia W. C. Cheng

落叶灌木。幼枝条黄绿色，无毛。叶椭圆状披针形，先端渐尖，基部楔形，近革质，下面沿脉上被疏柔毛。果球形，直径约8毫米，成熟时黑色。花期3~4月，果期9~10月。与山胡椒区别在于：本种叶狭长，冬芽为叶芽而非混合芽，芽鳞具脊，幼枝黄绿色而非灰白色或灰黄色，花被无毛。

产黄河以南各地。牯牛降九龙池等地低海拔地区林缘零星分布。种子油可制肥皂及润滑油；叶可提取芳香油，用于配制化妆品及皂用香精。

大果山胡椒　樟科 Laurace　山胡椒属 Lindera
Lindera praecox (Siebold & Zucc.) Blume

落叶灌木。叶羽状脉，上面稍凹，下面明显凸起。伞形花序，内有花5朵。果球形有皮孔，直径可达1.5厘米，熟时黄褐色，不规则瓣裂。花期3月，果期9月。

产浙江、安徽、湖北等地。生于低山、山坡灌丛中。牯牛降保护区内低山沟谷及山坡灌丛中零星分布。花先叶开放，适宜庭院观赏。

乌药
樟科 Lauraceae 山胡椒属 *Lindera*

Lindera aggregata (Sims) Kosterm.

常绿灌木。根有纺锤状或结节状膨胀。幼枝青绿色，具纵向细条纹，密被金黄色绢毛，后脱落。叶卵形，先端长渐尖或尾尖，下面苍白色，三出脉。果卵形或有时近圆形。花期 3~4 月，果期 5~11 月。

产长江流域及以南各地。牯牛降保护区内广泛分布。根药用，为散寒理气健胃药；果实、根、叶均可提芳香油制香皂；根、种子磨粉可杀虫。

三桠乌药
樟科 Lauraceae 山胡椒属 *Lindera*

Lindera obtusiloba Blume

落叶小乔木。叶互生，近圆形至扁圆形，先端急尖，全缘或3裂，常明显3裂，三出脉，叶柄被黄白色柔毛。果广椭圆形，成熟时红色，后变紫黑色，干时黑褐色。花期 3~4 月，果期 8~9 月。

产辽宁千山、陕西渭南至陇南一线以南各地。牯牛降保护区内山顶灌丛常见。种子含油达60%，可用于医药及轻工业原料；木材致密，可作细木工用材。

绿叶甘橿 樟科 Lauraceae　山胡椒属 *Lindera*
Lindera neesiana (Wall. ex Nees) Kurz

落叶灌木。枝常略呈"之"字形曲折，绿色或黄绿色，光滑无毛，无皮孔。叶纸质，宽卵形至卵形，三出脉。伞形花序生于顶芽及腋芽两侧，具7~9花。果圆球形，成熟时鲜红色。花期3~5月，果期8~10月。

产华东、华中、西南地区及陕西。牯牛降保护区内广泛分布。花先叶开放，果红色宿存，可栽培观赏。

红脉钓樟 樟科 Lauraceae　山胡椒属 *Lindera*
Lindera rubronervia Gamble

落叶灌木。树皮黑灰色，有皮孔。冬芽长角锥形，无毛。叶互生，卵形，离基三出脉，脉和叶柄秋后变为红色，叶柄，被短柔毛。伞形花序腋生；总苞片8，宿存，内有花5~8朵。花单性，花被片绿色，花被筒密被白柔毛。果近球形，果梗熟后弯曲。花期3~4月，果期8~9月。

产河南、安徽、江苏、浙江、江西等地。牯牛降保护区内广泛分布，但数量较少。叶及果皮可提取芳香油。

檫木　樟科 Lauraceae　檫木属 *Sassafras*
Sassafras tzumu (Hemsl.) Hemsl.

落叶乔木。树皮幼时黄绿色，平滑；老时灰褐色至红褐色，不规则纵裂。叶互生，聚集于枝顶，全缘或 2~3 浅裂。花序顶生，先叶开放，密被棕褐色柔毛，花单性，花被片 6，黄色。果近球形，熟时蓝黑色带白蜡粉，着生于浅杯状的果托上。花期 3~4 月，果期 5~9 月。

产长江流域及以南各地。牯牛降保护区各地广泛分布，桶坑有大树。木材细致，耐久，用于造船、水车及上等家具；根和树皮入药，功能为活血散瘀，祛风去湿，治扭挫伤和腰肌劳损；树形优美，先叶开花，观赏价值高。

樟　樟科 Lauraceae　樟属 *Camphora*
Camphora officinarum Nees

常绿乔木。树皮不规则纵裂。叶卵状椭圆形，边缘全缘微波状，离基三出脉，脉腋上面明显隆腺点。圆锥花序腋生，花被外面无毛或被微柔毛，内面密被短柔毛。果卵球形或近球形，紫黑色；果托杯状。花期 4~5 月，果期 8~11 月。

产长江以南及西南各地。牯牛降保护区内沟谷旁及村庄周围广泛分布。木材及根、枝、叶可提取樟脑和樟油；根、果、枝和叶入药，有祛风散寒、强心镇痉和杀虫等功能。木材为造船、橱箱和建筑等用材；树形优美，为常见绿化树种。

浙江桂
樟科 Lauraceae　桂属 Cinnamomum
Cinnamomum chekiangense Nakai

别名：浙江樟

常绿乔木。树皮灰色，平滑。小枝带红褐色，无毛。叶近对生或在枝条上部者互生，卵圆状长圆形，革质，离基三出脉。花被筒倒锥形，短小，花被外面无毛，内面被柔毛。果长圆形，熟后蓝黑色；果托浅杯状，顶部极开张，边缘全缘或具浅圆齿，基部骤然收缩成细长的果梗。花期 4~5 月，果期 7~9 月。与天竺桂区别在于本种花梗有毛，且除基部三出脉外其余叶脉均不明显。

产华东地区。牯牛降祁门叉、祁门三十六湾等地偶见。枝叶及树皮可提取芳香油，为制各种香精及香料的原料；果核含脂肪，供制肥皂及润滑油；木材坚硬而耐久，适宜营造防火林。

香桂
樟科 Lauraceae　桂属 Cinnamomum
Cinnamomum subavenium Miq.

别名：细叶香桂、长果桂

常绿乔木。树皮灰色，平滑。小枝纤细，密被黄色平伏绢状短柔毛。叶在幼枝上近对生，在老枝上互生，卵状椭圆形至披针形，革质，三出脉。花淡黄色，花梗密被黄色平伏绢状短柔毛。花被筒倒锥形，短小。果椭圆形，熟时蓝黑色；果托杯状，顶端全缘。花期 6~7 月，果期 8~10 月。

产长江以南各地。牯牛降低海拔地区林缘零星分布。木材坚硬；香桂叶油可作香料及医药上的杀菌剂，叶和皮均可制作食用香精及化妆品香料；适宜营造防火林。

紫楠 樟科 Lauraceae 楠属 *Phoebe*
Phoebe sheareri (Hemsl.) Gamble

常绿乔木。树皮灰白色。小枝、叶柄及花序密被黄褐色或灰黑色柔毛或绒毛。叶革质，倒卵形，上面完全无毛或沿脉上有毛，下面密被黄褐色长柔毛。圆锥花序顶生。果卵形，果梗略增粗，被毛；宿存花被片卵形，两面被毛，松散。花期4~5月，果期9~10月。

产长江流域及以南地区。牯牛降保护区内沟谷旁常见。木材纹理直，结构细，质坚硬，耐腐性强；适宜营造防火林。

薄叶润楠 樟科 Lauraceae 润楠属 *Machilus*
Machilus leptophylla Hand.-Mazz.

别名：华东楠、大叶楠、薄叶楠

高大乔木。树皮灰褐色。顶芽近球形，鳞片宽卵形。叶互生或在当年生枝上轮生，倒卵状长圆形，中脉在上面凹下，在下面显著凸起。圆锥花序6~10个，聚生嫩枝基部，花通常3朵生在一起。果球形，直径约1厘米。

产长江流域及以南地区。牯牛降保护区内广泛分布。木材坚硬；树皮可提树脂；种子可榨油；适宜营造防火林。

刨花润楠　樟科 Lauraceae　润楠属 *Machilus*
Machilus pauhoi Kanehira

高大乔木。树皮灰褐色，有细浅裂。叶集生小枝梢端，椭圆形或狭椭圆形，先端渐尖或尾状渐尖，革质。聚伞状圆锥花序生于当年生枝下部，约与叶近等长，子房近球形，花柱较子房长。果球形，熟时黑色。

产安徽、浙江、福建、江西、湖南、广东、广西等地。牯牛降观音堂沟谷边零散分布。木材刨成薄片（即刨花），浸水中可产生黏液，加入石灰水中，用于粉刷墙壁，能增加石灰的黏着力，也可用于制纸；木材坚硬；种子含油脂，为制造蜡烛和肥皂的好原料；适宜营造防火林。

红楠　樟科 Lauraceae　润楠属 *Machilus*
Machilus thunbergii Siebold & Zucc.

常绿乔木。树冠平顶或扁圆。叶倒卵形至倒卵状披针形，先端短突尖，基部楔形，革质，下面带粉白色，叶柄红色。花序无毛，总梗带红色，下部的分枝常有花3朵，上部分枝的花较少。果扁球形，熟后黑紫色；果梗鲜红色。花期2月，果期7月。

产山东以南各地。牯牛降保护区沟谷旁常见。木材硬度适中，供建筑、家具、造船、雕刻等用；叶可提取芳香油；种子油可制肥皂和润滑油；树皮入药，有舒筋活络之效；树形优美，适宜庭院观赏；可营造防火林。

浙南菝葜
菝葜科 Smilacaceae　菝葜属 *Smilax*
Smilax austrozhejiangensis Q. Lin

灌木，直立或披散。茎光滑无刺。叶纸质，卵形至长圆形，下面苍白色，主脉3条；占叶柄全长的1/2~3/4，具鞘，鞘向前延伸形成一对卵状披针形的叶耳，脱落点位于鞘顶端，无卷须。花淡绿色。浆果成熟时呈橙红色。花期4~5月，果期7~11月。

产浙江、安徽两地。牯牛降见于祁门桶坑。

托柄菝葜
菝葜科 Smilacaceae　菝葜属 *Smilax*
Smilax discotis Warb.

灌木，多少攀缘。茎疏生刺或近无刺。叶纸质，近椭圆形，基部心形，下面苍白色；脱落点位于近顶端，有时有卷须；鞘与叶柄等长或稍长，近半圆形，贝壳状。伞形花序生于叶尚幼嫩的小枝上；花序托稍膨大，具多枚小苞片；花绿黄色。浆果熟时黑色，具粉霜。花期4~5月，果期10月。

产秦岭—淮河以南各地。牯牛降零散分布于林缘。

华东菝葜 菝葜科 Smilacaceae 菝葜属 *Smilax*
Smilax sieboldii Miq.

攀缘灌木。小枝常带草质，干后稍凹瘪，刺细长针状。叶草质，卵形，先端长渐尖，基部常截形；约占叶柄一半处具狭鞘，有卷须，脱落点位于上部。伞形花序，花绿黄色。浆果熟时蓝黑色。花期 5~6 月，果期 10 月。

产中国东部沿海各地，台湾也有。牯牛降林缘零散分布。

短梗菝葜 菝葜科 Smilacaceae 菝葜属 *Smilax*
Smilax scobinicaulis C. H. Wright

攀缘灌木。茎和枝条通常疏生刺或近无刺，刺针状。叶卵形或椭圆状卵形，基部钝或浅心形。总花梗很短，一般不到叶柄长度的一半。雌花具 3 枚退化雄蕊。浆果球形。花期 5 月，果期 9~10 月。本种与华东菝葜相似，但花梗极短。

产秦岭—淮河以南，五岭以北区域。牯牛降见于大洪岭林场。根状茎和根入药，祛风湿，治关节痛。

菝葜
菝葜科 Smilacaceae 菝葜属 *Smilax*
Smilax china L.

攀缘灌木。根状茎粗厚，不规则块状，地上茎疏生刺。叶圆形、卵形或椭圆形，下面通常淡绿色，较少苍白色；约占叶柄全长的1/2~2/3处具鞘，有卷须，脱落点靠近卷须。伞形花序生于叶尚幼嫩的小枝上，呈球形；花绿黄色，雌雄异株。浆果熟时红色，有粉霜。花期2~5月，果期9~11月。

产黄河以南各地。牯牛降各地广布，多见于低海拔地区。根状茎可入药，有清湿热、强筋骨、解毒的功效；根状茎含淀粉，可酿酒。

小果菝葜
菝葜科 Smilacaceae 菝葜属 *Smilax*
Smilax davidiana A. DC.

攀缘灌木。根状茎粗短，地上茎具疏刺。叶椭圆形，先端微凸或短渐尖；叶柄不足1厘米，约占全长的1/2~2/3处具鞘，有细卷须，脱落点近卷须；鞘耳状，明显比叶柄宽。伞形花序具几朵至10余朵花，花序托膨大，近球形，具宿存小苞片，雌花比雄花小。浆果熟时暗红色。花期3~4月，果期10~11月。

产长江流域及以南各地。牯牛降路旁、地头广布。用途同菝葜。

黑果菝葜

菝葜科 Smilacaceae　菝葜属 Smilax

Smilax glaucochina Warb.

别名：粉菝葜

攀缘灌木。根状茎粗短，茎长 0.5~4 米，疏生刺。叶厚纸质，椭圆形，先端微凸，下面苍白色；约占叶柄一半处具鞘，有卷须，脱落点位于上部。伞形花序具几朵或 10 余朵花；总花梗长 1~3 厘米，花绿黄色。浆果熟时黑色，具粉霜。花期 3~5 月，果期 10~11 月。

产秦岭—淮河以南各地。牯牛降林缘广布，常见。用途同菝葜。

三脉菝葜 菝葜科 Smilacaceae 菝葜属 *Smilax*
Smilax trinervula Miq.

落叶灌木。枝条稍具纵棱，近无刺。叶坚纸质，椭圆形，下面苍白色；约占叶柄全长一半处具鞘，常有细卷须。花序生于叶尚幼嫩的小枝上；总花梗稍长于叶柄；花绿黄色，1~2朵腋生或3~5朵排成总状花序。浆果熟时红色。花期3~4月，果期10~11月。

产安徽、江西、浙江、福建、湖南、贵州等地。牯牛降多见于近山顶乱石中，常见。

土茯苓 菝葜科 Smilacaceae 菝葜属 *Smilax*
Smilax glabra Roxb.

攀缘灌木。根状茎块状，匍匐茎相连接，枝光滑无刺。叶薄革质，狭椭圆状披针形；约占叶柄全长的1/5~1/4处具狭鞘，有卷须，脱落点近顶端。伞形花序通常具10余朵花；总花梗明显短于叶柄；花绿白色。浆果熟时紫黑色，具粉霜。花期7~11月，果期11月至翌年4月。

产秦岭—淮河以南各地。牯牛降保护区内各地广布。根状茎可入药；富含淀粉，可用于制糕点或酿酒。

缘脉菝葜 菝葜科 Smilacaceae　菝葜属 Smilax
Smilax nervomarginata Hayata

攀缘灌木。具粗短的根状茎，茎长1~2米，枝条有纵条纹，无刺。叶革质，矩圆形，主脉5~7条；叶柄具鞘部分不到全长的1/3，有卷须，脱落点近顶端。伞形花序生于叶腋或苞片腋部，具几朵至10余朵花；总花梗扁，比叶柄长2~4倍；花紫褐色。浆果熟时黑色。花期4~5月，果期10月。

产安徽、湖南、浙江、江西、贵州。牯牛降保护区内广布。

鞘柄菝葜 菝葜科 Smilacaceae　菝葜属 Smilax
Smilax stans Maxim.

落叶灌木，直立。茎和枝条稍具棱，无刺。叶纸质，卵形，无卷须，脱落点近顶端。花序具1~3朵或更多的花；总花梗纤细，比叶柄长3~5倍；花绿黄色，有时淡红色。浆果熟时黑色，具粉霜。花期5~6月，果期10月。

产黄河流域及长江流域各地，台湾也有分布。牯牛降主峰石台侧针叶林下有分布。

棕榈 棕榈科 Arecaceae 棕榈属 *Trachycarpus*
Trachycarpus fortunei (Hook.) H. Wendl.

乔木状，高3~10米或更高。树干圆柱形，被密集的网状纤维。叶片近圆形，深裂成30~50片具皱褶的线状剑形。花序粗壮，多次分枝，从叶腋抽出，通常雌雄异株。果实阔肾形，有脐，成熟时由黄色变为淡蓝色，有白粉。花期4月，果期12月。

产长江以南各地，多为栽培，罕见野生。牯牛降偶见于村庄周围。棕皮纤维可编蓑衣；嫩叶可制扇和草帽；未开放的花苞又称"棕鱼"，可供食用；棕皮及叶柄（棕板）煅炭入药有止血作用，果实、叶、花、根等亦入药；树形优美，适宜庭园绿化。

大血藤 木通科 Lardizabalaceae 大血藤属 *Sargentodoxa*
Sargentodoxa cuneata (Oliv.) Rehder & E. H. Wilson

落叶木质藤本。三出复叶，小叶革质，顶生小叶近棱状倒卵圆形，侧生小叶斜卵形，无小叶柄。总状花序长6~12厘米，雄花与雌花同序或异序，同序时，雄花生于基部。聚合果球形，成熟时黑蓝色。花期4~5月，果期6~9月。

产秦岭—淮河以南各地。牯牛降保护区内林缘沟谷常见。根及茎均药用，有通经活络、散瘀痛、理气行血、杀虫等功效；茎皮含纤维，可制绳索；枝条可为藤条代用品。

三叶木通 木通科 Lardizabalaceae 木通属 Akebia

Akebia trifoliata (Thunb.) Koidz.

别名：八月炸

落叶木质藤本。小叶 3，边缘具波状齿或浅裂，中央小叶柄长 2~4 厘米，侧生小叶柄长约 1 厘米。总状花序自短枝上簇生叶中抽出，下部有 1~2 朵雌花，以上约有 15~30 朵雄花，萼片 3，淡紫色。果长圆形，成熟时果皮紫色或灰白色，成熟后裂开；种子极多。花期 4~5 月，果期 7~8 月。

产黄河流域以南各地。牯牛降保护区内林缘、沟谷常见。根、茎和果均入药，利尿、通乳，有舒筋活络之效，治风湿关节痛；果也可食及酿酒；种子可榨油。

木通 木通科 Lardizabalaceae 木通属 Akebia
Akebia quinata (Thunb. ex Houtt.) Decne.

别名：五叶木通

落叶木质藤本。掌状复叶互生或在短枝上的簇生，小叶 5，先端圆或凹。总状花序腋生，基部有雌花 1~2 朵，以上 4~10 朵为雄花。果孪生或单生，长圆形，成熟时紫色，腹缝开裂；种子多数。花期 4~5 月，果期 6~8 月。

产长江流域各地。牯牛降常见于林缘、沟谷、地头等生境。茎、根和果实药用，利尿、通乳、消炎，治风湿关节炎和腰痛；果味甜可食，种子榨油，可制肥皂。

鹰爪枫 木通科 Lardizabalaceae 八月瓜属 Holboellia
Holboellia coriacea Diels

常绿木质藤本。掌状复叶有小叶 3，厚革质，椭圆形或卵状椭圆形，先端渐尖或微凹而有小尖头，基部圆或楔形，边缘略背卷，基三出脉。花雌雄同株，开始黄绿色，后紫色，雌花较雄花大。果长圆状柱形，直径约 3 厘米，熟时紫色，外面密布小疣点。花期 4~5 月，果期 6~8 月。

产长江流域及以南地区。牯牛降常见于林缘、沟谷等生境中。果可食，亦可酿酒；根和茎皮药用，治关节炎及风湿痹痛。

五月瓜藤　木通科 Lardizabalaceae　八月瓜属 Holboellia
Holboellia angustifolia Wall.

落叶木质藤本。茎具细纵纹，有时幼枝被白粉。掌状复叶 3~7 小叶，叶柄长 3~8 厘米，小叶柄长 0.4~2.5 厘米；小叶倒披针形，先端钝尖具小尖头，基部楔形或钝圆，下面灰绿色，两面侧脉不明显。雄花黄白色或淡紫色，先端钝厚，内轮较小；雌花紫色，径较雄花大，萼片卵形。果紫红色，长圆形，长 5~9 厘米，径约 2 厘米，干后结肠状。花期 4~5 月，果期 7~8 月。

产长江流域及以南地区，海拔 500 米以上的山坡、沟谷及林下。牯牛降保护区内偶见于林缘。果甜可食；根药用，治劳伤咳嗽，果治肾虚腰痛、疝气；种子含油率 40%。

尾叶那藤　木通科 Lardizabalaceae　野木瓜属 Stauntonia
Stauntonia obovatifoliola subsp. *urophylla* (Hand.-Mazz.) H. N. Qin

别名：小黄蜡果、五指那藤

木质藤本。掌状复叶，小叶 5~7；小叶革质，倒卵形，先端猝然收缩为一狭而弯的长尾尖，尾尖长可达小叶长的 1/4。总状花序数个簇生于叶腋，每个花序有 3~5 朵淡黄绿色的花。果长圆形或椭圆形，熟后黄色，长 4~6 厘米，直径 3~3.5 厘米。花期 4 月，果期 6~7 月。

产福建、广东、广西、江西、湖南、浙江。牯牛降保护区内沟谷常见。果味清甜，可生食、制果酱或酿酒，为极好的野生果树；根可入药，有舒筋活络、解热利尿等功效。

倒卵叶野木瓜

木通科 Lardizabalaceae　野木瓜属 Stauntonia

Stauntonia obovata Hemsl.

别名：钝药野木瓜、短药野木瓜

木质藤本。掌状复叶有小叶 3~5（6）片；小叶薄革质，形状和大小变化很大，通常倒卵形，边缘略背卷，下面粉白绿色。总状花序 2~3 个簇生于叶腋，比叶短，少花；雌雄同株。果椭圆形或卵形，长 4~5 厘米，干时褐黑色，果皮外面密布小疣点。花期 2~4 月，果期 9~11 月。

产福建、台湾、广东、广西、香港、江西、湖南、四川。牯牛降保护区内偶见于林缘。果甜可食；藤蔓修长，四季常绿，果实金黄，可供观赏。

猫儿屎

木通科 Lardizabalaceae　猫儿屎属 Decaisnea

Decaisnea insignis (Griff.) Hook. f. & Thomson

直立灌木，高 5 米。茎有圆形皮孔；枝粗而脆，易断。羽状复叶有小叶 13~25 片；叶柄长 10~20 厘米；小叶卵形至卵状长圆形，先端渐尖或尾状渐尖，基部圆形或阔楔形，上面无毛，下面青白色，初时被粉末状短柔毛。总状花序腋生，小苞片狭线形，萼卵状披针形，具脉纹。雄花花丝合生呈细长管状，花药离生；雌花心皮 3，圆锥形，柱头马蹄形，偏斜。果下垂，圆柱形，蓝色，具小疣凸。花期 4~6 月，果期 7~8 月。

产中国西南部至中部地区。牯牛降保护区内偶见于海拔 500 米以上的山坡、沟旁。果皮含橡胶，可制橡胶用品；果肉可食，亦可酿酒；种子含油，可榨油；根和果药用，有清热解毒之效，并可治疝气。

千金藤 防己科 Menispermaceae 千金藤属 *Stephania*
Stephania japonica (Thunb.) Miers

木质藤本，全株无毛。根条状，褐黄色；小枝纤细，有直线纹。叶坚纸质，三角状近圆形，顶端有小凸尖，基部微圆，下面粉白，叶柄盾状着生。复伞形聚伞花序腋生，通常有伞梗4~8条，小聚伞花序近无柄，密集呈头状。果倒卵形至近圆形，成熟时红色。

产长江流域及以南地区，广泛分布。牯牛降保护区内各地常见。根含多种生物碱，为民间常用草药，味苦性寒，有祛风活络、利尿消肿等功效。

蝙蝠葛 防己科 Menispermaceae 蝙蝠葛属 *Menispermum*
Menispermum dauricum DC.

落叶木质缠绕藤本。根状茎细长，横卧，圆柱形，黄棕色，有分枝。小枝带绿色，有细纵棱纹。叶片明显盾状着生，通常具浅裂，老叶两面无毛，下面苍白色。聚伞圆锥花序腋生；花小，黄绿色。核果圆肾形，成熟时呈紫黑色。花期4~5月，果期9~10月。

产东北、华北、华东、华中、西北地区及贵州。牯牛降赤岭等地村庄旁、溪流边有分布。根状茎可药用，有清热、祛风、驱虫等功效。

秤钩风

防己科 Menispermaceae　秤钩风属 Diploclisia

Diploclisia affinis (Oliv.) Diels

木质藤本。当年生枝草黄色，有条纹，老枝红褐色或黑褐色，有许多纵裂的皮孔；腋芽 2 个，叠生。叶革质，三角状扁圆形，宽稍大于长。聚伞花序腋生，有花 3 至多朵，总梗直。核果红色，倒卵圆形。花期 4~5 月，果期 7~9 月。

产长江流域及以南地区。牯牛降保护区内林缘、沟谷广布。藤、叶可药用，有解蛇毒、祛风除湿等功效；藤蔓修长，叶片清秀，果实艳丽，可供观赏。

木防己 防己科 Menispermaceae 木防己属 *Cocculus*
Cocculus orbiculatus (L.) DC.

木质藤本。小枝有条纹。叶近革质，叶形变化大，多卵圆形；掌状脉3条，很少5条，在下面微凸起；叶柄被稍密的白色柔毛。聚伞花序少花，腋生，被柔毛。核果近球形，成熟时蓝黑色。

产除新疆、西藏以外的地区。牯牛降保护区内广布。入药，用于治疗风湿关节痛、肋间神经痛、急性肾炎、尿路感染、高血压病、风湿性心脏病、水肿，还可治毒蛇咬伤。

风龙 防己科 Menispermaceae 风龙属 *Sinomenium*
Sinomenium acutum (Thunb.) Rehder & E. H. Wilson

别名：汉防己

木质大藤本。叶近革质，心状圆形至阔卵形，基部常心形；掌状脉5。圆锥花序长可达30厘米，花序轴被柔毛或绒毛，苞片线状披针形。核果红色至暗紫色。花期夏季，果期秋末。

产长江流域及其以南各地。牯牛降常见于海拔1000米以下的悬崖、乱石堆等生境中。根含多种生物碱，其中辛那米宁 (sinominine) 为治风湿痛的有效成分之一；枝条细长，是制藤椅等藤器的原材料。

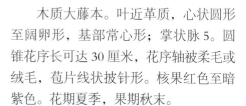

豪猪刺 小檗科 Berberidaceae 小檗属 Berberis
Berberis julianae C. K. Schneid.

常绿灌木，高 1~3 米。茎刺粗壮，三分叉，腹面具槽。叶革质，狭椭圆形，叶缘平展，每边具 10~20 刺齿。花黄色，10~25 朵簇生。浆果长圆形，蓝黑色，顶端具明显宿存花柱，被白粉。花期 3 月，果期 5~11 月。

产长江流域及以南各地。牯牛降保护区内海拔 500 米以上的阔叶林下、沟谷旁偶见。观赏价值较高，适合做绿篱。

安徽小檗　小檗科 Berberidaceae　小檗属 Berberis
Berberis anhweiensis Ahrendt

　　落叶灌木，高 1~2 米。老枝灰黄色或淡黄色，具条棱，散生黑色小疣点，幼枝暗紫色。叶近圆形或宽椭圆形先端圆钝，基部楔形，下延，叶缘具 15~40 刺齿。总状花序具 10~27 朵花，花黄色。浆果椭圆形或倒卵形，红色，不被白粉。花期 4~6 月，果期 7~10 月。

　　产安徽、浙江、湖北等地。牯牛降主峰区山顶灌丛有分布。观赏价值较高，适宜做绿篱。

庐山小檗　小檗科 Berberidaceae　小檗属 Berberis
Berberis virgetorum C. K. Schneid.

　　落叶灌木。幼枝紫褐色，老枝灰黄色，具条棱，无疣点；茎刺单生，偶有三分叉，腹面具槽。叶薄纸质，长圆状菱形，先端急尖，基部楔形，渐狭下延，下面灰白色，叶缘平展，全缘，有时稍呈波状。总状花序具 3~15 朵花；花黄色。浆果长圆状椭圆形，熟时红色，顶端不具宿存花柱，不被白粉。花期 4~5 月，果期 6~10 月。

　　产长江流域及以南各地。牯牛降罕见于海拔 500 米以上的山坡、沟谷。观赏价值较高，适宜做绿篱。

阔叶十大功劳

小檗科 Berberidaceae 十大功劳属 *Mahonia*

Mahonia bealei (Fort.) Carr.

灌木。叶狭倒卵形至长圆形，具 4~10 对小叶，下面被白霜；小叶厚革质，硬直，自叶下部往上小叶渐次变长而狭，基部阔楔形或圆形，偏斜，边缘每边具 2~6 粗锯齿，顶生小叶较大。总状花序直立，通常 3~9 个簇生；花黄色。浆果卵形，深蓝色，被白粉。花期 9 月至翌年 1 月，果期 3~5 月。

产长江流域及华南地区。牯牛降保护区内常见于林下、沟谷旁。全株可药用，叶名"功劳叶"，茎名"功劳木"，有清热解毒、利湿泻火等功效；全国多地普遍栽培供观赏。

南天竹

小檗科 Berberidaceae 南天竹属 *Nandina*

别名：南天烛

Nandina domestica Thunb.

常绿小灌木。茎常丛生而少分枝，光滑无毛，幼枝常为红色，老后呈灰色。叶互生，集生于茎的上部，三回羽状复叶，小叶薄革质，椭圆形或椭圆状披针形，顶端渐尖，基部楔形，全缘。圆锥花序直立，花小，白色，具芳香。浆果球形，熟时鲜红色。花期 3~6 月，果期 5~11 月。

产长江流域及以南地区。牯牛降保护区内常见于山坡、沟谷、竹林下等生境。树形优雅、观赏价值极高；根及枝叶药用，可清热除湿、通经活络；果有镇咳作用。

绣球藤 毛茛科 Ranunculaceae 铁线莲属 *Clematis*
Clematis montana Buch.-Ham. ex DC.

木质藤本。茎圆柱形，有纵条纹，老时外皮剥落。三出复叶，数叶与花簇生，或对生；小叶片卵形，边缘缺刻状锯齿由多而锐至粗而钝，顶端3裂或不明显，两面疏生短柔毛。花1~6朵与叶簇生，白色或外面带淡红色。瘦果扁，卵形，无毛。花期4~6月，果期7~9月。

产秦岭—淮河以南及西南山区。牯牛降保护区内见于近山顶的裸露岩石上。茎藤可入药，有利水通淋、活血通经、通关顺气等功效。

单叶铁线莲 毛茛科 Ranunculaceae 铁线莲属 *Clematis*
Clematis henryi Oliv.

别名：雪里开

木质藤本。主根下部膨大成瘤状或地瓜状。单叶，卵状披针形，基部浅心形，边缘具刺头状的浅齿。聚伞花序腋生，常只有1花，稀2~5花；花钟状，萼片4枚，较肥厚，白色或淡黄色，顶端钝尖，外面疏生紧贴的绒毛，边缘具白色绒毛，内面无毛，平行脉纹显著。瘦果狭卵形，被短柔毛。花期11~12月，果期翌年3~4月。

产长江流域及以南各地。牯牛降赤岭、观音堂、桶坑等地常见。膨大的根供药用，治胃痛、腹痛、跌打损伤、跌扑晕厥、支气管炎；冬季开花，花色艳丽，适宜观赏。

大花威灵仙

毛茛科 Ranunculaceae　　**铁线莲属** *Clematis*

Clematis courtoisii Hand.-Mazz.

别名：大花铁线莲

木质攀缘藤本。茎圆柱形，表面棕红色或深棕色。三出复叶至二回三出复叶，边缘全缘，稀2~3分裂。花单生于叶腋；花梗长12~18厘米，被紧贴的浅柔毛，在花梗的中部着生一对叶状苞片；花大，直径5~8厘米；萼片常6枚，具白色毛。瘦果倒卵圆形，宿存花柱被黄色柔毛。花期5~6月，果期6~7月。

产湖南、安徽、河南（南部）、浙江（北部）及江苏（南部）。牯牛降保护区内石台部分低海拔地区林缘山坡偶见。全株可药用，有解毒、利尿、祛瘀等功效；花大，适宜观赏。

牯牛铁线莲

毛茛科 Ranunculaceae　　**铁线莲属** *Clematis*

Clematis guniuensis W. Y. Ni, R. B. Wang & S. B. Zhou

落叶木质藤本。茎具棱，幼茎、叶、叶柄及花序均密被开展长柔毛。三出复叶；小叶片纸质，卵形至宽卵形，不裂或3浅裂，边缘具稀疏粗齿。聚伞花序腋生，仅具1花；花序梗长3~6厘米，密被柔毛；苞片小，对生，近无柄；花直径6~8厘米；萼片4或5，淡绿色，平展，内面无毛，下面疏生白色短柔毛。瘦果卵形至宽卵形，被短柔毛，宿存花柱长达2厘米，黄色。花期4~5月，果期9~10月。

产安徽南部及浙江。牯牛降保护区内见于观音堂林下、沟谷旁。

女萎 毛茛科 Ranunculaceae 铁线莲属 *Clematis*
Clematis apiifolia DC.

藤本。小枝和花序梗、花梗密生贴伏短柔毛。三出复叶，小叶片卵形或宽卵形，不明显3浅裂，边缘有锯齿，上面疏生贴伏短柔毛或无毛，下面通常疏生短柔毛或仅沿叶脉较密。圆锥状聚伞花序多花；萼片4，开展，白色，两面有短柔毛。瘦果纺锤形或狭卵形，有柔毛。花期7~9月，果期9~10月。

产华东地区。牯牛降保护区内路旁、河堤等地广布。根、茎藤或全株可入药，有消炎消肿、利尿通乳等功效。

毛果铁线莲 毛茛科 Ranunculaceae 铁线莲属 *Clematis*
Clematis peterae var. *trichocarpa* W. T. Wang

落叶木质藤本。全体干后不变黑色。一回羽状复叶，3~5小叶；小叶片卵形或长卵形，边缘疏生1至数枚锯齿状小牙齿。圆锥状聚伞花序多花；花序梗、花梗密生短柔毛，花序梗基部常具1对叶状苞片；萼片4，平展，白色。瘦果卵形，稍扁平，被柔毛。花期6~9月，果期8~12月。

广泛分布于黄河流域及以南各地。牯牛降保护区内林缘、山坡偶见。全株可入药，有清热、利尿、止痛等功效。

扬子铁线莲
毛茛科 Ranunculaceae　铁线莲属 Clematis
Clematis puberula var. *ganpiniana* H. Lév. & Vaniot W. T. Wang

藤本。枝有棱，小枝近无毛或稍有短柔毛。一至二回羽状复叶或二回三出复叶，基部两对 3 小叶常 2~3 裂，茎上部有时为三出叶，边缘有粗锯齿、牙齿或为全缘，两面近无毛或疏生短柔毛。圆锥状聚伞花序或单聚伞花序，多花或少至 3 花，腋生或顶生，常比叶短；萼片 4，开展，白色。瘦果常为扁卵圆形。花期 7~9 月，果期 9~10 月。

产秦岭—淮河以南各地。牯牛降偶见于山坡、林缘等生境。

山木通
毛茛科 Ranunculaceae　铁线莲属 Clematis
Clematis finetiana H. Lév. & Vaniot

木质藤本，无毛。茎圆柱形，有纵条纹，小枝有棱。三出复叶，基部有时为单叶；小叶片薄革质狭卵形，基部圆形，全缘，两面无毛。花常单生，或为聚伞花序、总状聚伞花序，腋生或顶生，通常比叶长或近等长；萼片开展，白色。瘦果镰刀状狭卵形，有柔毛，宿存花柱长达 3 厘米，有黄褐色长柔毛。花期 4~6 月，果期 7~11 月。

产秦岭—淮河以南地区。牯牛降保护区内山坡、林缘常见。全株可药用，有清热解毒、止痛、活血、利尿、祛风利湿等功效。

威灵仙　毛茛科 Ranunculaceae　铁线莲属 Clematis
Clematis chinensis Osbeck

木质藤本。一回羽状复叶有5小叶，有时3或7；小叶卵形，顶端锐尖至渐尖，基部圆形，全缘，两面近无毛。常为圆锥状聚伞花序，多花，腋生或顶生；萼片4，白色，顶端常凸尖，外面边缘密生绒毛或中间有短柔毛。瘦果扁，有柔毛。花期6~9月，果期8~11月。

产秦岭—淮河以南地区。牯牛降保护区内低海拔山坡、沟谷、林缘常见。全株可药用，有清热解毒、止痛、活血、利尿、祛风利湿等功效。

圆锥铁线莲　毛茛科 Ranunculaceae　铁线莲属 Clematis
Clematis terniflora DC.

木质藤本。茎、小枝有短柔毛。一回羽状复叶，通常5小叶；小叶片狭卵形至宽卵形，顶端钝或锐尖，基部圆形，全缘，两面或沿叶脉疏生短柔毛或近无毛，上面网脉有时不明显，下面网脉突出。圆锥状聚伞花序腋生或顶生，多花，较开展；花序梗、花梗有短柔毛；萼片通常4，开展，白色。瘦果橙黄色，宿存花柱长达4厘米。花期6~8月，果期8~11月。

产秦岭—淮河以南地区。牯牛降保护区石台部分低海拔林缘偶见。全株可药用，有凉血、降火、解毒的功效，治恶肿、疮瘘、蛇犬咬伤。

柱果铁线莲
毛茛科 Ranunculaceae　铁线莲属 Clematis
Clematis uncinata Champ. & Benth.

藤本，除花柱有羽状毛及萼片外面边缘有短柔毛外，其余光滑。茎圆柱形，有纵条纹。一至二回羽状复叶，5~15 小叶；小叶薄革质，宽卵形，基部圆形或宽楔形，全缘，两面网脉突出。圆锥状聚伞花序腋生或顶生；萼片 4，开展，白色。瘦果圆柱状钻形，宿存花柱长 1~2 厘米。花期 6~7 月，果期 7~9 月。

产长江流域及以南地区。牯牛降保护区内林缘、山坡常见。根入药，能祛风除湿、舒筋活络、镇痛，治风湿性关节痛、牙痛、骨鲠喉；叶外用治外伤出血。

清风藤
清风藤科 Sabiaceae　清风藤属 Sabia
Sabia japonica Maxim.

落叶攀缘木质藤本。嫩枝绿色，常留有木质化成单刺状或双刺状的叶柄基部。叶近纸质，卵状椭圆形，叶背带白色，脉上被稀疏柔毛。花先叶开放，单生于叶腋或组成聚伞花序，基部有苞片 4 枚；花瓣 5 片，淡黄绿色。分果爿近圆形或肾形。花期 2~3 月，果期 4~7 月。

产长江流域及两广地区。牯牛降保护区内林缘、沟谷常见。植株含清风藤碱甲等多种生物碱，供药用，治风湿、鹤膝、麻痹等症；早春先叶开花，花朵繁盛，观赏价值极高。

鄂西清风藤　清风藤科 Sabiaceae　清风藤属 Sabia
Sabia campanulata subsp. *ritchieae* (Rehder & E. H. Wilson) Y. F. Wu

落叶藤本。小枝常具纵条纹，无毛，无2叉状尖刺。叶片长圆状卵形，叶柄常呈红色。花单生于叶腋，与叶同放；萼片5，小，半圆形；花瓣5，黄色、红色至紫色。核果状分果瓣1~3，近球形，熟时碧蓝色。花期3~4月，果期6~10月。

产秦岭—淮河以南各地。牯牛降保护区内历溪坞等地有分布。

凹萼清风藤　清风藤科 Sabiaceae　清风藤属 Sabia
Sabia emarginata Lecomte

落叶木质攀缘藤本。小枝黄绿色，老枝褐色，有纵条纹，无毛。叶纸质，卵形，先端渐尖，基部楔形或圆形，叶下面苍白色，两面均无毛；侧脉向上弯拱至近叶缘处网结。聚伞花序有花2朵，很少3朵；萼片5，稍不相等，近倒卵形，最大的一片通常先端有明显的微缺；花瓣5，近圆形。分果爿近圆形，基部有宿存萼片。花期5月，果期7月。

产湖北、湖南、广西、四川、浙江、安徽。牯牛降见于主峰区。

尖叶清风藤　　清风藤科 Sabiaceae　　清风藤属 Sabia
Sabia swinhoei Hemsl. ex Forb. et Hemsl.

常绿攀缘木质藤本。小枝纤细，被长而垂直的柔毛。叶纸质，椭圆形、卵形，先端渐尖或尾状尖，叶下面被短柔毛或仅在脉上有柔毛。聚伞花序有花2~7朵，被疏长柔毛；萼片5，卵形，有缘毛；花瓣5片，浅绿色，卵状披针形或披针形。分果爿深蓝色，近圆形或倒卵形，基部偏斜。花期3~4月，果期7~9月。

产长江流域及以南地区，台湾也有分布。牯牛降见于观音堂、桶坑等地。

垂枝泡花树　　清风藤科 Sabiaceae　　泡花树属 Meliosma
Meliosma flexuosa Pamp.

灌木至小乔木。芽、嫩枝、嫩叶中脉、花序轴均被淡褐色长柔毛，腋芽通常两枚并生。单叶，膜质，倒卵形，中部以下渐狭而下延，边缘侧脉伸出成凸尖的粗锯齿，叶两面疏被短柔毛。圆锥花序顶生，向下弯垂；花白色。果近卵形，核极扁斜，具明显凸起细网纹。花期5~6月，果期7~9月。

产秦岭—淮河以南地区。牯牛降保护区内林缘、山坡常见。

多花泡花树　清风藤科 Sabiaceae　泡花树属 *Meliosma*
Meliosma myriantha Siebold & Zucc.

落叶乔木，高可达 20 米。树皮灰褐色，小块状脱落；幼枝及叶柄被褐色平伏柔毛。单叶，倒卵状椭圆形，基部至顶端有侧脉伸出的刺状锯齿，叶下面被展开疏柔毛。圆锥花序顶生，直立，被展开柔毛，主轴具 3 棱，侧枝扁。核果倒卵形或球形。花期夏季，果期 5~9 月。Flora of China 将叶缘锯齿不达基部记录为变种异色泡花树（*M. myriantha* var. *discolor*），据观察安徽省分布的多花泡花树该特征并不稳定，故不区分种以下级别。

产华东地区的山东、江苏、安徽、浙江等地。牯牛降保护区内海拔 300 米以上的沟谷、林缘常见。

暖木　清风藤科 Sabiaceae　泡花树属 *Meliosma*
Meliosma veitchiorum Hemsl.

乔木。树皮不规则薄片状脱落；幼嫩部分多少被褐色长柔毛；小枝粗壮，具粗大近圆形的叶痕。复叶连柄长 60~90 厘米，叶轴圆柱形，基部膨大；小叶纸质，7~11 片，基部圆钝，偏斜，两面脉上常残留有柔毛，有粗锯齿。圆锥花序顶生，直立，长 40~45 厘米，主轴及分枝密生粗大皮孔；花白色，被褐色细柔毛。核果近球形。花期 5 月，果期 8~9 月。

产长江流域及以南各地。牯牛降保护区主峰附近有分布。木材可作家具、板料等用材；树皮含鞣质，可提取栲胶。

红柴枝 清风藤科 Sabiaceae 泡花树属 *Meliosma*
Meliosma oldhamii Miq. ex Maxim.

别名：红枝柴、羽叶泡花树

落叶乔木。腋芽球形或扁球形，密被淡褐色柔毛。羽状复叶连柄长 15~30 厘米；有小叶 7~15 片，叶总轴、小叶柄及叶两面均被褐色柔毛，小叶边缘具疏离的锐尖锯齿。圆锥花序顶生，直立，3 次分枝，被褐色短柔毛；花白色。核果球形。花期 5~6 月，果期 8~9 月。

产秦岭—淮河以南地区。牯牛降保护区内沟谷旁偶见。木材坚硬，可作车辆用材；种子油可制润滑油。

笔罗子 清风藤科 Sabiaceae 泡花树属 *Meliosma*
Meliosma rigida Siebold & Zucc.

别名：野枇杷

乔木，高达 7 米。芽、幼枝、叶下面中脉、花序均被锈色绒毛，二或三年生枝仍残留有毛。单叶，革质，倒披针形，先端渐尖或尾状渐尖，中部以下渐狭楔形，全缘或中部以上有数个尖锯齿，叶下面被锈色柔毛。圆锥花序顶生，主轴具 3 棱，直立，具 3 次分枝。核果球形，稍偏斜。花期夏季，果期 9~10 月。

产长江以南地区。牯牛降观音堂分布数株小树，未见开花。木材淡红色，坚硬，可供作把柄、担竿、手杖等用；树皮及叶含鞣质，可提制栲胶；种子可榨油。

黄杨 黄杨科 Buxaceae 黄杨属 *Buxus*
Buxus sinica (Rehder & E. H. Wilson) M. Cheng var. *sinica*

别名：瓜子黄杨

常绿灌木。枝圆柱形，有纵棱，灰白色；小枝四棱形。叶革质，阔椭圆形，先端圆或钝，常有小凹口，中脉凸出。花序腋生，头状，花密集。蒴果近球形，宿存花柱长 2~3 毫米。花期 3 月，果期 5~6 月。

产秦岭—淮河以南各地。牯牛降罕见于保护区 200 米以上的沟谷、林下。叶小常绿，观赏价值较高，广泛栽植为树篱，亦常见用于制作盆景。

小叶黄杨 黄杨科 Buxaceae 黄杨属 *Buxus*
Buxus sinica var. *parvifolia* M. Cheng

别名：珍珠黄杨、鱼鳞木

常绿灌木。分枝多而密，几无毛；小枝节间长仅 3 ~ 5 毫米。叶片厚革质，宽椭圆形，基部近圆形，无毛；叶柄无毛。头状花序顶生兼腋生，花密集，花蕾时呈粉红色。蒴果长 6 ~ 8 毫米，宿存花柱粗短，柱头不下延。

产安徽、浙江、福建等地。牯牛降罕见于海拔 1500 米以上的山顶裸露岩石缝隙中。因其树形遒劲有力，大量野生资源被盗挖用于制作盆景。

尖叶黄杨

黄杨科 Buxaceae　黄杨属 *Buxus*

Buxus sinica var. *aemulans* (Rehder & E. H. Wilson) P. Brückn. & T. L. Ming

别名：石柳、长叶黄杨

常绿灌木。树皮淡棕黄色；小枝具4棱，被柔毛或近无毛。叶椭圆状披针形或披针形，两端均渐尖，顶尖锐或稍钝，中脉两面均凸出，叶面侧脉多而明显，叶下面平滑或干后稍有皱纹。花序腋生，密集成球形，花序轴被柔毛。蒴果一般长5毫米，宿存花柱长3毫米。

产长江流域以南地区。牯牛降偶见于历溪坞、桶坑等的沟谷、林下。叶小而常绿，适宜作盆景。

缺萼枫香

蕈树科 Altingiaceae　枫香属 *Liquidambar*

Liquidambar acalycina Hung T. Chang

落叶乔木。树皮黑褐色。叶阔卵形，掌状3裂，中央裂片较长，先端尾状渐尖，两侧裂片三角卵形；边缘有锯齿，齿尖有腺状突；托叶线形，着生于叶柄基部，有褐色绒毛。雄性短穗状花序多个排成总状花序，雌性头状花序单生于短枝的叶腋内，花柱被褐色短柔毛，先端卷曲。头状果序宽2.5厘米，宿存花柱粗而短，稍弯曲，不具萼齿。

产长江流域以南海拔600米以上的山区。牯牛降见于海拔500米以上的落叶阔叶林中。木材供建筑及制作家具；秋季叶色丰富，适宜观赏；可营造防火林。

枫香 蕈树科 Altingiaceae 枫香属 Liquidambar
Liquidambar formosana Hance

落叶乔木。树皮灰褐色，方块状剥落；芽鳞敷有树脂，干后棕黑色。叶薄革质，阔卵形，掌状3裂，中央裂片较长，先端尾状渐尖，基部心形，边缘有锯齿，齿尖有腺状突；托叶线形，早落。雄性短穗状花序常多个排成总状，雌性头状花序有花24~43朵，花柱先端常卷曲。头状果序直径3~4厘米，有宿存花柱及针刺状萼齿。

产秦岭—淮河以南各地。牯牛降保护区内各地常见。树脂供药用，能解毒止痛、止血生肌；根、叶及果实亦可入药，有祛风除湿、通络活血之功效；木材稍坚硬；秋季叶色丰富，适宜观赏；可营造防火林。

蜡瓣花 金缕梅科 Hamamelidaceae 蜡瓣花属 Corylopsis
Corylopsis sinensis Hemsl.

落叶灌木。嫩枝有柔毛，老枝秃净；芽体椭圆形，外面有柔毛。叶薄革质，倒卵圆形，基部浅心形；上面秃净无毛，下面有灰褐色星状柔毛。总苞、苞片、花序轴、萼筒及子房亦有星毛，萼齿无毛。雄蕊比花瓣略短，花柱比花瓣略长，退化雄蕊2裂。蒴果有星毛，宿存萼筒长为蒴果的4/5。

产长江流域及以南地区。牯牛降保护区各地常见。花先于叶开放，串串黄花挂满枝头，观赏价值极高；根皮及叶可药用，治恶寒发热、呕逆、心悸烦躁。

腺蜡瓣花 金缕梅科 Hamamelidaceae 蜡瓣花属 *Corylopsis*
Corylopsis glandulifera Hemsl.

落叶灌木，高达3米。嫩枝秃净无毛；芽体长卵形，外面无毛。叶倒卵形，基部歪斜；边缘上半部有锯齿。总状花序生轴秃净无毛，或仅在花的基部有毛丛；总苞状外面无毛，内侧有丝毛；萼筒无毛；花瓣匙形；子房无毛，花柱与花瓣等长。果序长4~6厘米；蒴果无毛。

产安徽（南部）、浙江及江西。牯牛降保护区各地常见。用途同蜡瓣花。

灰白蜡瓣花 金缕梅科 Hamamelidaceae 蜡瓣花属 *Corylopsis*
Corylopsis glandulifera var. *hypoglauca* (W. C. Cheng) Hung T. Chang

与腺蜡瓣花的区别在于叶柄无毛；叶片近圆形，下面灰白色，无毛。Flora of China将本变种并入腺蜡瓣花，据观察该变种形态特征较稳定，支持其变种地位。

产安徽、江西、浙江。牯牛降保护区各地常见。用途同蜡瓣花。

牛鼻栓 金缕梅科 Hamamelidaceae 牛鼻栓属 *Fortunearia*
Fortunearia sinensis Rehder & E. H. Wilson

落叶灌木或小乔木，高5米。嫩枝有灰褐色柔毛。叶膜质，倒卵形或倒卵状椭圆形，基部稍偏斜，下面脉上有长毛；边缘有锯齿，齿尖稍向下弯。总状花序长4~8厘米，花序轴有绒毛；花瓣狭披针形，比萼齿短。蒴果卵圆形，有白色皮孔，沿室间2片裂开，果瓣先端尖。

产秦岭—淮河以南和长江流域以北区域。牯牛降保护区各地常见。材质致密坚韧，耐磨耐腐，古时常用其制作牛鼻栓，故而得名；种子可榨油。

金缕梅 金缕梅科 Hamamelidaceae 金缕梅属 *Hamamelis*
Hamamelis mollis Oliv.

落叶小乔木。嫩枝有星状绒毛；芽长卵形，有灰黄色绒毛。叶纸质，阔倒卵圆形，先端短急尖，基部浅心形，严重歪斜，上面稍粗糙，有稀疏星状毛，下面密生灰色星状绒毛；边缘有波状钝齿。头状花序腋生，有花数朵；花瓣带状，黄色。蒴果卵圆形，密被黄褐色星状绒毛，萼筒长约为蒴果1/3。花期2~3月，果期9~11月。

产四川、湖北、安徽、浙江、江西、湖南及广西等地。牯牛降保护区林缘、沟谷、山坡偶见。根可入药，民间用于治疗劳伤乏力；花早春先叶开放，花瓣条形，金黄色，观赏价值极高。

檵木　金缕梅科 Hamamelidaceae　檵木属 Loropetalum
Loropetalum chinense (R. Br.) Oliv.

乔木。多分枝，小枝有星毛。叶革质，卵形，基部钝，歪斜，下面被星毛，稍带灰白色。花3~8朵簇生，有短花梗，花瓣白色流苏状；萼筒杯状，被星毛；花柱极短。蒴果卵圆形，被褐色星状绒毛，萼筒长为蒴果的2/3。花期3~4月。

产中国中部、南部及西南各地。牯牛降保护区各地常见。本种植物可供药用，叶用于止血，根及叶用于跌打损伤，有去瘀生新功效；观赏价值较高，常做红花檵木砧木使用。

杨梅叶蚊母树　金缕梅科 Hamamelidaceae　蚊母树属 Distylium
Distylium myricoides Hemsl.

别名：亮叶蚊母树

常绿小乔木。叶革质，矩圆形或倒披针形，先端锐尖，近先端常有粗齿，叶片多虫瘿。总状花序腋生，雄花与两性花同在1个花序上，两性花位于花序顶端，花序轴有鳞垢；萼筒极短；雄蕊3~8个，花药红色。果实椭圆形，有鳞垢，宿存柱头尖。

产长江流域及以南地区。牯牛降保护区沟谷常见。为优良的绿篱树及庭园观赏树；根入药，有利水渗湿、祛风活络等功效；材质坚韧，过去常用其制作秤杆。

交让木 虎皮楠科 Daphniphyllaceae 虎皮楠属 Daphniphyllum
Daphniphyllum macropodum Miq.

小乔木。小枝具圆形大叶痕。叶革质，长圆形至倒披针形，叶面具光泽，叶下面淡绿色略被白粉；叶柄紫红色。雄花花梗长约 0.5 厘米；花药长为宽的 2 倍，花丝短；子房卵形，花柱极短，柱头外弯。果椭圆形，先端具宿存柱头，基部圆形。花期 3~5 月，果期 8~10 月。

产长江以南各地。牯牛降保护区内沟谷、林下、山坡等生境常见。种子可榨油，供工业用；木材可作家具；叶与种子可药用，有解毒的功效；树形美观，枝叶茂密，为优良的园林观赏树种。

虎皮楠 虎皮楠科 Daphniphyllaceae 虎皮楠属 Daphniphyllum
Daphniphyllum oldhamii (Hemsl.) K. Rosenthal

乔木。叶纸质，长圆状披针形，先端渐尖，具细尖头，基部阔楔形，叶面略具光泽，叶下面显著被白粉，具细小乳突。雄花序总状，花药扁椭圆形，药隔处急尖；子房顶端具卷曲状柱头，柱头短于子房或近等长。果斜卵形，先端偏斜，具直立宿存花柱，略被白粉。花期 4 月，果期 8 月。

产华东（除江苏外）、华南地区及湖北、湖南、四川、贵州、陕西。牯牛降观音堂等沟谷、林下偶见。

峨眉鼠刺　鼠刺科 Iteaceae　鼠刺属 Itea
Itea omeiensis C. K. Schneid.

别名：矩形叶鼠刺

常绿灌木。幼枝黄绿色，老枝棕褐色，有纵棱。叶薄革质，长圆形，先端尾状尖或渐尖，基部圆形或钝，边缘有极明显的密集细锯齿。腋生总状花序，长于叶，直立；花瓣白色，披针形。蒴果长6~9毫米，被柔毛。花期3~5月，果期6~12月。

产长江流域及以南地区。牯牛降保护区林下、沟谷、山坡常见。根、叶、花可入药。

细枝茶藨子　茶藨子科 Grossulariaceae　茶藨子属 Ribes
Ribes tenue Jancz.

落叶灌木，高1~4米。枝无刺。叶基部截形至心形，掌状3~5裂，边缘具深裂或缺刻状重锯齿。花单性，雌雄异株，组成直立总状花序；雄花序长3~5厘米，生于侧生小枝顶端；雌花序长约1~3厘米；花萼近辐状，红褐色，萼筒碟形；花瓣楔状匙形，暗红色。果实球形，暗红色。花期5~6月，果期8~9月。《安徽植物志》将该种误认为冰川茶藨子（*R. glaciale*）。

产秦岭、大巴山、四川、云南山区。牯牛降见于秋风岭等山坡、林下。果味酸，可供食用。

刺葡萄 葡萄科 Vitaceae 葡萄属 Vitis
Vitis davidii (Rom. Caill.) Foëx

木质藤本。小枝圆柱形，纵棱纹幼时不明显，无毛且密被皮刺。卷须2叉分枝。叶卵圆形或卵状椭圆形，基部心形，基缺凹成钝角，齿端尖锐，不分裂或三浅裂，基生5出脉。花杂性异株；圆锥花序基部分枝发达。果实球形，成熟时紫红色。花期4~6月，果期7~10月。

产秦岭—淮河以南各地。牯牛降保护区山坡、林缘常见。适应高温多湿的条件，并具有一定的抗病虫能力；根供药用，可治筋骨伤痛。

腺枝毛葡萄 葡萄科 Vitaceae 葡萄属 Vitis
Vitis heyneana var. *adenoclada* (Hand.-Mazz.) Z. H. Chen

木质藤本。小枝圆柱形有纵棱，被灰褐色蛛丝状绒毛；小枝具针刺状黑色腺毛。叶下面被黄褐色蛛丝状绒毛，叶卵圆形或卵状五角形，初时被蛛丝状绒毛。圆锥花序疏散，被灰褐色蛛丝状绒毛。果实圆球形，成熟时紫黑色。花期4~6月，果期6~10月。

产安徽、浙江、湖南、江西等地。牯牛降保护区内历溪坞、桶坑等地有分布。果可生食。

华东葡萄
葡萄科 Vitaceae　葡萄属 *Vitis*
Vitis pseudoreticulata W. T. Wang

木质藤本。小枝圆柱形，有显著纵棱。枝、叶及叶柄嫩时被毛，部分居群老时毛不脱落。叶卵圆形，基部心形，锯齿尖锐；基生脉5出，下面沿侧脉被白色短柔毛，网脉在下面明显。圆锥花序疏散，杂性异株。果实成熟时紫黑色。花期4~6月，果期6~10月。

产长江流域及以南各地。牯牛降保护区各地常见。耐湿且抗霜霉病的能力强，果实含糖量高，为培育南方葡萄品种重要种质资源。

菱叶葡萄
葡萄科 Vitaceae　葡萄属 *Vitis*
Vitis hancockii Hance

别名：菱状葡萄

木质藤本。小枝圆柱形，密被灰色开展柔毛，无皮刺；卷须2叉分枝或不分枝，疏被柔毛。叶菱状椭圆形或菱状卵形，不分裂，先端急尖，基部楔形或宽楔形，常不对称，边缘具低平锯齿，齿端具尖头，上面仅中脉具疏短柔毛，下面沿脉疏生开展柔毛，基生三出脉；叶柄被长柔毛。圆锥花序疏散，花序轴密被灰色开展长柔毛。浆果近球形。花期4~5月，果期8~10月。

产安徽、江西、福建。牯牛降保护区祁门管理站院内有分布。

葛藟葡萄 葡萄科 Vitaceae 葡萄属 Vitis
Vitis flexuosa Thunb.

木质藤本。小枝圆柱形，有纵棱，嫩枝疏被蛛丝状绒毛。叶卵形至三角状卵形，基部浅心形或近截形，边缘每侧有微不整齐 5~12 个锯齿。圆锥花序疏散，与叶对生。果实球形，直径近 1 厘米。花期 3~5 月，果期 7~11 月。

产长江流域及以南地区，云贵高原也有。牯牛降保护区各地林缘常见。根、茎和果实供药用，可治关节酸痛，种子可炸油。

开化葡萄 葡萄科 Vitaceae 葡萄属 Vitis
Vitis kaihuaica Z. H. Chen, Feng Chen & W. Y. Xie

木质藤本。小枝圆柱形，无皮刺，幼时仅被灰白色蛛丝状毛，后渐脱落；卷须 2 叉分枝，被白色蛛丝状毛。叶片长卵圆形或三角状宽卵形，不裂，基部近平截或微心形，边缘具尖锐细锯齿，下面密被灰白色或锈褐色蛛丝状绒毛。圆锥花序基部分枝发达，有时退化为卷须，花序轴被蛛丝状绒毛和开展的褐色宿存短柔毛。浆果近球形，成熟时呈紫黑色，具疣状突起。花期 5~6 月，果期 7~8 月。

产浙江、安徽、江西。牯牛降保护区内赤岭、九龙池、观音堂等地偶见。模式标本采自开化（齐溪里秧田）。

蘡薁　葡萄科 Vitaceae　葡萄属 *Vitis*
***Vitis bryoniifolia* Bunge**

木质藤本。小枝圆柱形，有棱纹，嫩枝密被蛛丝状绒毛或柔毛，以后脱落变稀疏。叶长圆卵形，叶片3~5深裂或浅裂，中裂片顶端急尖至渐尖，基部常缢缩凹成圆形，下面密被蛛丝状绒毛和柔毛。花杂性异株。果实球形，成熟时紫红色。花期4~8月，果期6~10月。

产长江流域及以南各地。牯牛降保护区周边村庄旁偶见。全株药用，有清热解毒、祛风除湿等功效；果可酿酒。

蛇葡萄　葡萄科 Vitaceae　蛇葡萄属 *Ampelopsis*
***Ampelopsis glandulosa* (Wall.) Momiy.**

落叶木质藤本，根粗壮。小枝、叶片、叶柄、花序密被开展的灰色长柔毛。叶宽卵状心形，先端钝或短尖，不分裂或3浅裂，边缘有规则浅钝圆齿。聚伞花序，花黄绿色，两性；花梗、花萼和花瓣被灰色短柔毛。浆果近圆球形，由深绿色变为紫色，再转为鲜蓝色，可见三色果同生。花期6~7月，果期9~10月。

产黄河流域及以南地区。牯牛降保护区内山坡、林缘等地常见。

三裂蛇葡萄 葡萄科 Vitaceae 蛇葡萄属 *Ampelopsis*
Ampelopsis delavayana Planch. ex Franck.

木质藤本。枝有纵棱纹，疏生短柔毛，以后脱落。卷须2~3叉分枝。多数叶为3小叶，常混生有不分裂叶，边缘有尖细的粗锯齿。多歧聚伞花序，花序梗、花梗伏生短柔毛。果实近球形。花期6~8月，果期9~11月。

产西南山区及长江流域以南，大别山区也有。牯牛降保护区内沟谷旁林缘偶见。

牯岭蛇葡萄 葡萄科 Vitaceae 蛇葡萄属 *Ampelopsis*
Ampelopsis glandulosa var. *kulingensis* (Rehder) Momiy.

落叶木质藤本。小枝圆柱形，有纵棱纹，疏被短柔毛或无毛；卷须2或3叉分枝。单叶；叶片显著呈五角形，上部侧角明显外倾，侧裂片常稍呈尾状向外弯曲，边缘具不等的斜三角形粗锐牙齿。聚伞花序与叶对生或假顶生。浆果近球形。花期5~7月，果期8~9月。

产安徽、江苏、浙江、江西、福建、湖南、广东、广西、四川、贵州。牯牛降保护区内偶见于沟谷旁。

异叶蛇葡萄 葡萄科 Vitaceae 蛇葡萄属 Ampelopsis
Ampelopsis glandulosa var. *heterophylla* (Thunb.) Momiy.

木质藤本。小枝圆柱形，有纵棱纹，被疏柔毛。卷须2~3叉分枝。单叶，3~5中裂，缺裂宽阔，裂口凹圆，常混生不分裂，中间2缺裂较深，下方两侧缺裂较浅，裂片不呈尾状外弯，下面脉上有疏柔毛。花序梗被疏柔毛；萼碟形，边缘具波状浅齿。果近球形。花期4~6月，果期7~10月。

产长江流域及以南地区。牯牛降保护区内山坡、林下常见。

白蔹 葡萄科 Vitaceae 蛇葡萄属 Ampelopsis
Ampelopsis japonica (Thunb.) Makino

木质藤本，有膨大块根。小枝圆柱形，有纵棱纹。卷须不分枝或顶端有短的分叉。叶掌状3~5小叶，小叶片羽状深裂或小叶边缘有深锯齿而不分裂，关节间有翅。聚伞花序通常集生于花序梗顶端，花瓣5，卵圆形。果实球形，成熟后白色。花期5~6月，果期7~9月。

产东北至两广的中国东部地区。牯牛降保护区内低海拔地区林缘、地头偶见。块状膨大的根及全株供药用，有清热解毒和消肿止痛之效。

牛果藤　葡萄科 Vitaceae　牛果藤属 *Nekemias*

Nekemias cantoniensis (Hook. & Arn.) J. Wen & Z. L. Nie

别名：广东蛇葡萄、粤蛇葡萄

木质藤本。茎粗壮，具红色气生根；小枝圆柱形，微具纵棱，嫩时叶柄、叶下面脉腋、花序多少被短柔毛。二回羽状复叶或小枝上部一回羽状复叶，前者基部常为3小叶，边缘具稀疏不明显的钝齿，下面常被白粉。伞房状多歧聚伞花序与叶对生或假顶生。浆果倒卵状球形，成熟时由红色转为紫黑色。

产长江流域及以南各地。牯牛降保护区沟谷、林缘常见。

羽叶牛果藤

葡萄科 Vitaceae　蛇葡萄属 *Ampelopsis*

别名：羽叶蛇葡萄

Nekemias chaffanjonii (H. Lév. & Vaniot) J. Wen & Z. L. Nie

木质藤本。小枝圆柱形，有纵棱纹，无毛；卷须2叉分枝。一回羽状复叶，通常有小叶2或3对；小叶片长椭圆形或卵状椭圆形，先端急尖或渐尖，基部圆形或宽楔形，边缘每侧具5～11尖锐细锯齿，上面绿色或深绿色，下面灰绿色，两面无毛。伞房状多歧聚伞花序与叶对生或假顶生。浆果近球形。花期5~7月，果期7~9月。

产安徽、江西、湖北、湖南、广西、四川、贵州、云南。牯牛降保护区内奇峰等地山坡旁偶见。

地锦

葡萄科 Vitaceae　地锦属 *Parthenocissus*

别名：爬山虎

Parthenocissus tricuspidata (Siebold & Zucc.) Planch.

木质藤本。卷须5~9叉分枝，顶端膨大成吸盘。单叶，多变，边缘有粗锯齿。花序着生在短枝上，多歧聚伞花序，主轴不明显。果球形，有种子1~3枚。花期5~8月，果期9~10月。

产东北、华北、华东、华南等地区。牯牛降保护区内各地常见。本种为著名的垂直绿化植物，栽培广泛；根入药，能祛瘀消肿。

异叶地锦　葡萄科 Vitaceae　地锦属 Parthenocissus
Parthenocissus dalzielii Gagnep.

别名：异叶爬山虎

木质藤本。小枝圆柱形，无毛。卷须总状 5~8 叉分枝，具吸盘。二型叶，着生在短枝上常为 3 小叶，较小的单叶常着生在长枝上。花序假顶生于短枝顶端，基部有分枝，主轴不明显，形成多歧聚伞花序。果实近球形，成熟时紫黑色。花期 5~7 月，果期 7~11 月。

产长江流域及以南地区。牯牛降保护区林下、山坡常见。叶秋季鲜红色，有极大的观赏价值，适宜用作城市垂直绿化。

绿叶地锦　葡萄科 Vitaceae　地锦属 Parthenocissus
Parthenocissus laetevirens Rehder

别名：绿叶爬山虎、青龙藤

木质藤本。卷须总状 5~10 叉分枝，具吸盘。掌状 5 小叶，最宽处在近中部或中部以上，基部楔形，上半部有 5~12 个锯齿。多歧聚伞花序圆锥状，假顶生。果球形，有种子 1~4 枚。花期 7~8 月，果期 9~11 月。

产大别山及以南的华东、华中和华南地区。牯牛降保护区溪流旁、林缘、路旁常见。广泛用于城市垂直绿化。

三叶崖爬藤 葡萄科 Vitaceae 崖爬藤属 Tetrastigma
Tetrastigma hemsleyanum Diels & Gilg

别名：三叶青

木质化藤本。小枝纤细，有纵棱纹，无毛或被疏柔毛。卷须不分枝，相隔2节与叶对生。3小叶，小叶披针形，顶端渐尖，侧生小叶基部不对称，近圆形，边缘每侧有4~6个锯齿。花序腋生，集生成伞形；花瓣4，卵圆形，顶端有小角；雄蕊4，花药黄色；花盘明显，4浅裂；花柱短，柱头4裂。果近球形。花期4~6月，果期8~11月。

产长江以南各地。牯牛降保护区内观音堂等地的沟谷旁偶见。全株药用，有活血散瘀、解毒、化痰的作用，临床上用于治疗病毒性脑膜炎、乙型脑炎、病毒性肺炎、黄胆性肝炎等；块茎对小儿高烧有特效。

俞藤 葡萄科 Vitaceae 俞藤属 Yua
Yua thomsonii (M. A. Lawson) C. L. Li

别名：粉叶爬山虎

木质藤本。小枝圆柱形，褐色，嫩枝略有棱纹，无毛；卷须2叉分枝。掌状5小叶，小叶披针形或卵状披针形，顶端尾状渐尖，边缘上半部每侧有4~7个细锐锯齿，上面绿色，下面淡绿色被白色粉霜。复二歧聚伞花序，花瓣5，稀4。种子梨形，熟后紫黑色。花期5~6月，果期7~9月。

产长江流域及以南地区。牯牛降保护区内林缘广布。根入药，治疗关节炎等症。

合欢 豆科 Fabaceae 合欢属 *Albizia*
Albizia julibrissin Durazz.

落叶乔木。小枝有棱角，嫩枝、花序和叶轴被绒毛或短柔毛。二回羽状复叶，总叶柄近基部及最顶一对羽片着生处各有 1 枚腺体；羽片 4~12 对，小叶 10~30 对，向上偏斜，先端有小尖头，有缘毛。头状花序于枝顶排成圆锥花序；花粉红色。荚果带状。花期 6~7 月，果期 8~10 月。

产中国东北至华南及西南部各地区。牯牛降保护区内偶见于低海拔地区林缘。开花如绒簇，十分可爱，常植为城市行道树、观赏树；嫩叶可食，老叶可以洗衣服；树皮供药用，有驱虫的功效。

山槐 豆科 Fabaceae 合欢属 *Albizia*
Albizia kalkora (Roxb.) Prain

别名：山合欢

落叶乔木。枝暗褐色，被短柔毛，有显著皮孔。二回羽状复叶；羽片 2~4 对；小叶 5~14 对，长圆形或长圆状卵形，先端圆钝而有细尖头，基部歪斜，两面均被短柔毛，中脉稍偏于上侧。头状花序 2~7 枚生于叶腋，或于枝顶排成圆锥花序；花初白色，后变黄。荚果带状，深棕色，嫩荚密被短柔毛。花期 5~6 月，果期 8~10 月。

产中国华北、西北、华东、华南至西南部各地区。牯牛降保护区山坡常见。生长快，耐干旱及瘠薄地；木材耐水湿；花美丽，亦可植为风景树。

云实 豆科 Fabaceae 云实属 *Biancaea*
Biancaea decapetala (Roth) O. Deg.

落叶攀缘藤本。枝叶散生倒钩状皮刺。二回偶数羽状复叶，羽片 3～10 对；小叶 6～15 对，长圆形。总状花序顶生，直立，具多花，密被短柔毛；花冠黄色，上方 1 枚较小且位于最内，其余 4 枚近等长；雄蕊 10，分离。荚果栗色，革质，宽带状。花期 4~5 月，果期 7~10 月。

产华东、华中、华南、西南、西北地区及河北。牯牛降保护区内沟谷旁常见。花繁色艳，可供观赏；树皮、果荚含单宁；种子含油率 35%，可供制皂及润滑油；荚果、种子、花、茎及根均可入药；茎干的蛀虫名为"斗米虫"，用于治疗幼儿厌食积食，提高人体免疫力。

肥皂荚 豆科 Fabaceae 肥皂荚属 *Gymnocladus*
Gymnocladus chinensis Baill.

落叶乔木，无刺。树皮灰褐色，具明显的白色皮孔。二回偶数羽状复叶，无托叶；叶轴具槽，被短柔毛；羽片 5~10 对；小叶互生，8~12 对，具钻形的小托叶，基部稍斜，两面被绢质柔毛。总状花序顶生，被短柔毛；花杂性，白色或紫色。荚果长圆形，扁平或膨胀，顶端有短喙，有种子 2~4 枚。花期 5 月，果宿存。

产长江流域及以南地区。牯牛降观音堂等地山坡偶见。果含胰皂素，可洗涤丝绸，亦可入药，治疮癣、肿毒等症；种子油可作油漆等工业用油。

皂荚 豆科 Fabaceae 皂荚属 *Gleditsia*
Gleditsia sinensis Lam.

落叶乔木。枝灰色至深褐色；刺粗壮，圆柱形，常分枝。一回羽状复叶，基部圆形，有时稍歪斜，边缘具细锯齿，上面被短柔毛，下面中脉上稍被柔毛；网脉明显，在两面凸起；小叶柄长1~2(5)毫米，被短柔毛。花杂性，黄白色，组成总状花序；花序腋生或顶生，被短柔毛。荚果带状，劲直或扭曲，果肉稍厚，两面鼓起。部分果实短小弯曲而无种子，称为猪牙皂实。花期3~5月，果期5~12月。

产黄河流域及以南地区，西南地区也有。牯牛降奇峰、大演、双河口等地常见。木材坚硬，为车辆、家具用材；荚果煎汁可代肥皂用以洗涤丝毛织物；嫩芽可油盐调食，其子煮熟糖渍可食。荚、子、刺均可入药，有祛痰通窍、镇咳利尿、消肿排脓、杀虫治癣的功效；枝刺发达，富有野趣，适宜观赏。

紫荆　豆科 Fabaceae　紫荆属 *Cercis*
Cercis chinensis Bunge

LC　Z

丛生灌木。叶近圆形，先端急尖，基部浅至深心形，两面无毛，叶缘膜质透明，新鲜时明显可见。花紫红色或粉红色，2~10余朵成束，簇生于老枝和主干上，先叶开放；龙骨瓣基部具深紫色斑纹。荚果扁狭长形，绿色。花期3~4月，果期8~10月。

产中国东南部，北至河北，南至广东，西至云南、四川，西北至陕西等地区。牯牛降保护区管理站及周边地区常见栽培。本种花色艳丽，栽培广泛。树皮可入药，有清热解毒、活血行气、消肿止痛的功效；花可治风湿筋骨痛。

花榈木　豆科 Fabaceae　红豆属 *Ormosia*
Ormosia henryi Hemsl. & E. H. Wilson

别名：花梨木、烂锅柴

国二　VU　Y

常绿乔木。树皮灰绿色，平滑，有浅裂纹；枝条折断时有臭气；小枝、叶轴、花序密被茸毛。奇数羽状复叶；小叶2~3对，革质，椭圆形或长圆状椭圆形，叶缘微反卷，下面及叶柄均密被黄褐色绒毛。圆锥花序顶生，或总状花序腋生；密被淡褐色茸毛。荚果扁平，长椭圆形，顶端有喙。花期7~8月，果期10~11月。

产长江以南各地。牯牛降桶坑等地林下零星分布。木材致密质重，可作轴承及细木家具用材；根、枝、叶入药，能祛风散结、解毒去瘀；可为绿化或防火树种。

翅荚香槐　豆科 Fabaceae　翅荚香槐属 Platyosprion
Platyosprion platycarpum (Maxim.) Maxim.

乔木。小枝褐色，光滑无毛，密生淡黄色皮孔。叶柄下芽，密被金黄色绒毛。奇数羽状复叶，小叶 7~9，互生；具宿存的钻形小托叶，沿中脉微被柔毛。圆锥花序顶生，萼齿密被棕色绢毛；花冠白色。荚果扁平，两缝线均有狭翅，具 1~4 枚种子。花期 6~7 月，果期 9~10 月。

产长江流域及以南地区，云南也有。牯牛降保护区内沟谷、林下常见。木材坚重致密，供家具、器具等用；繁花如雪，可供观赏。

香槐　豆科 Fabaceae　香槐属 Cladrastis
Cladrastis wilsonii Takeda

乔木。小枝无毛。叶柄下芽，叠生，被棕黄色卷曲柔毛。奇数羽状复叶，小叶 9 或 11，互生；无小托叶；小叶长椭圆形，先端急尖，边缘平整，侧生小叶往下渐小。圆锥花序顶生或腋生，花萼钟状，密被淡褐色短毛，萼齿 5，三角形，近等大；花冠白色，翼瓣、龙骨瓣先端略带粉红色，各瓣近等长。荚果带状，扁平无翅，密被黄褐色短柔毛，后渐疏。花期 6~7 月，果期 9~10 月。

产华东、华中、西南地区及陕西。牯牛降罕见于海拔 700 米以下的沟谷、林缘。木材坚重致密，可制家具；根入药，可治关节疼痛；开花繁茂，可供观赏。

光叶马鞍树 豆科 Fabaceae 马鞍树属 *Maackia*
Maackia tenuifolia (Hemsl.) Hand.-Mazz.

灌木或小乔木。小枝幼时绿色，有紫褐色斑点，被淡褐色柔毛，在芽和叶柄基部的膨大部分最密，后变为棕紫色；芽密被褐色柔毛。奇数羽状复叶，叶轴有灰白色疏毛，侧小叶对生，叶脉两面隆起，细脉明显；几无叶柄。总状花序顶生，花稀疏，长约2厘米；花萼圆筒形，萼齿短，边缘有灰色短毛；花冠绿白色。荚果线形，微弯成镰状，压扁，无翅，褐色。花期4~5月，果期8~9月。

产陕西、江苏、浙江、江西、河南、湖北、安徽、浙江等地。牯牛降罕见于海拔700米以下的沟谷、林缘。根入药，可治跌打损伤，但有剧毒，须慎用。

马鞍树 豆科 Fabaceae 马鞍树属 *Maackia*
Maackia hupehensis Takeda

乔木。树皮绿灰色或灰黑褐色，平滑。幼枝及芽被灰白色柔毛，老枝紫褐色无毛。羽状复叶，小叶4~5对。总状花序2~6个集生枝梢；总花梗密被淡黄褐色柔毛；花密集；花冠白色，龙骨瓣基部一侧有耳。荚果椭圆形，扁平，褐色，有狭翅。花期6~7月，果期8~9月。

产秦岭—淮河以南地区。牯牛降罕见于海拔500米以上的山坡。木材致密，稍坚重，可作建筑材料或制家具；幼叶银白色，可栽培供观赏。

槐 *Styphnolobium japonicum* (L.) Schott

豆科 Fabaceae　槐属 *Styphnolobium*

别名：国槐、中槐

乔木。树皮灰褐色，具纵裂纹。当年生枝绿色，无毛。羽状复叶长，叶柄基部膨大，包裹着芽；小叶 4~7 对，对生或近互生，稍偏斜，下面灰白色；小托叶 2 枚，钻状。圆锥花序顶生，金字塔形；花梗比花萼短；小苞片 2 枚，形似小托叶；花萼浅钟状；花冠白色或淡黄色。荚果串珠状，具肉质果皮，成熟后不开裂，种子 1~6 枚。花期 7~8 月，果期 8~10 月。

产辽宁以南，各地多有野生或栽培。牯牛降保护区周边村庄附近栽培。树冠优美，花芳香，是行道树和优良的蜜源植物；花和荚果入药，有清凉收敛、止血降压作用；叶和根皮有清热解毒作用，可治疗疮毒；木材供建筑用。

刺槐 *Robinia pseudoacacia* L.

豆科 Fabaceae　刺槐属 *Robinia*

别名：洋槐

落叶乔木。树皮灰褐色至黑褐色，深纵裂。小枝灰褐色，幼时有棱脊，微被毛；具托叶刺，长达 2 厘米。羽状复叶，小叶 2~12 对，常对生，椭圆形，先端圆，微凹，具小尖头；小托叶针芒状，总状花序腋生，下垂，花多数，芳香；花冠白色。荚果褐色，扁平，先端上弯，具尖头。花期 4~6 月，果期 8~9 月。

原产美国东部，中国于 18 世纪末从欧洲引入青岛栽培，现全国各地均有逸生。牯牛降偶见于村庄周边林缘、山坡等地。本种根系浅而发达，易风倒，适应性强，为优良固沙保土树种；花可食，是优良的蜜源植物。

油麻藤　豆科 Fabaceae　油麻藤属 *Mucuna*
Mucuna sempervirens Hemsl.

别名：常春油麻藤

常绿木质藤本。羽状复叶具3小叶，小叶革质，顶生小叶椭圆形，先端长渐尖，侧生小叶偏斜。总状花序生于老茎上，每节上有3花，无香气或有臭味；花萼密被暗褐色伏贴短毛，外面被稀疏的金黄色或红褐色脱落的长硬毛；花冠深紫色。果木质，带形，种子间缢缩，近念珠状。花期4~5月，果期8~10月。

产秦岭—淮河以南地区。牯牛降保护区内偶见于沟谷旁。藤药用，有活血化瘀、舒筋活络的功效；茎皮可织草袋及制纸；块根可提取淀粉；种子可榨油。

葛麻姆　豆科 Fabaceae　葛属 *Pueraria*
Pueraria montana var. *lobata* (Ohwi) Maesen & S. M. Almeida

别名：野葛、山葛、葛藤、葛根

粗壮藤本。全体被黄色长硬毛，茎基部木质，有粗厚的块状根。3小叶；托叶背着，卵状长圆形，具线条；小托叶线状披针形；小叶三裂，偶尔全缘，上面被淡黄色、平伏的疏柔毛。下面较密；小叶柄被黄褐色绒毛。总状花序中部以上有颇密集的花；花冠紫色，旗瓣倒卵形，基部有2耳及1黄色硬痂状附属体。荚果长椭圆形，扁平，被褐色长硬毛。花期9~10月，果期11~12月。

产除新疆、青海及西藏以外各地。牯牛降保护区内各地常见。葛根供药用，能改善高血压病人的项强、头晕、头痛、耳鸣等症状；茎皮纤维供织布和造纸用；葛粉可食用，也可解酒。

庭藤　豆科 Fabaceae　木蓝属 Indigofera
Indigofera decora Lindl.

灌木。茎圆柱形或有棱，无毛或近无毛。羽状复叶3~7对，叶轴扁平或圆柱形，无毛；小托叶钻形。总状花序长，直立；花序轴具棱，无毛；苞片线状披针形，早落；花梗无毛；花冠淡紫色或粉红色，稀白色，旗瓣椭圆形，外面被棕褐色短柔毛，翼瓣长，具缘毛，龙骨瓣与翼瓣近等长。荚果棕褐色，圆柱形，近无毛，内果皮有紫色斑点，有种子7~8枚。花期4~6月，果期6~10月。

产安徽、浙江、福建、广东。牯牛降保护区内沟谷、林下常见。根可药用，有清热解毒、消肿止痛的功效，但有毒，须慎用；嫩叶可作饲料；枝叶可作绿肥；可供观赏。

宁波木蓝　豆科 Fabaceae　木蓝属 Indigofera
Indigofera decora var. *cooperi* Y. Y. Fang & C. Z. Zheng

与原种差别在于本变种小叶13~23，萼齿近披针形。

产江西、福建、浙江、安徽。牯牛降偶见于观音堂等沟谷旁。用途同庭藤。

华东木蓝 豆科 Fabaceae 木蓝属 *Indigofera*
Indigofera fortunei Craib

别名：华东槐蓝

灌木。茎直立，分枝有棱。无毛。羽状复叶 3~7 对，卵形，先端钝圆或急尖，微凹，有小尖头，幼时在下面中脉及边缘疏被丁字毛；中脉上面凹入，下面隆起，细脉明显，可与庭藤区分；花冠紫红色或粉红色，旗瓣倒阔卵形。荚果褐色，线状圆柱形，无毛，开裂后果瓣旋卷。内果皮具斑点。花期 4~5 月，果期 5~9 月。

产安徽、江苏、浙江、湖北。牯牛降保护区内偶见于龙池坡、小历山等林下。用途同庭藤。

河北木蓝 豆科 Fabaceae 木蓝属 *Indigofera*
Indigofera bungeana Walp.

别名：马棘、本氏槐蓝、铁扫帚

直立灌木。茎褐色，圆柱形，有皮孔，枝银灰色，被灰白色丁字毛。羽状复叶；叶柄长达 1 厘米，与叶柄均被灰色平贴丁字毛；小叶 2~4 对，椭圆形，上面绿色，疏被丁字毛，下面苍绿色，丁字毛较粗。总状花序腋生，总花梗较叶柄短；花冠紫红色，旗瓣阔倒卵形。荚果褐色，线状圆柱形，被白色丁字毛。花期 5~6 月，果期 8~10 月。

产华北、华东、华中、西南、西北及广西、辽宁。牯牛降保护区周边路旁、地头偶见。根及全株可入药，有清热解毒的功效；适应性强，根系发达，可用于荒山、边坡美化。

多花木蓝　豆科 Fabaceae　木蓝属 Indigofera
Indigofera amblyantha Craib

别名：多花槐蓝

直立灌木。少分枝，茎褐色或淡褐色，圆柱形；幼枝禾秆色，具棱，密被白色平贴丁字毛，后变无毛。羽状复叶，叶轴、叶柄均被平贴丁字毛；小叶 3~4 对，顶生小叶较大，先端圆钝，具小尖头，基部楔形或宽楔形，两面被平贴毛，下面较密。总状花序腋生，近无总花梗；花冠淡红色，旗瓣倒阔卵形。荚果棕褐色，线状圆柱形，被短丁字毛。花期 5~7 月，果期 9~11 月。

产黄河流域以南各地。牯牛降保护区内林缘、路旁偶见。用途同河北木蓝。

苏木蓝　豆科 Fabaceae　木蓝属 Indigofera
Indigofera carlesii Craib

灌木，高 1.5 米。茎直立，幼枝具棱，后成圆柱形，幼时疏生白色丁字毛。羽状复叶，叶轴有浅槽，被紧贴白色丁字毛，后无毛；小叶 2~4 (6) 对，对生，椭圆形，有针状小尖头，两面密被白色短丁字毛；小托叶钻形，与小叶柄等长或略长，均被白色毛。总状花序长 10~20 厘米；花序轴有棱，被疏短丁字毛；花冠粉红色，旗瓣近椭圆形。荚果褐色，线状圆柱形，顶端渐尖，近无毛，果瓣开裂后旋卷，内果皮具紫色斑点。花期 4~6 月，果期 8~10 月。

产陕西、江苏、安徽、江西、河南、湖北。牯牛降保护区内龙池坡等地偶见。根药用，有清热补虚的效果。

紫藤 *Wisteria sinensis* (Sims) DC.

豆科 Fabaceae　紫藤属 *Wisteria*

别名：紫藤萝

落叶藤本。茎左旋。奇数羽状复叶；小叶 3~6 对，卵状椭圆形，上部小叶较大，基部 1 对最小；小托叶刺毛状，宿存。总状花序，花序轴被白色柔毛；花紫色，芳香；花萼杯状，密被细绢毛。荚果倒披针形，密被绒毛，有种子 1~3 枚，宿存。花期 4 月中旬至 5 月上旬。

产黄河流域以南。牯牛降保护区内林下、沟谷常见。花含芳香油；茎皮纤维可制绳索或造纸；根、茎皮及花均可入药，有利尿消肿、解毒驱虫、止吐泻的作用；种子可防腐；供观赏；花可食用。

江西夏藤 *Wisteriopsis kiangsiensis* (Z. Wei) J. Compton & Schrire

豆科 Fabaceae　夏藤属 *Wisteriopsis*

别名：江西崖豆藤、江西鸡血藤

木质藤本。茎细柔，红褐色，密布细小皮孔。羽状复叶，小叶 7~9，卵形；托叶丝状，基部无明显距状突起；小托叶针刺状。总状花序与复叶近等长，腋生，下垂；花序梗与花序轴被微细毛；花冠白色，先端红色，旗瓣长圆形。荚果线形，劲直，扁平，先端具短钩状喙；具 5~9 枚种子。花期 6~8 月，果期 9~10 月。

产安徽、江西、湖北、湖南等。牯牛降保护区内林缘、路旁常见。

网络夏藤

豆科 Fabaceae　夏藤属 Wisteriopsis

别名：网络崖豆藤、昆明鸡血藤、鸡血藤

Wisteriopsis reticulata (Benth.) J. Compton & Schrire

木质藤本。小枝有细棱，初被黄色细柔毛，旋秃净，老枝褐色。羽状复叶，小叶7~9，硬纸质，卵状椭圆形，托叶锥形，基部贴茎向下突起成一对短而硬的距，叶腋常有多数宿存钻形芽鳞。花萼宽钟形，萼齿短钝，边缘有黄色绢毛；花冠紫红色。荚果线形，扁平，缝线不增厚，果瓣薄革质，开裂后卷曲，具3~6枚种子。花期6~8月，果期10~11月。

产华东、华中、华南、西南地区。牯牛降罕见于保护区内山坡、路旁。根、茎可入药，有镇静、活络的功效；花美色艳，可供庭园观赏。

香花鸡血藤

豆科 Fabaceae　鸡血藤属 Callerya

别名：香花崖豆藤

Callerya dielsiana (Harms ex Diels) L. K. Phan ex Z. Wei & Pedley

攀缘灌木。茎皮灰褐色，剥裂，枝无毛或被微毛。羽状复叶，小叶2对，披针形，上面有光泽，几无毛，下面被平伏状柔毛或无毛，中脉在上面微凹，下面甚隆起，细脉网状，两面均显著；小托叶锥刺状。圆锥花序顶生，花冠紫红色，密被锈色或银色绢毛。荚果线形至长圆形，扁平，密被灰色绒毛，果瓣薄，近木质。花期5~9月，果期6~11月。

产秦岭—淮河以南地区。牯牛降保护区内山坡、沟谷常见。根及茎可入药，有活血补血、舒筋通络的功效；花美丽，可供观赏。

锦鸡儿 豆科 Fabaceae 锦鸡儿属 *Caragana*
Caragana sinica (Buc'hoz) Rehder

别名：金雀花

灌木。树皮深褐色；小枝有棱，无毛。托叶三角形，硬化成针刺；叶轴脱落或硬化成针刺，小叶2对，羽状，有时假掌状，上部1对常较下部大，厚革质，倒卵形，先端圆形或微缺。花单生，花冠黄色，常带红色。荚果圆筒状。花期4~5月，果期7月。

产黄河流域及以南地区。牯牛降保护区内山坡、地头偶见。供观赏或做绿篱；根皮供药用，能祛风活血、舒筋、除湿利尿、止咳化痰。

黄檀 豆科 Fabaceae 黄檀属 *Dalbergia*
Dalbergia hupeana Hance

别名：不知春

乔木。树皮暗灰色，薄片状剥落。羽状复叶，小叶3~5对，近革质，椭圆形先端钝，稍凹入。圆锥花序顶生或生于最上部的叶腋间，疏被锈色短柔毛；花密集，花梗与花萼疏被锈色柔毛；花冠白色或淡紫色。荚果长圆形，基部渐狭成果颈，果瓣薄革质。花期5~7月。

产华东、华南、华中、西南各地区。牯牛降保护区内山坡常见。木材坚重致密，可制各种负重力和强拉力的用具及器材；根及叶可入药，有清热解毒、止血消肿的功效。

大金刚藤　豆科 Fabaceae　黄檀属 Dalbergia
Dalbergia dyeriana Prain ex Harms

别名：大金刚藤黄檀

大藤本。羽状复叶，小叶 4~7 对，倒卵状长圆形，基部楔形，先端圆或钝，有时稍凹缺，上面无毛，下面疏被紧贴柔毛。圆锥花序腋生；总花梗、分枝与花梗均略被短柔毛；花冠黄白色。荚果长圆形或带状，扁平，有细尖头，果瓣薄革质。花期 5 月。

产秦岭—淮河以南地区。牯牛降保护区内沟谷旁常见。

宽叶胡枝子　豆科 Fabaceae　胡枝子属 Lespedeza
Lespedeza pseudomaximowiczii D. P. Jin, Bo Xu bis & B. H. Choi

别名：拟绿叶胡枝子

直立灌木。多分枝，枝近圆柱形，稍具棱，暗褐色，被白色疏柔毛。3 小叶；托叶披针形或钻形，褐色；小叶宽椭圆形，先端渐尖到急尖，具短刺尖，基部圆形，上面被疏短毛，下面贴生短柔毛。总状花序腋生，超出叶；花梗被短柔毛；花冠紫红色。荚果卵状椭圆形，表面有网纹，被短柔毛。花期 7~8 月，果期 9~10 月。

产安徽、浙江、河南等地。牯牛降保护区内大历山等地山脊常见。

绿叶胡枝子   豆科 Fabaceae 胡枝子属 *Lespedeza*
Lespedeza buergeri Miq.

直立灌木。枝灰褐色或淡褐色，被疏毛。托叶 2，线状披针形；小叶卵状椭圆形，先端急尖，基部楔形，上面光滑无毛，下面密被贴生的毛。总状花序腋生，在枝上部者构成圆锥花序；花萼钟状，密被长柔毛；花冠淡黄绿色，旗瓣近圆形，基部两侧有耳。荚果长圆状卵形，表面具网纹和长柔毛。花期 6~7 月，果期 8~9 月。

产秦岭—淮河以南地区。牯牛降保护区内沟谷旁常见。根及叶可入药，有清热、止血、镇咳等功效。

广东胡枝子   豆科 Fabaceae 胡枝子属 *Lespedeza*
Lespedeza fordii Schindl.

直立灌木。枝红褐色或灰褐色，无毛。托叶 2，线状披针形；小叶卵状长圆形，先端圆或微凹，具短刺尖，基部圆形，上面无毛，下面贴生短柔毛。总状花序腋生，几无总花梗，比叶短；花冠紫红色，旗瓣广倒卵形，顶端圆或微凹，基部具耳和短瓣柄。荚果长圆状椭圆形，扁平，具短柄和刺尖，被贴生的短毛。花期 6~8 月，果期 8~10 月。

产长江流域及以南地区。牯牛降保护区内观音堂等地林下偶见。

短梗胡枝子　豆科 Fabaceae　胡枝子属 *Lespedeza*
Lespedeza cyrtobotrya Miq.

落叶灌木。多分枝，小枝贴生疏柔毛。顶生小叶卵形或椭圆形，先端常微凹，无毛或几无毛，下面被白色伏贴柔毛。总状花序腋生，短于复叶，稀近等长；花序梗短，密被白色柔毛；花萼钟状，密被柔毛；花冠紫红色，翼瓣比旗瓣短1/3，龙骨瓣与旗瓣近等长。荚果斜卵形，表面具网纹，密被毛。花期7~9月，果期10~11月。

产东北、华北、华东、华中、西北地区。牯牛降保护区内大演、大历山等地山脊常见。

春花胡枝子　豆科 Fabaceae　胡枝子属 *Lespedeza*
Lespedeza dunnii Schindl.

直立灌木。微具条棱，被疏短柔毛。托叶钻形，红褐色，被疏柔毛；叶柄被黄或白色柔毛；小叶长倒卵形，先端圆或微凹，具短刺尖，上面被疏柔毛，下面被长柔毛或丝状毛。总状花序腋生，密被短而开展的绒毛；花冠紫红色，旗瓣倒卵形，先端微凹。荚果长圆状椭圆形，两端尖，密被短柔毛。花期4~5月，果期6~7月。

产安徽、福建等地。牯牛降保护区内林缘、山坡偶见。

胡枝子
豆科 Fabaceae　胡枝子属 *Lespedeza*

Lespedeza bicolor Turcz.

直立灌木。多分枝，小枝黄色或暗褐色，有条棱，被疏短毛。小叶质薄，卵形，先端钝圆或微凹，上面无毛，下面色淡，被疏柔毛。总状花序腋生，比叶长，常构成大型、较疏松的圆锥花序；花冠红紫色，萼齿与萼筒近等长，旗瓣长于翼瓣和龙骨瓣。荚果斜倒卵形，稍扁，表面具网纹，密被短柔毛。花期 7~9 月，果期 9~10 月。

产除青海、西藏、新疆以外的全国各地。牯牛降保护区内奇峰等地山坡、路旁偶见。耐干旱瘠薄，宜用于荒山、边坡绿化；根可入药，有清热解毒、祛痰止咳、凉血消肿的功效；花艳丽，可供观赏。

美丽胡枝子
豆科 Fabaceae　胡枝子属 *Lespedeza*

Lespedeza thunbergii subsp. *formosa* (Vogel) H. Ohashi

单一或丛生小灌木。分枝开展，枝灰褐色，具细条棱，密被长柔毛。总状花序腋生，被疏柔毛；花冠红紫色，萼齿显著长于萼筒，旗瓣长于翼瓣而短于龙骨瓣。荚果宽卵圆形，先端极尖，密被丝状毛。花果期 9~11 月。

产华东、华南地区。牯牛降保护区内奇峰等地山坡、路旁偶见。花及根皮可入药，有祛痰止咳、凉血消肿的功效；花繁色艳，可供观赏。

多花胡枝子

豆科 Fabaceae　胡枝子属 *Lespedeza*

Lespedeza floribunda Bunge

别名：四川胡枝子

小灌木。茎常近基部分枝；枝有条棱，被灰白色绒毛。托叶线形，先端刺芒状；小叶具柄，倒卵形，先端微凹，上面被疏伏毛，下面密被白色伏柔毛；侧生小叶较小。总状花序腋生；总花梗细长，显著超出叶；花多数；花冠紫色、紫红色或蓝紫色，旗瓣椭圆形。荚果宽卵形，超出宿存萼，密被柔毛，有网状脉。花期6~9月，果期9~10月。

产黄河流域及以南地区。牯牛降保护区内沟谷旁偶见。根可入药，有消积的功效；花繁色艳，可供园林观赏或用于边坡美化。

绒毛胡枝子

豆科 Fabaceae　胡枝子属 *Lespedeza*

Lespedeza tomentosa (Thunb.) Siebold ex Maxim.

别名：山豆花

直立灌木。全体被黄色或锈色绒毛。茎单一或上部有少数分枝。顶生小叶狭长圆形，上面中脉凹陷，疏被短柔毛或近无毛，下面密被黄褐色毛。总状花序在茎上部腋生或在枝顶排成圆锥花序，显著长于复叶，花密集；花冠白色或淡黄色，翼瓣较旗瓣短，有时呈紫色。荚果倒卵形或卵状长圆形，密被伏贴柔毛，网纹明显。花期7~8月，果期9~10月。

产除新疆、西藏外普遍有分布。牯牛降保护区内历溪坞、桶坑等地山坡偶见。根可入药，有健脾补虚、增进食欲、滋补及清热、止血、镇咳等功效。

中华胡枝子　豆科 Fabaceae　胡枝子属 Lespedeza
Lespedeza chinensis G. Don

小灌木。全株被白色伏毛，茎下部毛渐脱落，茎直立或铺散；分枝斜生，被柔毛。小叶倒卵状长圆形，边缘稍反卷，上面无毛或疏生短柔毛，下面密被白色伏毛。总状花序腋生，不超出叶，少花；花冠白色或黄色。荚果卵圆形，先端具喙，基部稍偏斜，表面有网纹，密被白色伏毛。花期8~9月，果期10~11月。

产长江流域及以南地区。牯牛降保护区内沟谷旁偶见。根及全株可入药，有清热止痢、祛风止痛、截疟的功效。

截叶铁扫帚　豆科 Fabaceae　胡枝子属 Lespedeza
Lespedeza cuneata (Dum.-Cours.) G. Don

别名：夜关门

小灌木。茎直立或斜升，被毛，上部分枝，分枝斜上举。叶密集，柄短；小叶楔形或线状楔形，上面近无毛，下面密被伏毛。总状花序腋生，具2~4朵花；花冠淡黄色或白色，旗瓣基部有紫斑，有时龙骨瓣先端带紫色。荚果宽卵形或近球形，被伏毛。花期7~8月，果期9~10月。

产秦岭—淮河以南地区。牯牛降保护区内路旁、林缘常见。全株可入药，有清热解毒、利湿消积的功效。

铁马鞭 豆科 Fabaceae 胡枝子属 *Lespedeza*
Lespedeza pilosa (Thunb.) Siebold & Zucc.

亚灌木。全株密被长柔毛，茎平卧，细长，少分枝，匍匐地面。小叶宽倒卵形或倒卵圆形，先端圆形、近截形或微凹，有小刺尖，基部圆形或近截形，两面密被长毛，顶生小叶较大。总状花序腋生，比叶短；花冠黄白色或白色，闭锁花常1~3朵集生于茎上部叶腋，无梗或近无梗，荚果广卵形，凸镜状，两面密被长毛，先端具尖喙。花期7~9月，果期9~10月。

产秦岭—淮河以南地区。牯牛降保护区内地头、山坡常见。全株药用，有祛风活络、健胃益气、安神之效。

大叶胡枝子 豆科 Fabaceae 胡枝子属 *Lespedeza*
Lespedeza davidi Franch.

落叶灌木，高1~3米。小枝较粗壮，密被柔毛，常具明显的棱或狭翅。顶生小叶宽椭圆形，先端钝圆或微凹，两面被短柔毛，下面尤密。总状花序通常长于复叶，腋生或在枝顶排成圆锥花序，花密集；花序梗及花梗均密被柔毛；花萼宽钟状，5深裂达中部以下，萼齿狭披针形，密被柔毛；花冠紫红色，各瓣均具耳及瓣柄；子房密被柔毛。荚果斜卵形，具短尖，密被绢毛。花期7~9月，果期9~11月。

产华东、华中、华南地区及四川。牯牛降保护区内路旁、林缘偶见。本种耐旱，根系发达，可作水土保持树种；根及叶可入药，有清热、镇咳、止血等功效；花密集而美丽，供观赏。

细梗胡枝子

豆科 Fabaceae　胡枝子属 *Lespedeza*

Lespedeza virgata (Thunb.) DC.

小灌木，高 0.5~1 米。基部分枝，枝细，带紫色，被白色伏毛。托叶线形，小叶椭圆形，先端钝圆，有时微凹，基部圆形，边缘稍反卷，上面无毛，下面密被伏毛，侧生小叶较小；叶柄长 1~2 厘米，被白色伏柔毛。总状花序腋生，通常具 3 朵稀疏的花；总花梗纤细，被白色伏柔毛，显著超出叶；旗瓣基部有紫斑，翼瓣较短，龙骨瓣长于旗瓣或近等长。荚果近圆形，通常不超出萼。花期 7~9 月，果期 9~10 月。

产自辽宁南部经华北及陕西、甘肃至长江流域各地。牯牛降保护区内路旁、林缘罕见。

笐子梢

豆科 Fabaceae　笐子梢属 *Campylotropis*

别名：杭子梢

Campylotropis macrocarpa (Bunge) Rehder

落叶灌木。顶生小叶长圆形或椭圆形，先端微凹或钝圆，基部圆形，全缘，上面近无毛，下面有淡黄色短柔毛，细脉明显；侧生小叶稍小。总状花序，有时为圆锥花序，腋生或顶生，花序梗及花梗均被开展的短柔毛，旗瓣先端紫红色，向基部色渐淡。荚果斜椭圆形，网纹明显，腹缝线有短柔毛，具 1 枚种子。花期 6~8 月，果期 9~11 月。

产华北、华东、华中、西南、西北及广西、辽宁。牯牛降保护区内林下、路旁常见。根或全株可入药，有祛风散寒、舒筋活血的功效；花色艳丽，可供观赏，尤宜用于边坡美化。

荷包山桂花

远志科 Polygalaceae 远志属 *Polygala*

Polygala arillata Buch.-Ham. & D. Don

别名：黄花远志

灌木。小枝密被短柔毛，具纵棱；芽密被黄褐色毡毛。单叶互生，叶片纸质，椭圆形，全缘，具缘毛，叶上面绿色，下面淡绿色，两面均疏被短柔毛，沿脉较密。总状花序与叶对生，下垂，密被短柔毛；萼片5，具缘毛，花后脱落，花瓣状，红紫色，与花瓣几成直角着生；花瓣3，肥厚，黄色。种子球形，棕红色。花期5~10月，果期6~11月。

产秦岭—淮河以南地区。牯牛降保护区内林下常见。本种之根皮入药，有清热解毒、祛风除湿、补虚消肿的功效。

单瓣李叶绣线菊

蔷薇科 Rosaceae 绣线菊属 *Spiraea*

Spiraea prunifolia var. *simpliciflora* Nakai

别名：单瓣笑靥花

灌木，丛生。花序无花序梗，基部有小型叶，小花梗具短柔毛；花单瓣，萼筒钟状，内外两面均被短柔毛；萼片卵状三角形，先端急尖，外面微被短柔毛，内面毛较密；花瓣宽倒卵形，宽几与长相等，白色；雄蕊20，长约花瓣的1/2或1/3；花盘圆环形，具10个明显裂片。蓇葖果仅在腹缝上具短柔毛，开张。花期3~4月，果期4~7月。

产华中、华东、华南地区。牯牛降大演、历溪坞等地溪流旁常见。早春开花，艳丽如雪，观赏价值极高。

粉花绣线菊　蔷薇科 Rosaceae　绣线菊属 *Spiraea*
Spiraea japonica L. f.

直立灌木。小枝无毛或幼时被短柔毛。叶片卵形至卵状椭圆形，先端急尖至短渐尖，边缘有缺刻状重锯齿或单锯齿，上面无毛或沿叶脉微具短柔毛，下面色浅或有白霜，常沿叶脉有短柔毛。复伞房花序生于枝顶，花密集，粉红色；雄蕊远较花瓣长。蓇葖果半开张。花期6~7月，果期8~9月。《中国植物志》根据该种的叶形、毛被、花色分了5个变种，《安徽植物志》记录3变种，考虑到该种是广布种，且各变种形态之间存在渐变，故本书不进行亚种级别的区分。

产秦岭—淮河以南地区。各地栽培供观赏。牯牛降保护区内近山顶处常见。

绣球绣线菊　蔷薇科 Rosaceae　绣线菊属 *Spiraea*
Spiraea blumei G. Don

别名：珍珠绣线菊、翠兰条

灌木。小枝深红褐色或暗灰褐色，无毛。叶片菱状卵形至倒卵形，先端圆钝或微尖，基部楔形，边缘自近中部以上有少数圆钝缺刻状锯齿或3~5浅裂，两面无毛，下面浅蓝绿色，基部具有不明显的3脉或羽状脉。伞形花序有总梗，无毛；花瓣宽倒卵形，先端微凹，宽几与长相等，白色。蓇葖果较直立，无毛，萼片直立。花期4~6月，果期8~10月。

产青海、新疆、西藏以外的大部分地区。牯牛降保护区内山坡至近山顶处常见。观赏灌木，庭园中习见栽培；叶可代茶；根、果供药用。

中华绣线菊 蔷薇科 Rosaceae 绣线菊属 *Spiraea*
Spiraea chinensis Maxim.

灌木。小枝红褐色，幼时被黄色绒毛；冬芽被柔毛。叶片菱状卵形至倒卵形，先端急尖或圆钝，边缘有缺刻状粗锯齿，或具不显明3裂，上面暗绿色，被短柔毛，脉纹深陷，下面密被黄色绒毛，脉纹突起；叶柄，被短绒毛。伞形花序、萼筒、苞片、萼片均被短绒毛。蓇葖果开张，全体被短柔毛。花期3~6月，果期6~10月。

产除东北、青海、西藏、新疆以外的全国各地。牯牛降保护区近山顶处常见。观赏价值较高，各地庭园中习见栽培。

野珠兰 蔷薇科 Rosaceae 小米空木属 *Stephanandra*
Stephanandra chinensis Hance

别名：华空木

灌木。小枝细弱，圆柱形，微具柔毛，红褐色，"之"字形。叶卵形，先端渐尖，稀尾尖，基部近心形，边缘常浅裂并有重锯齿。顶生疏松的圆锥花序；花瓣倒卵形，先端钝，白色；雄蕊10，着生在萼筒边缘，较花瓣短约一半。蓇葖果近球形，被稀疏柔毛。花期5月，果期7~8月。

产华东、华中、华南多数地区。牯牛降保护区内林下、沟谷旁常见。枝条秀丽，秋季叶片呈红紫色，开花繁茂，可供观赏；茎皮纤维可作造纸原料。

白鹃梅　蔷薇科 Rosaceae　白鹃梅属 Exochorda
Exochorda racemosa (Lindl.) Rehd.

灌木。小枝圆柱形，微有棱，无毛，幼时红褐色，老时褐色。叶椭圆形，先端圆钝或急尖稀有突尖，基部楔形或宽楔形，全缘，稀中部以上有钝锯齿；不具托叶。总状花序，有花6~10朵，无毛；花瓣倒卵形，基部有短爪，白色。蒴果，倒圆锥形，无毛，有5脊。花期5月，果期6~8月。

产安徽、河南、江西、江苏、浙江。牯牛降保护区内山坡、林缘常见。花大而洁白，具较高的观赏价值；嫩枝可食。

西北栒子　蔷薇科 Rosaceae　栒子属 Cotoneaster
Cotoneaster zabelii C. K. Schneid.

落叶灌木。枝条细瘦开张，小枝圆柱形，深红褐色，幼时密被黄色柔毛，老时无毛。叶片椭圆形，先端圆钝，稀微缺，基部圆形或宽楔形，全缘，上面具稀疏柔毛，下面密被黄色或灰色绒毛。花3~13朵成下垂聚伞花序；花瓣直立，浅红色。果倒卵形至卵球形，鲜红色，常具2小核。花期5~6月，果期8~9月。本种在《安徽植物志》中被误认为毛灰栒子（*C. acutifolius* var. *villosulus*），两者叶形差别较大，易于区分。

产黄河流域及以南的多数地区。牯牛降大演山坡有分布。

华中栒子 蔷薇科 Rosaceae 栒子属 *Cotoneaster*
Cotoneaster silvestrii Pamp.

落叶灌木。枝条开张，拱形弯曲，棕红色，嫩时具短柔毛，不久脱落。叶片椭圆形至卵形，先端急尖或圆钝，稀微凹。基部圆形或宽楔形，上面无毛或幼时微具平铺柔毛，下面被薄层灰色绒毛；侧脉4~5对，上面微陷，下面突起；叶柄具绒毛。聚伞花序有花3~9朵，总花梗和花梗被细柔毛；花瓣平展，近圆形，基部有短爪，内面近基部有白色细柔毛，白色。果实近球形，红色，通常2小核连合为1个。花期6月，果期9月。

产河南、湖北、安徽、江西、江苏、四川、甘肃。牯牛降石台金钱山等地有分布。

平枝栒子 蔷薇科 Rosaceae 栒子属 *Cotoneaster*
Cotoneaster horizontalis Decne.

落叶或半常绿匍匐灌木，高不超过0.5米。枝水平开张成整齐两列状；小枝圆柱形，黑褐色。叶片近圆形或宽椭圆形，先端急尖，基部楔形，全缘，上面无毛，下面有稀疏平贴柔毛。花1~2朵，近无梗，花瓣直立，倒卵形，先端圆钝，粉红色；雄蕊约12，短于花瓣。果实近球形，鲜红色。花期5~6月，果期9~10月。

产秦岭—淮河以南地区。牯牛降桶坑山顶有历史记录。枝密叶小，红果艳丽，可用作园林地被及制作盆景等。

火棘 蔷薇科 Rosaceae 火棘属 *Pyracantha*
Pyracantha fortuneana (Maxim.) H. L. Li

常绿灌木。侧枝短，先端成刺状。叶片倒卵形或倒卵状长圆形，先端圆钝或微凹，基部楔形下延，边缘有钝锯齿，齿尖向内弯，近基部全缘。复伞房花序；花瓣白色，近圆形。果实近球形，直径约5毫米，橘红色或深红色。花期3~5月，果期8~11月。

产秦岭—淮河以南地区，西藏也有。牯牛降保护区内林缘偶见，也常见栽培。本种叶小常绿，果实鲜红宿存，观赏价值较高，适宜做盆景和树篱。

野山楂 蔷薇科 Rosaceae 山楂属 *Crataegus*
Crataegus cuneata Siebold & Zucc.

落叶灌木。分枝密，通常具细刺。叶片宽倒卵形至倒卵状长圆形，先端急尖，基部楔形，下延连于叶柄，边缘有不规则重锯齿，顶端常有3或5~7浅裂；托叶大形，草质，镰刀状，边缘有齿。伞房花序；花瓣近圆形，白色，基部有短爪。果实近球形或扁球形，红色或黄色。花期5~6月，果期9~11月。

产长江流域及以南地区。牯牛降保护区内林下、山坡、路旁、沟谷常见。果实多肉可供生食、酿酒或制果酱，入药有健胃、消积化滞的功效；嫩叶可以代茶；茎叶煮汁可洗漆疮。

湖北山楂 蔷薇科 Rosaceae 山楂属 *Crataegus*
Crataegus hupehensis Sarg.

乔木或灌木，高可达10余米。刺少，直立，长约1.5厘米；小枝圆柱形，无毛，紫褐色，有疏生浅褐色皮孔。叶卵形，基部宽楔形或近圆形，边缘有圆钝锯齿，上半部具2~4对浅裂片；托叶草质，披针形或镰刀形，边缘具腺齿，早落。伞房花序，具多花；总花梗和花梗均无毛；萼筒钟状，外面无毛；萼片三角卵形，全缘；花瓣卵形，白色；雄蕊20，花药紫色，比花瓣稍短；花柱5，基部被白色绒毛，柱头头状。果近球形，直径2.5厘米，萼片宿存，反折。花期5~6月，果期8~9月。

产湖北、湖南、江西、江苏、浙江、四川、陕西、山西、河南。牯牛降保护区内山坡偶见。果可食或作山楂糕及酿酒。

石楠 蔷薇科 Rosaceae 石楠属 *Photinia*
Photinia serratifolia (Desf.) Kalkman

常绿小乔木。枝褐灰色，无毛。叶革质，长椭圆形，先端尾尖，基部圆形，边缘有疏生具腺细锯齿，近基部全缘，上面光亮；叶柄粗壮，长2~4厘米。复伞房花序顶生；花瓣白色，内外两面皆无毛。果球形，红色，后成褐紫色。花期4~5月，果期10月。

产秦岭—淮河以南地区。牯牛降保护区内山坡、沟谷常见。枝叶浓密，树冠浑圆，花繁果艳，可栽培供观赏；叶和根可入药，有祛风止痛、补肾强筋等功效。

光叶石楠 蔷薇科 Rosaceae 石楠属 *Photinia*
Photinia glabra (Thunb.) Maxim.

常绿小乔木。枝灰黑色。叶革质，幼时及老时皆呈红色，椭圆形，先端渐尖，基部楔形，边缘有疏生浅钝细锯齿；叶柄长 1~1.5 厘米。复伞房花序顶生；花瓣白色，反卷，内面近基部有白色绒毛，基部有短爪。果卵形，红色。花期 4~5 月，果期 9~10 月。

产长江以南地区。牯牛降保护区内双河口、观音堂、历溪坞等沟谷常见。叶可药用，有解热、利尿、镇痛等功效；木材坚硬致密，可制作器具等；枝叶浓密，花繁果艳，可作绿篱及供园林观赏。

红叶石楠 蔷薇科 Rosaceae 石楠属 *Photinia*
Photinia × *fraseri* Dress

常绿灌木或小乔木。小枝灰褐色，无毛；冬芽大，长超过 1.5 厘米，常红色或暗红色；新梢和嫩叶红色。叶互生，长椭圆形或倒卵状椭圆形，边缘有疏生腺齿，无毛；复伞房花序顶生，花白色。果球形，红色或褐紫色。

为石楠与光叶石楠的杂交种，全国各地均有栽培。牯牛降保护站及周边常见栽培。极具观赏价值，广泛用于庭园美化。

毛叶石楠 蔷薇科 Rosaceae 落叶石楠属 *Pourthiaea*
Pourthiaea villosa (Thunb.) DC.

别名：小叶落叶石楠

落叶小乔木。小枝初有毛，皮孔散生。叶倒卵形，先端尾尖，基部楔形，边缘上半部具密生尖锐锯齿，两面初有白色长柔毛，后仅下面叶脉有柔毛。伞房花序顶生；花瓣白色。果实椭圆形或卵形，红色或黄红色，稍有柔毛，顶端有直立宿存萼片。花期4月，果期8~9月。落叶石楠的分类较为混乱，本书参考《蔷薇科落叶石楠属的分类修订》（刘彬彬，2016）的研究结果，将牯牛降地区的落叶石楠划分为毛叶石楠和中华落叶石楠两种，前者为伞房花序，后者为复伞房花序。

产秦岭—淮河以南地区。牯牛降保护区内山坡常见。

中华落叶石楠 蔷薇科 Rosaceae 落叶石楠属 *Pourthiaea*
Pourthiaea arguta (Lindl.) Decne.

落叶小乔木。小枝无毛，紫褐色，有散生灰色皮孔。叶长圆形至倒卵状长圆形，先端渐尖，基部圆形或楔形，边缘有疏生具腺锯齿，下面中脉疏生柔毛。复伞房花序，总花梗和花梗无毛，密生疣点；花瓣白色，卵形或倒卵形。果卵形，紫红色，微有疣点。花期5月，果期7~8月。

产秦岭—淮河以南地区。牯牛降保护区内山坡常见。

石斑木 蔷薇科 Rosaceae 石斑木属 *Rhaphiolepis*
Rhaphiolepis indica (L.) Lindl.

别名：车轮梅

常绿灌木。叶集生于枝顶，卵形，先端圆钝，急尖、渐尖或长尾尖，基部渐狭连于叶柄，边缘具细钝锯齿，上面光亮，平滑无毛，网脉下陷。顶生圆锥花序或总状，总花梗和花梗被锈色绒毛；花瓣 5，白色或淡红色。果实球形，紫黑色。花期 4 月，果期 7~8 月。

产长江以南各地。牯牛降保护区内沟谷旁偶见。木材带红色，材质坚韧，可制作器具；根、叶可入药，能活血止痛、消肿解毒；果可鲜食。

黄山花楸 蔷薇科 Rosaceae 花楸属 *Sorbus*
Sorbus amabilis W. C. Cheng ex T. T. Yu & K. C. Kuan

小乔木。小枝粗壮，冬芽长大，外被数枚暗红褐色鳞片。奇数羽状复叶，小叶片 5~6 对，基部的一对或顶端的一片稍小，长圆形，先端渐尖，基部圆形，两侧不等，边缘具粗锐锯齿。复伞房花序顶生；花瓣宽卵形或近圆形，白色，内面微有柔毛或无毛。果球形，红色，先端具宿存闭合萼片。花期 5 月，果期 9~10 月。

产安徽、浙江。牯牛降保护区内近山顶处常见。树形美观，叶片清秀，花果艳丽，具较高的观赏价值。

水榆花楸 蔷薇科 Rosaceae 花楸属 Sorbus
Sorbus alnifolia (Siebold & Zucc.) K. Koch

乔木。小枝圆柱形，具灰白色皮孔。叶卵形，先端短渐尖，边缘有不整齐的尖锐重锯齿，上下两面无毛或在下面的中脉和侧脉上微具短柔毛。复伞房花序较疏松，具花 6~25 朵；花瓣卵形，先端圆钝，白色；雄蕊 20，短于花瓣。果椭圆形或卵形，红色，不具斑点。花期 5 月，果期 8~9 月。

产除内蒙古、青海、新疆、西藏以外的大部分地区。牯牛降保护区内近山顶处偶见。叶片秋季转猩红色，果鲜红宿存，为优良的观赏树种；木材可制作器具、车辆及模型；树皮可提取染料。

棕脉花楸 蔷薇科 Rosaceae 花楸属 Sorbus
Sorbus dunnii Rehder

小乔木。一年生枝被黄色绒毛，以后脱落。叶椭圆形，先端急尖或短渐尖，基部宽楔形，边缘有不规则的大小不等的锯齿，上面无毛，下面密被黄白色绒毛，中脉和侧脉上密被棕褐色绒毛。复伞房花序密具多花，总花梗和花梗被锈褐色绒毛；花瓣宽卵形，白色无毛。果圆球形。花期 5 月，果期 8~9 月。

产安徽、浙江、贵州、云南、广西、福建。牯牛降保护区内近山顶处偶见。

石灰花楸 蔷薇科 Rosaceae 花楸属 Sorbus
Sorbus folgneri (C. K. Schneid.) Rehder

乔木。叶卵形，先端急尖或短渐尖，基部宽楔形或圆形，边缘有细锯齿或在新枝上的叶片有重锯齿和浅裂片，上面深绿色，无毛，下面密被白色绒毛，中脉和侧脉上也具绒毛，侧脉直达叶边锯齿顶端。复伞房花序具多花，总花梗和花梗均被白色绒毛；花瓣卵形，白色。果实椭圆形，红色。花期4~5月，果期7~8月。

产秦岭—淮河以南地区。广泛生于海拔800~2000米的山坡杂木林中。模式标本采自湖北。牯牛降保护区内观音堂等低海拔林下偶见。

西洋梨 蔷薇科 Rosaceae 梨属 Pyrus
Pyrus communis var. *sativa* (DC.) DC.

乔木。小枝有时具刺。叶卵形，先端急尖，基部宽楔形至近圆形，边缘有圆钝锯齿，幼嫩时有蛛丝状柔毛。伞形总状花序，具花6~9朵；花瓣倒卵形，先端圆钝，基部具短爪，白色。果实倒卵形或近球形，绿色，熟后黄色。花期4月，果期7~9月。

原产欧洲及西亚。牯牛降保护区管理站及周边常见栽培。为常见水果。

杜梨　蔷薇科 Rosaceae　梨属 Pyrus
Pyrus betulifolia Bunge

别名：棠梨

乔木。树冠开展，枝常具刺；枝、叶嫩时密被灰白色绒毛。叶菱状卵形至长圆状卵形，先端渐尖，基部宽楔形，边缘有粗锐锯齿。伞形总状花序，有花10~15朵；花瓣白色；雄蕊20，花药紫色，长约花瓣之半；花柱2~3。果近球形，褐色，有淡色斑点，萼片脱落。花期4月，果期8~9月。

产东北、华北、华中、华东地区。牯牛降保护区内降上、大演等地山坡、沟谷偶见。抗干旱，耐寒凉，通常作各种栽培梨的砧木，结实早、寿命长；木材致密可作各种器物；树皮含鞣质，可提制栲胶并入药。

豆梨　蔷薇科 Rosaceae　梨属 Pyrus
Pyrus calleryana Dcne. var. *calleryana*

乔木。叶宽卵形至卵形，先端渐尖，基部圆形至宽楔形，边缘具钝锯齿，两面无毛；托叶叶质，线状披针形。伞形总状花序，具花6~12朵，总花梗和花梗均无毛；萼片披针形，全缘，外面无毛，内面具绒毛；花瓣卵形，基部具短爪，白色；雄蕊20，稍短于花瓣；花柱2，稀3，基部无毛。梨果球形，有斑点，萼片脱落。花期4月，果期8~9月。

产黄河流域及以南地区。牯牛降大演、奇峰、历溪坞等地常见。材质致密，可作器具用材；果可药用；常用作沙梨的砧木。

毛豆梨　蔷薇科 Rosaceae　梨属 Pyrus
Pyrus calleryana f. *tomentella* Rehder

本变型与原种的区别在于幼时小枝、叶柄、叶上下两面中脉、侧脉及边缘均密被锈黄色绒毛，老时脱落，但叶下面中脉及侧脉上多少有一些残存，经久不落。果梗和萼筒外面也被稀疏绒毛。《浙江植物志》（李根有，2021）依据毛被以及子房偶3室将本变型定为海棠叶梨（*P. malifolioides*）。

产江苏、浙江、江西、湖北等地。牯牛降大历山、秋风岭等海拔500米以上山脊、山坡常见。

楔叶豆梨　蔷薇科 Rosaceae　梨属 Pyrus
Pyrus calleryana var. *koehnei* (C. K. Schneid.) T. T. Yu

本变种的特点在其叶片多卵形或菱状卵形，先端急尖或渐尖，基部宽楔形；柱头4~5，果实萼片脱落的痕迹更明显。《浙江植物志》（李根有，2021）将该变种定为柯氏梨（*P. koehnei*）。

产安徽、福建、浙江、广东、广西。牯牛降历溪坞等地沟谷旁偶见。

全缘叶豆梨 蔷薇科 Rosaceae 梨属 *Pyrus*
Pyrus calleryana var. *integrifolia* T. T. Yu

本变种的特点在于常为灌木，叶全缘，无锯齿，叶片卵形，基部钝圆。

产安徽、浙江、江苏。牯牛降观音堂、大历山等地山坡偶见。

湖北海棠 蔷薇科 Rosaceae 苹果属 *Malus*
Malus hupehensis (Pamp.) Rehder

灌木或小乔木。枝紫色至紫褐色。叶片卵形，边缘有细锐锯齿，嫩叶常呈紫红色。伞房花序，具花4~6朵，花梗无毛或稍有长柔毛；萼片三角状卵形，先端渐尖，外面无毛，内面有柔毛，略带紫色；花瓣粉白色；花柱3，稀4。果实椭圆形或近球形。花期4~5月，果期8~9月。

产秦岭—淮河以南地区。牯牛降保护区内山坡、林下常见。作为苹果砧木，嫁接成活率高；嫩叶晒干作茶叶代用品，味微苦涩，俗名花红茶；春季满树缀以粉白色花朵，秋季结实累累，甚为美丽，可作观赏树种。

垂丝海棠 蔷薇科 Rosaceae 苹果属 Malus
Malus halliana Koehne

灌木至小乔木。叶卵形，边缘有圆钝细锯齿。伞房花序，具花4~6朵，花梗下垂，有稀疏柔毛，紫色；萼片三角状卵形，先端钝，全缘，外面无毛，内面密被绒毛，与萼筒等长或稍短；花瓣倒卵形，粉红色，常在5数以上；雄蕊20~25；花柱4或5，较雄蕊为长，基部有长绒毛。果梨形。花期3~4月，果期9~10月。

产江苏、浙江、安徽、陕西、四川、云南。牯牛降保护区管理站及周边常见栽培。花粉红色，下垂，早春期间甚为美丽，各地常见栽培供观赏，常见栽培者为重瓣变种。

三叶海棠 蔷薇科 Rosaceae 苹果属 Malus
Malus toringo (Siebold) Siebold ex de Vriese

落叶灌木。小枝圆柱形，稍有棱。冬芽紫褐色。叶片在芽中对折，卵形，边缘具尖锐锯齿，常3裂。伞形花序具4~8花；萼片三角状卵形，先端尾状渐尖，外面无毛，内面密被绒毛；花瓣淡粉红色，雄蕊20；花柱3~5，较雄蕊稍长，基部被长柔毛。果实红色或黄褐色，近球形。花期4~5月，果期8~9月。

产辽宁、甘肃、陕西、山东及华东、华中、华南等地。牯牛降小历山、龙池坡等地林下偶见。花美丽，可供观赏。

光萼海棠　蔷薇科 Rosaceae　苹果属 Malus
Malus leiocalyca S. Z. Huang

别名：光萼林檎

落叶小乔木至乔木。树干无棘刺。叶椭圆形至卵状椭圆形，边缘具圆钝锯齿，幼时具柔毛，后无毛。伞房花序具5～7花，花梗、被丝托均无毛。萼三角状披针形，全缘，先端渐尖，外面无毛，内面具绒毛；花瓣白色，花柱5，基部有白色绒毛。果球形，先端隆起，宿萼具长筒，反折。花期4~5月，果期9~10月。

产安徽、江西、福建、湖南、广东、广西、云南等地。牯牛降大演、观音堂等地偶见。

台湾林檎　蔷薇科 Rosaceae　苹果属 Malus
Malus doumeri (Bois) A. Chev.

别名：尖嘴林檎、台湾海棠

乔木，高达15米。树干具棘刺。叶长椭圆状卵形至卵状披针形，边缘有不整齐尖锐锯齿，嫩时两面有白色绒毛。花序近似伞形，有花4~5朵，花梗有白色绒毛；萼筒倒钟形，外面有绒毛；萼片卵状披针形，先端渐尖，内面密被白色绒毛，与萼筒等长或稍长；花瓣卵形，基部有短爪，黄白色；花柱4~5，基部有长绒毛，较雄蕊长。果实球形，宿萼有短筒，萼片反折。花期4~5月，果期9~10月。

产江西、福建、湖南、台湾、广东、广西、贵州、云南等地。牯牛降剡溪河等地沟谷旁罕见。本种果实肥大，有香气，生食微带涩味，盐渍后可食用；可做苹果砧木。

东亚唐棣 蔷薇科 Rosaceae 唐棣属 *Amelanchier*
Amelanchier asiatica (Siebold & Zucc.) Endl. ex Walp.

落叶乔木，高达 12 米。小枝细弱，微曲，圆柱形，幼时被灰白色绵毛。叶卵形至长椭圆形，基部圆形或近心形，边缘有细锐锯齿，齿尖微向内合拢，幼时下面密被灰白色或黄褐色绒毛。总状花序，下垂，长 4~7 厘米，宽 3~5 厘米；总花梗和花梗幼时均被白色绒毛，以后脱落；萼筒钟状，外面密被绒毛；萼片长约萼筒 2 倍；花瓣细长，长圆状披针形或卵状披针形，白色；花柱 4~5，大部分合生，基部被绒毛，比雄蕊稍长，柱头头状。果实近球形或扁球形，蓝黑色；萼片宿存，反折。花期 4~5 月，果期 8~9 月。

产浙江、安徽、江西。牯牛降保护区内沟谷、林下罕见。

金樱子 蔷薇科 Rosaceae 蔷薇属 *Rosa*
Rosa laevigata Michx.

常绿攀缘灌木。小枝粗壮，散生扁弯皮刺。小叶革质，通常 3，稀 5；小叶柄和叶轴有皮刺和腺毛；托叶离生或基部与叶柄合生，披针形，边缘有细齿。花单生于叶腋，直径 5~7 厘米，花梗和萼筒密被腺毛，随果实成长变为针刺；花瓣白色，先端微凹。果梨形，密被刺毛，萼片宿存。花期 4~6 月，果期 7~11 月。

产秦岭—淮河以南地区。牯牛降保护区内低海拔地区的林缘、沟谷、路旁常见。根皮含鞣质，可提制栲胶；果实可熬糖、酿酒；根、叶、果均可入药，根能活血止血、收涩解毒，叶能解毒消肿，果能固精缩尿、涩肠止泻；花瓣可食用。

小果蔷薇　蔷薇科 Rosaceae　蔷薇属 Rosa
Rosa cymosa Tratt.

攀缘灌木。小枝圆柱形，无毛或稍有柔毛，有钩状皮刺。小叶 3~5，稀 7；小叶柄和叶轴有稀疏皮刺和腺毛；托叶膜质，离生，线形，早落。花多朵成复伞房花序，幼时密被长柔毛，老时逐渐脱落近于无毛；花瓣白色，倒卵形，先端凹。果球形，红色至黑褐色，萼片脱落。花期 5~6 月，果期 7~11 月。

产长江流域及以南地区。牯牛降保护区内低海拔地区的林缘、沟谷、路旁常见。可作砧木嫁接月季。

软条七蔷薇　蔷薇科 Rosaceae　蔷薇属 Rosa
Rosa henryi Bouleng.

别名：湖北蔷薇

灌木。有长匍枝，小枝有短扁、弯曲皮刺。小叶通常 5，近花序小叶片常为 3；小叶柄和叶轴无毛，有散生小皮刺；托叶大部分贴生于叶柄，离生部分披针形，先端渐尖，全缘，无毛。花 5~15 朵，成伞形伞房状花序；花梗和萼筒无毛，常具腺毛；花瓣白色，先端微凹。果近球形，褐红色。花期 4~6 月，果期 7~9 月。

产秦岭—淮河以南地区。牯牛降保护区内林缘、沟谷、路旁常见。根皮含鞣质，可提制栲胶；鲜花可提制芳香油及浸膏。

悬钩子蔷薇　蔷薇科 Rosaceae　蔷薇属 Rosa
Rosa rubus H. Lév. & Vaniot

匍匐灌木。小枝圆柱形，通常被柔毛，幼时较密，老时脱落；皮刺短粗、弯曲。小叶通常 5，近花序偶有 3 枚，先端尾尖，基部近圆形，边缘有尖锐锯齿，上面无毛，下面密被柔毛；小叶柄和叶轴有柔毛；托叶贴生于叶柄，离生部分披针形，全缘，有毛。花 10~25 朵，排成圆锥状伞房花序；总花梗和花梗均被柔毛。果近球形，猩红色至紫褐色。花期 4~6 月，果期 7~9 月。

产秦岭—淮河以南地区。牯牛降保护区内赤岭沟等地的林缘、沟谷、路旁偶见。用途同软条七蔷薇。

商城蔷薇　蔷薇科 Rosaceae　蔷薇属 Rosa
Rosa shangchengensis T. C. Ku

灌木。小枝圆柱形，微弯，红褐色，无毛，皮刺钻形，直立。小叶片通常 7，倒卵形或长圆形，先端急尖或截形，基部楔形，两面无毛，小叶柄和叶轴无毛，散生弯曲小皮刺，托叶离生部分披针形，全缘。花 10 余朵簇生，花梗密被带柄腺毛，花瓣白色。果椭圆形，橙红色。花期 5 月，果期 9~10 月。

产大别山区，牯牛降保护区内刺溪河沟谷旁有分布。

钝叶蔷薇　蔷薇科 Rosaceae　蔷薇属 Rosa
Rosa sertata Rolfa

灌木。小枝圆柱形，细弱，无毛，散生直立皮刺或无刺。小叶 7~11，先端急尖或圆钝，基部近圆形，边缘有尖锐单锯齿，两面无毛；小叶柄和叶轴有稀疏柔毛、腺毛和小皮刺；托叶离生部分耳状，卵形，边缘有腺毛。花单生或 3~5 朵，排成伞房状；花梗和萼筒无毛；花瓣粉红色或玫瑰色，先端微凹。果卵球形，顶端有短颈，深红色。花期 6 月，果期 8~10 月。

产秦岭、神农架、大别山区、黄山、武夷山脉及西南山区。牯牛降保护区内近山顶处常见。

粉团蔷薇　蔷薇科 Rosaceae　蔷薇属 Rosa
Rosa multiflora var. *cathayensis* Rehder & E. H. Wilson

别名：野蔷薇、七姐妹

攀缘灌木。小枝圆柱形，无毛，有短、粗稍弯曲皮束。小叶 5~9，近花序的小叶有时 3；小叶片倒卵形，边缘有尖锐单锯齿，上面无毛，下面有柔毛；托叶篦齿状，大部分贴生于叶柄。花多朵，圆锥花序；花瓣粉红色，先端微凹。果近球形，红褐色或紫褐色，有光泽，无毛，萼片脱落。花期 5 月，果期 8~10 月。

产黄河流域以南各地。牯牛降保护区内低海拔地区路旁、林缘常见。花艳丽，可栽作花篱；鲜花含芳香油，可食用及制化妆品；花可入药，能清暑热、化湿浊、顺气和胃。

棣棠 蔷薇科 Rosaceae 棣棠属 *Kerria*
Kerria japonica (L.) DC.

落叶灌木。小枝绿色，圆柱形，无毛，拱垂。叶互生，三角状卵形，顶端长渐尖，基部圆形，边缘有尖锐重锯齿。单花，着生在当年生侧枝顶端；花瓣黄色，宽椭圆形，顶端下凹。瘦果倒卵形至半球形，黑褐色。花期4~6月，果期6~8月。

产秦岭—淮河以南地区。牯牛降保护区内溪流、沟谷旁常见。花色艳丽，常栽培供观赏；茎髓作通草代用品入药，有催乳利尿的功效。

鸡麻 蔷薇科 Rosaceae 鸡麻属 *Rhodotypos*
Rhodotypos scandens (Thunb.) Makino

落叶灌木。小枝紫褐色，嫩枝绿色，光滑。叶对生，卵形，顶端渐尖，基部圆形至微心形，边缘有尖锐重锯齿，两面幼时被疏柔毛，老时仅下面沿脉被稀疏柔毛。单花顶生于新梢上；花直径3~5厘米；萼片大，卵状椭圆形，顶端急尖，边缘有锐锯齿，外面被稀疏绢状柔毛；花瓣白色，倒卵形。核果1~4，黑色或褐色，斜椭圆形，光滑。花期4~5月，果期6~9月。

产辽宁、陕西、甘肃、山东、河南、江苏、安徽、浙江、湖北。牯牛降保护区主峰区石台侧林下偶见。可栽培供庭园绿化用；根和果入药，治血虚肾亏。

太平莓　蔷薇科 Rosaceae　悬钩子属 *Rubus*
Rubus pacificus Hance

常绿矮小灌木。枝圆柱形，无毛，疏生细小皮刺。单叶，革质，宽卵形，顶端渐尖，基部心形，上面无毛，下面密被灰色绒毛，边缘不明显浅裂，有不整齐而具突尖头的锐锯齿；托叶大，棕色，叶状，长圆形，近顶端较宽并缺刻状条裂。花 3~6 朵成顶生短总状或伞房状花序，或单生于叶腋；花瓣白色。果实球形，红色。花期 6~7 月，果期 8~9 月。

产湖南、江西、安徽、江苏、浙江、福建。牯牛降保护区林下、沟谷常见。耐旱，有水土保持作用；全株入药，有清热活血的功效。

寒莓　蔷薇科 Rosaceae　悬钩子属 *Rubus*
Rubus buergeri Miq.

匍匐小灌木。茎常伏地生根；匍匐枝与花枝均密被绒毛状长柔毛，具稀疏小皮刺。单叶，卵形至近圆形，顶端圆钝或急尖，上面微具柔毛或仅沿叶脉具柔毛，下面密被绒毛，边缘 5~7 浅裂，裂片圆钝，有不整齐锐锯齿。花成短总状花序，顶生或腋生；花瓣倒卵形，白色。果实近球形，紫黑色。花期 7~8 月，果期 9~10 月。

产长江以南各地。牯牛降保护区林下、沟谷常见。果可鲜食及酿酒；根及全株可入药，有活血、清热解毒等功效。

木莓　蔷薇科 Rosaceae　悬钩子属 *Rubus*
Rubus swinhoei Hance

半常绿灌木。茎细而圆，疏生微弯小皮刺。单叶，宽卵形，顶端渐尖，基部截形至浅心形，不育枝和老枝的叶片下面密被灰色平贴绒毛，主脉上疏生钩状小皮刺，边缘有不整齐粗锐锯齿。花常5~6朵，成总状花序；花瓣白色。果球形，成熟时由绿紫红色转变为黑紫色，味酸涩。花期5~6月，果期7~8月。

产秦岭—淮河以南各地。牯牛降保护区林下、沟谷、林缘、山坡常见。根可提制栲胶。

山莓　蔷薇科 Rosaceae　悬钩子属 *Rubus*
Rubus corchorifolius L. f.

直立灌木。枝具皮刺，幼时被柔毛。单叶，卵形，顶端渐尖，基部微心形，边缘不分裂或3裂，有不规则锐锯齿或重锯齿。花单生或少数生于短枝上；花萼外密被细柔毛，无刺；花瓣白色。果近球形或卵球形。花期2~3月，果期4~6月。

产除东北及甘肃、青海、新疆、西藏外的地区。牯牛降保护区林下、沟谷常见。果可酿酒或鲜食；根可提制栲胶；根也可药用，有活血散瘀、止血等功效。

掌叶覆盆子　蔷薇科 Rosaceae　悬钩子属 Rubus
Rubus chingii Hu

藤状灌木。枝细，具皮刺，无毛。单叶，边缘掌状深裂，具重锯齿；叶柄疏生小皮刺；托叶线状披针形。单花腋生，萼筒近无毛；萼片外面密被短柔毛；花瓣白色。果实近球形，红色，密被灰白色柔毛。花期3~4月，果期5~6月。

产江苏、安徽、浙江、江西、福建、广西等。牯牛降保护区林缘、路旁常见。果大味甜，为华东地区覆盆子中口感最佳者，但不耐储藏，适宜开发采摘、酿酒制作果酱；入药有补肾固精、安胎缩尿等功效；根能止咳、活血消肿。

高粱藨　蔷薇科 Rosaceae　悬钩子属 Rubus
Rubus lambertianus Ser.

别名：高粱泡

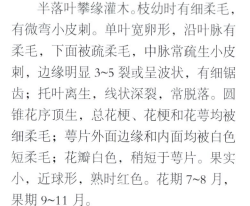

半落叶攀缘灌木。枝幼时有细柔毛，有微弯小皮刺。单叶宽卵形，沿叶脉有柔毛，下面被疏柔毛，中脉常疏生小皮刺，边缘明显3~5裂或呈波状，有细锯齿；托叶离生，线状深裂，常脱落。圆锥花序顶生，总花梗、花梗和花萼均被细柔毛；萼片外面边缘和内面均被白色短柔毛；花瓣白色，稍短于萼片。果实小，近球形，熟时红色。花期7~8月，果期9~11月。

产大别山区及以南地区。牯牛降保护区林缘、路旁常见。果味酸甜，可鲜食或酿酒；根可药用，有清热、散瘀、止血等功效。

灰白毛莓　蔷薇科 Rosaceae　悬钩子属 *Rubus*
***Rubus tephrodes* Hance**

攀缘灌木。枝密被灰白色绒毛，疏生微弯皮刺，具疏密及长短不等的刺毛和腺毛。单叶，近圆形，顶端急尖或圆钝，基部心形，上面有疏柔毛或疏腺毛，下面密被灰白色绒毛。大型圆锥花序顶生；花梗和花萼密被绒毛或绒毛状柔毛；花瓣小，白色。果球形，较大，紫黑色，无毛。花期 6~8 月，果期 8~10 月。

产长江流域及以南地区。牯牛降保护区林缘、路旁常见。根可入药，能祛风湿、活血调经；叶可止血；种子为强壮剂。

三花悬钩子　蔷薇科 Rosaceae　悬钩子属 *Rubus*
***Rubus trianthus* Focke**

别名：三花莓

攀缘灌木。枝细瘦，暗紫色，无毛，疏生皮刺。单叶，卵状披针形，3 裂或不裂，边缘有不规则或缺刻状锯齿。花常 3 朵顶生；萼片三角形无毛，花瓣白色，几与萼片等长。果近球形，红色，无毛。花期 4~5 月，果期 5~6 月。

产长江流域及以南各地。牯牛降保护区林下、山坡常见。全株可药用，有活血散瘀的功效；果味酸甜，可鲜食。

茅莓 蔷薇科 Rosaceae 悬钩子属 Rubus
Rubus parvifolius L.

灌木。枝弓形弯曲，被柔毛和稀疏钩状皮刺；小叶3，菱状圆形，上面伏生疏柔毛，下面密被灰白色绒毛，边缘有不整齐粗锯齿或缺刻状粗重锯齿；托叶线形，具柔毛。伞房花序顶生或腋生，具花数朵，被柔毛和细刺；花瓣卵圆形，粉红色至紫红色，基部具爪。果卵球形，红色，无毛或具稀疏柔毛。花期5~6月，果期7~8月。

产除新疆、西藏、青海以外的全国各地。牯牛降保护区低海拔地区的路旁、地头、村庄附近常见。果可酿酒及鲜食；叶及根皮可提制栲胶；叶及根皮也可入药，有清热解毒、消肿活血的功效。

盾叶莓 蔷薇科 Rosaceae 悬钩子属 Rubus
Rubus peltatus Maxim.

直立灌木。无毛，疏生皮刺，小枝常有白粉。叶盾状，卵状圆形，基部心形，两面均有贴生柔毛，下面毛较密并沿中脉有小皮刺；托叶大，膜质，卵状披针形，无毛。单花顶生；苞片与托叶相似；萼片卵状披针形，两面均有柔毛，边缘常有齿；花瓣近圆形，白色，长于萼片。果圆柱形，绿色，密被柔毛。花期4~5月，果期6~7月。

产江西、湖北、安徽、浙江、四川、贵州。牯牛降罕见于奇峰等地的山坡、沟谷旁。果可食用，口感稍酸涩；入药可治腰腿酸疼；根皮可提制栲胶。

周毛悬钩子

蔷薇科 Rosaceae 悬钩子属 *Rubus*

Rubus amphidasys Focke ex Diels

小灌木，高 0.3~1 米。枝红褐色，密被红褐色长腺毛、软刺毛和淡黄色长柔毛，常无皮刺。单叶，宽长卵形，顶端短渐尖或急尖，基部心形，两面均被长柔毛，边缘 3~5 浅裂，裂片圆钝，顶生裂片比侧生者大数倍，有不整齐尖锐锯齿；托叶离生，羽状深条裂，裂片条形或披针形，被长腺毛和长柔毛。花常 5~12 朵成近总状花序，顶生或腋生；总花梗、花梗和花萼均密被红褐色长腺毛、软刺毛和淡黄色长柔毛；花瓣宽卵形至长圆形，白色，基部几无爪。果扁球形，直径约 1 厘米，暗红色，无毛，包藏在宿萼内。花期 5~6 月，果期 7~8 月。

产长江以南各地。牯牛降罕见于观音堂等地的林下、溪流旁。果可食；全株入药，有活血、治风湿之效。

湖南悬钩子

蔷薇科 Rosaceae 悬钩子属 *Rubus*

Rubus hunanensis Hand.-Mazz.

攀缘灌木。枝细，密被细短柔毛，疏生钩状小皮刺。单叶，近圆形，顶端急尖，基部深心形，幼时两面具细短柔毛，老时近无毛，边缘 5~7 浅裂，裂片顶端急尖，稀圆钝，有不整齐锐锯齿，基部掌状 5 出脉；叶柄密被细短柔毛和稀疏钩状小皮刺；托叶离生，褐色，近掌状或羽状分裂，裂片线形，具细短柔毛。花数朵生于叶腋或成顶生短总状花序；总花梗和花梗密被灰色细短柔毛；花萼外密被灰白色至黄灰色短柔毛和绒毛；花瓣倒卵形，白色，无毛。果半球形，黄红色，包藏在宿萼内，无毛。花期 7~8 月，果期 9~10 月。

产长江流域以南各地。牯牛降罕见于大历山等地的沟谷。

白叶莓　蔷薇科 Rosaceae　悬钩子属 Rubus
Rubus innominatus S. Moore

别名：白背叶悬钩子

灌木。枝拱曲，小枝密被绒毛状柔毛，疏生钩状皮刺。小叶 3，顶端急尖至短渐尖，上面疏生平贴柔毛或几无毛，下面密被灰白色绒毛，边缘有不整齐粗锯齿；顶生小叶柄长 1~2 厘米，侧生小叶近无柄。总状或圆锥状花序，顶生或腋生；花瓣紫红色，稍长于萼片。果近球形，橘红色。花期 5~6 月，果期 7~8 月。

产秦岭—淮河以南各地。牯牛降常见于保护区内林缘、沟谷旁。果可食；根可入药。

蓬蘽　蔷薇科 Rosaceae　悬钩子属 Rubus
Rubus hirsutus Thunb.

别名：蓬藟

灌木。枝被柔毛和腺毛，疏生皮刺。小叶 3~5 枚，卵形，顶端急尖，两面疏生柔毛，边缘具不整齐尖锐重锯齿；托叶披针形，两面具柔毛。花常单生于侧枝顶端，也有腋生；花梗具柔毛和腺毛；苞片线形，具柔毛；花大，白色。果实近球形，无毛。花期 4 月，果期 5~6 月。

产秦岭—淮河以南各地。牯牛降广泛分布于保护区内的林缘、路旁、沟谷等地。果味甜，可鲜食及酿酒；全株可药用，有消炎解毒、清热镇惊、活血祛湿等功效。

铅山悬钩子 蔷薇科 Rosaceae 悬钩子属 Rubus
Rubus tsangii var. *yanshanensis* (Z. X. Yu & W. T. Ji) L. T. Lu

攀缘灌木。枝圆柱形，稍具棱角，具腺毛和疏生皮刺。奇数羽状复叶，小叶3~5；叶柄与叶轴均仅疏生腺毛和小皮刺；托叶下部与叶柄合生，披针形，无毛；小叶片披针形或卵状披针形，下面沿脉具腺毛，边缘具不整齐细锐锯齿或重锯齿。花序顶生，3~5朵排成伞房状；花梗具腺毛；花瓣白色，子房密被腺毛。聚合果空心，近球形，成熟时红色。花期4~5月，果期6~7月。

产安徽、浙江、江西。牯牛降见于剡溪河至主峰一线。

红腺悬钩子 蔷薇科 Rosaceae 悬钩子属 Rubus
Rubus sumatranus Miq.

攀缘灌木。小枝、叶轴、叶柄、花梗和花序均被紫红色腺毛、柔毛和皮刺。小叶5~7枚，稀3枚，顶端渐尖，基部圆形，两面疏生柔毛，下面沿中脉有小皮刺，边缘具不整齐的尖锐锯齿；托叶披针形，有柔毛和腺毛。伞房状花序；花萼被长短不等的腺毛和柔毛，果期反折；花瓣白色，基部具爪。果长圆形，橘红色，无毛。花期4~6月，果期7~8月。

产华东、华中、华南及西南地区，西藏也有。牯牛降保护区内沟谷旁、林缘偶见。果可鲜食；根可药用，有清热、解毒、利尿等功效。

插田藨　蔷薇科 Rosaceae　悬钩子属 Rubus
Rubus coreanus Miq.

别名：插田泡、复盆子

灌木。枝粗壮，红褐色，被白粉，具近直立或钩状扁平皮刺。小叶通常5，卵形，边缘有不整齐粗锯齿；托叶线状披针形，有柔毛。伞房花序生于侧枝顶端，总花梗和花梗均被灰白色短柔毛；花瓣红紫色。果近球形，紫黑色，无毛。花期4~6月，果期6~8月。

产秦岭—淮河以南地区。牯牛降保护区内林缘、林下常见。果实味酸甜可生食、熬糖及酿酒，也可入药，为强壮剂；根有止血、止痛的功效；叶能明目。

桃　蔷薇科 Rosaceae　李属 Prunus
Prunus persica (L.) Batsch

乔木。树皮暗红褐色，老时粗糙呈鳞片状。叶长圆状披针形，先端渐尖，基部宽楔形，上面无毛，下面在脉腋间具少数短柔毛或无毛，叶边具细锯齿或粗锯齿，齿端具腺体或无腺体；叶柄常具1至数枚腺体。花单生，先叶开放，几无梗；萼筒钟形，被短柔毛；花瓣长圆状椭圆形，粉红色至白色。果卵形，向阳面具红晕；核大，表面具纵、横沟纹和孔穴。花期3~4月，果熟期8~9月。

原产于中国西藏东部、四川西部和云南西北部，现在全国各地广泛栽培或逸为野生。牯牛降秋浦河两岸路旁、沟谷旁常见。桃胶，可用作黏接剂，水解能生成阿拉伯糖、半乳糖、木糖、鼠李糖、葡糖醛酸等，可食用，也供药用，有破血、和血、益气的功效。

李 薔薇科 Rosaceae 李属 *Prunus*
Prunus salicina Lindl.

落叶乔木。树皮灰褐色，起伏不平。叶片长圆状倒卵形，先端渐尖，基部楔形，边缘有圆钝重锯齿；叶柄顶端常见2个腺体。花常3朵并生；萼筒钟状；萼片长圆卵形，边有疏齿，萼筒和萼片外面均无毛，内面在萼筒基部被疏柔毛；花瓣白色，着生在萼筒边缘。核果球形，黄色或红色；核卵圆形，有皱纹。花期4月，果期7~8月。

产秦岭—淮河以南各地。牯牛降公信河两侧沟谷偶见。为重要水果而栽培广泛。

紫叶李 薔薇科 Rosaceae 李属 *Prunus*
Prunus cerasifera f. *atropurpurea* (Jacq.) Rehder

落叶小乔木。小枝暗紫红色，光滑无毛。叶片椭圆形，先端急尖，边缘具圆钝锯齿，常年紫红色；托叶披针形，边缘具腺锯齿，早落。具1花，稀2花；被丝托钟状；萼片长卵形，先端圆钝，边缘具疏浅锯齿，内面疏生短柔毛，外面无毛；花瓣白色。核果球形，紫红色带白粉。花期4月，果期8月。

为樱桃李（*P. cerasifera*）的栽培变型。观赏价值高，全国各地栽培非常广泛。牯牛降保护站及周边常见栽培。

杏 蔷薇科 Rosaceae 李属 *Prunus*
Prunus armeniaca L.

乔木。树皮灰褐色，纵裂。叶宽卵形，先端急尖至短渐尖，基部圆形至近心形，叶边有圆钝锯齿，两面无毛或下面脉腋间具柔毛。花单生，先叶开放；花梗短，被短柔毛；花萼紫绿色，花后反折；花瓣圆形，白色至粉红色。果球形，黄色具红晕；核表面稍粗糙。花期 3~4 月，果期 6~7 月。

产新疆，全国各地广泛栽培。牯牛降保护区周边村庄附近常见栽培。为重要传统果树之一，可鲜食或制罐头、果脯、果酱、杏干等；果仁可食用或药用。

梅 蔷薇科 Rosaceae 李属 *Prunus*
Prunus mume Siebold & Zucc.

小乔木。树皮浅灰色带绿；小枝绿色光滑。叶片卵形，先端尾尖，基部宽楔形至圆形，叶边常具小锐锯齿；叶柄常有腺体。花单生，香味浓，先叶开放；花梗短，萼红褐色；花瓣倒卵形，白色至粉红色。果近球形，黄色或绿白色，被柔毛，核表面具蜂窝状孔穴。花期冬春季，果期 5~6 月。

产长江以南地区，已有三千多年的栽培历史。牯牛降秋浦河沿岸有野生分布。鲜花可提取香精；果实可食；花、叶、根和种仁均可入药，有止咳、止泻、生津、止渴的功效。

迎春樱 蔷薇科 Rosaceae 李属 *Prunus*
Prunus discoidea (T. T. Yu & C. L. Li) Z. Wei & Y. B. Chang

落叶小乔木。树皮具环状皮孔，皮孔间灰白色，稍光滑。叶片倒卵状长圆形，先端急缩成尾尖，叶缘具缺刻状锐尖锯齿，齿端具小盘状腺体；叶柄顶端具1~3腺体；托叶狭条形，边缘具盘状腺体。花先叶开放，具2花；花梗被疏柔毛；苞片近圆形，边缘具小盘状腺体；被丝托钟状管形，外面被疏柔毛；萼片长圆形，后期反折；花瓣粉红色。核果椭圆球形，红色。花期3~4月，果期4~5月。

产安徽、江西、浙江等地。牯牛降保护区内山坡、林下广泛分布。花色艳丽，观赏价值极高；果香甜。

大叶早樱 蔷薇科 Rosaceae 李属 *Prunus*
Prunus × subhirtella Miq.

落叶乔木。树皮灰白色，环纹皮孔和纵裂纹皆明显。嫩枝密被白色短柔毛。叶片卵形，先端渐尖，边缘具细锐锯齿或重锯齿；叶柄被白色短柔毛；托叶边缘具疏腺齿。花叶同放或先叶开放；伞形花序具2或3花；花梗被疏柔毛；被丝托微呈壶形，基部稍膨大，颈部稍缢缩，外面伏生白色疏柔毛。核果黑色，卵球形。花期3月，果期5月。

产安徽、江西、四川等地。牯牛降秋浦河沿岸水旁至山坡偶见。观赏价值高，果苦涩。该种与湖北分布的长阳樱（*P. changyangensis*）、日本分布的江户彼岸樱（*P. spachiana* var. *spachiana*）、台湾分布的雾社山樱花（*P. taiwaniana*）非常相似，可能是同一种。安徽省大别山区还分布有野生早樱（*P. itosakura*），很可能与以上几种均为复合种。

山樱花 蔷薇科 Rosaceae 李属 Prunus
Prunus serrulate Lindl.

别名：野樱

乔木。树皮黑褐色，环纹皮孔粗糙。小枝无毛。叶卵状椭圆形，先端渐尖，边有渐尖单锯齿及重锯齿，齿尖有小腺体；叶柄长，先端有 1~3 个圆形腺体；托叶边有腺齿，早落。花序有花 2~3 朵；总苞片褐红色，倒卵长圆形，苞片边有腺齿；萼筒喇叭状；花瓣白色，稀粉红色。核果卵球形，紫黑色。花期 4~5 月，果期 6~7 月。与日本分布的红山樱（*P. jamasakura*）区别仅为后者花大且幼叶红色，但这种形态的山樱花在中国野外也非常常见，应为同一个种。

产黑龙江、河北、山东、江苏、浙江、安徽、江西、湖南、贵州。牯牛降保护区内山坡常见。花色艳丽，适宜庭院栽培。

微毛樱 蔷薇科 Rosaceae 李属 Prunus
Prunus clarofolia C. K. Schneid.

灌木或小乔木。树皮灰黑色，皮孔粗大。叶卵形，先端渐尖或骤尖，齿渐尖，齿端有小腺体或不明显；托叶披针形，边有腺齿或有羽状分裂腺齿。花序有花 2~4 朵，花叶同开；苞片绿色，果时宿存，卵形或近圆形，有锯齿，齿端有锥状或头状腺体；花梗无毛或被稀疏柔毛；萼筒钟状，几无毛；花瓣白色或粉红色。核果红色，长椭圆形。花期 5 月，果期 6 月。

产安徽、河北、山西、陕西、甘肃、湖北、四川、贵州、云南。牯牛降在海拔 1000 米附近林下偶见。花色艳丽，供观赏。

钟花樱 蔷薇科 Rosaceae 李属 *Prunus*
Prunus campanulata Maxim.

别名：福建樱、寒绯樱、绯寒樱

落叶乔木。嫩枝绿色，无毛。叶卵形，边缘具细密浅腺齿，齿端具腺体；叶柄顶端常具2腺体；托叶早落。花先叶开放；伞形花序具2~5花；苞片边缘具腺齿，脱落；被丝托钟状，无毛或被极稀疏柔毛，基部略膨大；萼长圆形，短于被丝托，全缘；花瓣淡红紫色，倒卵状长圆形，先端颜色较深，微凹。核果卵球形，顶端尖。花果期3~5月。

产福建、台湾、广东、广西等地。浙江清凉峰有野生分布，安徽暂未发现野生种群。牯牛降祁门管理站院内栽培。花色艳丽，栽培非常广泛。

日本晚樱 蔷薇科 Rosaceae 李属 *Prunus*
Prunus × lannesiana (Carrière) E. H. Wilson

落叶小乔木。小枝淡褐色无毛。叶片倒卵状椭圆形，边缘具芒状锯齿及重锯齿，齿尖具小腺体；叶柄具1或2球形腺体；托叶边缘具腺齿，早落。花序具3或4朵花，重瓣；苞片边缘具腺齿，后期脱落；被丝托管状，顶端扩大，无毛；花瓣白色至粉红色，先端圆钝或微凹。花期4~5月。

为晚花重瓣杂交品种的统称，国内常见栽培的有：花粉红色者为品种'Kwanso'，花粉白色为品种'Superba'，花白色雌蕊叶化者为品种'Alborosea'。以品种'Kwanso'栽培最为广泛。牯牛降保护区管理站及周边常见栽培。

樱桃 蔷薇科 Rosaceae 李属 *Prunus*
Prunus pseudocerasus Lindl.

别名：蓬蘽

落叶小乔木。树皮灰白色。叶片卵形，先端渐尖或尾状渐尖，边有尖锐重锯齿，齿端有小腺体；叶柄被疏柔毛，先端有1或2个大腺体；托叶早落，披针形，有羽裂腺齿。花序有花3~6朵，先叶开放；总苞褐色，边有腺齿；花梗被疏柔毛；萼筒钟状，外面被疏柔毛；花瓣粉白色。核果近球形，黄色或红色，直径约1厘米。花期3~4月，果期5~6月。

产辽宁、河北、陕西、甘肃、山东、河南、江苏、浙江、江西、四川。生于山坡阳处或沟边，常见栽培。牯牛降周边村庄偶见栽培。花色艳丽，为重要水果。

毛柱郁李 蔷薇科 Rosaceae 李属 *Prunus*
Prunus pogonostyla Maxim.

别名：毛柱樱

落叶灌木。嫩枝绿色，被短柔毛。叶片卵形，先端短渐尖至短尾尖，基部宽楔形，边缘具圆钝重锯齿，齿端具小腺体，上面具短糙毛，下面被稀疏柔毛，中脉在中部以下被褐色长柔毛；叶柄被短柔毛；托叶条形，边缘具腺齿。花单生或2朵簇生，与叶同放；花梗被稀疏短柔毛；被丝托陀螺状，近无毛；萼片边缘具腺齿；花瓣粉红色。核果椭圆球形或近球形。花期3月，果期5月。

产浙江、江西、福建、安徽、台湾等地，牯牛降大演秋浦河边有分布，石台金钱山也有。花观赏价值较高；果较大味酸涩。

细齿稠李　蔷薇科 Rosaceae　李属 Prunus
Prunus obtusata Koehne

落叶乔木。小枝幼时红褐色，被短柔毛或无毛。叶片窄长圆形，先端急尖或渐尖，基部近圆形，边缘有细密锯齿，上面暗绿色，无毛，下面淡绿色，无毛；叶柄顶端两侧各具1腺体。总状花序具多花，基部有2~4叶片；花瓣白色。核果卵球形，顶端有短尖头，黑色；萼片脱落。花期4~5月，果期6~10月。

产秦岭—淮河以南地区。牯牛降保护区内林下、山坡常见。

绢毛稠李　蔷薇科 Rosaceae　李属 Prunus
Prunus wilsonii (C. K. Schneid.) Koehne

别名：四川稠李

落叶乔木。树皮灰褐色，有长圆形皮孔。多年生小枝粗壮，紫褐色或黑褐色，有明显密而浅色皮孔，被短柔毛或近于无毛，当年生小枝红褐色，被短柔毛。叶片椭圆形，基部圆形，叶边有疏生圆钝锯齿，下面淡绿色，幼时密被白色绢状柔毛；叶柄顶端两侧各有1个腺体或在叶片基部边缘各有1个腺体。总状花序具有多数花朵。幼果红褐色，老时黑紫色。花期4~5月，果期6~10月。

产黄河流域以南各地，西藏也有分布。牯牛降保护区内桶坑林下偶见。

椤木 蔷薇科 Rosaceae 李属 *Prunus*
Prunus buergeriana Miq.

别名：椤木稠李

落叶乔木。横纹皮孔发达，老后纵裂纹变多。叶片椭圆形，先端尾状渐尖，基部宽楔形；叶柄无毛无腺体。总状花序具多花，基部无叶；萼筒钟状，萼片三角状卵形，边缘有不规则细锯齿，齿尖幼时带腺体；花瓣白色；雄蕊10；花盘圆盘形，紫红色。核果近球形或卵球形，黑褐色；萼片宿存。花期4~5月，果期5~10月。

产秦岭—淮河以南地区。牯牛降保护区山坡、林下常见。

刺叶桂樱 蔷薇科 Rosaceae 李属 *Prunus*
Prunus spinulosa Siebold & Zucc.

别名：刺叶樱、常绿樱

常绿乔木。小枝紫褐色，具明显皮孔。叶薄革质，长圆形，先端渐尖至尾尖，基部宽楔形，一侧常偏斜，边缘不平而常呈波状，中部以上或近顶端常具少数针状锐锯齿，近基部沿叶缘或在叶边常具1或2对基腺。总状花序生于叶腋，单生；花瓣圆形，白色。果椭圆形，褐色至黑褐色，无毛。花期9~10月，果期11~3月。

产长江以南地区。牯牛降刻溪河、小演坑、观音堂等地沟谷旁偶见。种子可入药，能止痢。

臭樱　蔷薇科 Rosaceae　李属 *Prunus*

Prunus hypoleuca (Koehne) J. Wen

别名：假稠李、锐齿臭樱

落叶小乔木。树皮有臭味。当年生小枝密被锈色柔毛，后渐脱落。叶卵状长圆形，先端长渐尖，基部近心形，边缘具缺刻状重锯齿，齿端具腺体，两面无毛，叶柄短，被锈色短柔毛；托叶线形。总状花序生于侧枝顶端，多花密集；花序梗和花梗密生锈色长柔毛；被丝托钟状，外面密被锈色柔毛。核果紫黑色，卵球形，顶端具尖头，萼片脱落。花期 4~5 月，果期 6~7 月。

产山西、安徽、河南、四川、贵州、陕西、甘肃、青海等地。牯牛降保护区内海拔 1000 米以上的林下偶见。

佘山羊奶子　胡颓子科 Elaeagnaceae　胡颓子属 *Elaeagnus*

Elaeagnus argyi H. Lév.

别名：佘山胡颓子

半常绿灌木。常具刺；幼枝密被淡黄色鳞片，稀被红棕色鳞片，老枝灰黑色；芽棕红色。叶大小不等，发于春秋两季，发于春季的为大型叶，椭圆形或矩圆形，发于秋季的为小型叶，秋季叶具灰白色鳞毛。花淡黄色或泥黄色，被银白色和淡黄色鳞片，5~7 花簇生新枝基部。果实倒卵状矩圆形，成熟时红色；果梗纤细。花期 3~4 月，果期 4~5 月。

产浙江、江苏、安徽、江西、湖北、湖南。牯牛降龙池坡等地林下偶见。庭园常有栽培，供观赏。

胡颓子　胡颓子科 Elaeagnaceae　胡颓子属 *Elaeagnus*
Elaeagnus pungens Thunb.

常绿直立灌木。刺顶生或腋生；幼枝微扁棱形，密被锈色鳞片，老枝鳞片脱落，黑色，具光泽。叶革质，椭圆形或阔椭圆形，边缘微反卷或皱波状，下面密被银白色和少数褐色鳞片。花白色或淡白色，下垂，密被鳞片，1~3花生于叶腋锈色短小枝上。果椭圆形，幼时被褐色鳞片，成熟时红色。花期9~12月，果期翌年4~6月。

产长江流域及以南各地。牯牛降保护区内林下、路旁、山坡常见。果可做果酱；叶片密被锈色鳞片，观赏价值较高。

蔓胡颓子　胡颓子科 Elaeagnaceae　胡颓子属 *Elaeagnus*
Elaeagnus glabra Thunb.

别名：藤胡颓子

常绿攀缘灌木。稀具刺；幼枝密被锈色鳞片，老枝鳞片脱落，灰棕色。叶革质或薄革质，卵状椭圆形，边缘全缘，微反卷，上面幼时具褐色鳞片，成熟后脱落，下面灰绿色或铜绿色，被褐色鳞片。花淡白色，下垂，密被银白色和散生少数褐色鳞片，常3~7花密生于叶腋短小枝上成伞形总状花序。果矩圆形，被锈色鳞片，成熟时红色。花期9~11月，果期翌年4~5月。

产长江流域及以南各地。牯牛降保护区内林下、山坡、沟谷旁常见。果可食，稍酸涩，适宜做果酱。

牛奶子   胡颓子科 Elaeagnaceae   胡颓子属 *Elaeagnus*
Elaeagnus umbellata Thunb.

落叶灌木，具刺。叶纸质，椭圆形，顶端钝，基部圆形，边缘全缘、波状，上面幼时具白色星状短柔毛或鳞片，成熟后全部或部分脱落，下面密被银白色和散生少数褐色鳞片；叶柄白色。花先叶开放，黄白色，芳香，密被银白色盾形鳞片，1~7 花簇生新枝基部或成对生于叶腋；花梗白色，长 3~6 毫米。果实卵圆形，熟时红色；果梗直立，粗壮。花期 4~5 月，果期 7~8 月。

产除新疆、西藏以外的全国各地。牯牛降保护区内林下偶见。果可生食；可制果酒、果酱；也可入药；红果累累，叶下面银白，可供观赏。

木半夏   胡颓子科 Elaeagnaceae   胡颓子属 *Elaeagnus*
Elaeagnus multiflora Thunb.

别名：羊奶子

落叶直立灌木。幼枝密被锈色或深褐色鳞片。叶纸质，椭圆形，下面灰白色，密被银白色和散生少数褐色鳞片。花白色，被银白色和散生少数褐色鳞片，常单生新枝基部叶腋；花梗纤细，长 4~8 毫米，后延长。果椭圆形，密被锈色鳞片，成熟时红色；果梗在花后伸长，最长可近 5 厘米。花期 5 月，果期 6~7 月。

产黄河流域及以南各地。牯牛降保护区内九龙池等地山坡、林下偶见。果实、根、叶可治跌打损伤、痢疾、哮喘；果实在医药上亦作收敛用；食品工业上可作果酒和饴糖等。

毛木半夏　胡颓子科 Elaeagnaceae　胡颓子属 *Elaeagnus*
Elaeagnus courtoisii Belval

落叶灌木。无刺；幼枝扁三角形，连同幼叶上面、叶柄、花密被黄色星状绒毛。叶片纸质，倒披针形或倒卵形，基部楔形而多少偏斜，全缘，上面淡黄色，成熟后中脉上有柔毛，下面被灰黄色星状柔毛和白色鳞片。花黄白色，单生于新枝叶腋。果椭圆形，成熟后红色，密被锈色或银白色鳞片和黄色星状绒毛；果梗长 3~4 厘米。花期 2~3 月，果期 4~5 月。

产安徽、江西、湖北、浙江等地。牯牛降保护区内龙池坡等地山坡、林下偶见。观赏价值较高，适宜庭院栽培。

雀梅藤　鼠李科 Rhamnaceae　雀梅藤属 *Sageretia*
Sageretia thea (Osbeck) Johnst.

攀缘灌木。小枝具刺，被短柔毛。叶纸质，近对生，通常椭圆形、矩圆形或卵状椭圆形，边缘具细锯齿，上面绿色，无毛，下面浅绿色，无毛或沿脉被柔毛，侧脉每边 3~5 条，下面明显凸起。花无梗，黄色，有芳香，通常二至数个簇生排成顶生或腋生疏散穗状或圆锥穗状花序；花序轴被绒毛或密短柔毛。核果圆球形，成熟时紫黑色。花期 7~11 月，果期翌年 3~5 月。

产长江流域及以南各地。牯牛降保护区内山坡、林下常见。为优良的盆景素材；果可鲜食；嫩叶可代茶。

长叶冻绿 鼠李科 Rhamnaceae 裸芽鼠李属 *Frangula*

别名：长叶鼠李

Frangula crenata (Siebold & Zucc.) Miq.

落叶灌木。幼枝带红色，被毛，枝端具密被锈色柔毛的裸芽。叶互生，倒卵状椭圆形，先端尾状渐尖，基部楔形或钝，边缘具圆细锯齿。聚伞花序腋生，花序梗被毛。浆果状核果球形，成熟时呈紫黑色。花期4~5月，果期6~10月。

产华东、华中、西南地区及广东、广西、陕西。牯牛降保护区内林下、路旁常见。

薄叶鼠李 鼠李科 Rhamnaceae 鼠李属 *Rhamnus*

Rhamnus leptophylla C. K. Schneid.

灌木。小枝近对生，褐色或黄褐色，平滑无毛。叶纸质，近对生，倒卵形至倒卵状椭圆形，顶端短突尖或锐尖，基部楔形，边缘具圆齿或钝锯齿，上面深绿色，下面脉腋有簇毛。花单性，雌雄异株，4基数；雄花10~20个簇生于短枝端；雌花数个至10余个簇生于短枝端或长枝下部叶腋，退化雄蕊极小，花柱2裂。核果球形，成熟时黑色。花期3~5月，果期5~10月。

产秦岭—淮河以南各地。牯牛降保护区内山坡、林下常见。全株药用，有清热、解毒、活血的功效；在广西用根、果及叶利水行气、消积通便、清热止咳。

圆叶鼠李　鼠李科 Rhamnaceae　鼠李属 *Rhamnus*
Rhamnus globosa Bunge

灌木。小枝近对生，顶端具针刺，幼枝和当年生枝被短柔毛。叶纸质近对生，近圆形，顶端突尖，基部宽楔形或近圆形，边缘具圆齿状锯齿，上面初时被密柔毛，后渐脱落，下面淡绿色，全部或沿脉被柔毛，叶柄被密柔毛。花单性，雌雄异株，通常数个至20个簇生于短枝端或长枝下部叶腋。核果球形，成熟时黑色。花期4~5月，果期6~10月。与薄叶鼠李区别在于本种幼枝、叶两面、花及花梗被短柔毛。

产黄河、河北、山西一线以南地区，西藏、青海未见。牯牛降保护区内林下、林缘偶见。种子榨油供润滑油用；茎皮、果实及根可作绿色染料；果实烘干，捣碎和红糖煎水服，可治肿毒。

刺鼠李　鼠李科 Rhamnaceae　鼠李属 *Rhamnus*
Rhamnus dumetorum C. K. Schneid.

灌木。小枝浅灰色，枝端和分叉处有细针刺，当年生枝有细柔毛。叶纸质，近对生，椭圆形，顶端锐尖或渐尖，基部楔形，边缘具不明显的波状齿或细圆齿，上面被疏短柔毛，下面沿脉有疏短毛；叶柄有短微毛。花单性，雌雄异株，4基数，有花瓣。核果球形，黑色。花期4~5月，果期6~10月。

产秦岭—淮河以南大部分地区，西藏、甘肃也有分布。牯牛降保护区内林下、山坡偶见。民间用果实作泻药。

冻绿　鼠李科 Rhamnaceae　鼠李属 Rhamnus
Rhamnus utilis Decne.

灌木。幼枝无毛,小枝褐色或紫红色,稍平滑,枝端常具针刺。叶纸质,近对生,顶端突尖或锐尖;托叶披针形,常具疏毛,宿存。花单性,雌雄异株,4 基数,具花瓣;花梗无毛;雄花数个簇生于叶腋,雌花 2~6 个簇生于叶腋或小枝下部。核果圆球形或近球形,成熟时黑色,具 2 分核。花期 4~6 月,果期 5~8 月。

产秦岭—淮河以南各地。牯牛降保护区内低海拔地区路旁常见。种子油作润滑油;果实、树皮及叶含黄色染料。

山鼠李 鼠李科 Rhamnaceae 鼠李属 Rhamnus
Rhamnus wilsonii C. K. Schneid.

灌木。小枝互生或兼近对生，枝端有时具钝针刺。叶纸质，互生或近对生，椭圆形，基部楔形，边缘具钩状圆锯齿。花单性，雌雄异株，黄绿色。核果倒卵状球形，成熟时紫黑色或黑色。花期4~5月，果期6~10月。

产长江以南地区。牯牛降观音堂等地沟谷旁偶见。

皱叶鼠李 鼠李科 Rhamnaceae 鼠李属 Rhamnus
Rhamnus rugulosa Hemsl. ex Forbes & Hemsl.

灌木。当年生枝灰绿色，后变红紫色，被细短柔毛，老枝深红色或紫黑色，平滑无毛，枝端有针刺。叶厚纸质，通常互生，倒卵状椭圆形，边缘有钝细锯齿或细浅齿，上面被短柔毛，下面有白色密短柔毛；叶柄被白色短柔毛。花单性，雌雄异株，黄绿色，被疏短柔毛，4基数，有花瓣；花梗长约5毫米，有疏毛。核果倒卵状球形，成熟时紫黑色或黑色。花期4~5月，果期6~9月。

产秦岭—淮河以南地区。牯牛降保护区内山坡、林下偶见。

北枳椇　鼠李科 Rhamnaceae　枳椇属 *Hovenia*
Hovenia dulcis Thunb.

别名：拐枣

高大乔木。小枝褐色或黑紫色，被棕褐色短柔毛或无毛，有明显的白色皮孔。叶互生，厚纸质，宽卵形，边缘具整齐浅而钝的细锯齿，下面沿脉或脉腋常被短柔毛。二歧式聚伞花序顶生和腋生，被棕色短柔毛；花两性，花瓣椭圆状匙形，子房球形，花柱3浅裂，无毛。浆果状核果近球形，果序轴明显膨大。花期5~7月，果期8~10月。与枳椇（*H. acerba*）区别在于本种花柱浅裂、花瓣浅黄色，反折；南枳椇花柱深裂几达中部，花瓣黄色，微曲但不反折。

产秦岭—淮河以南各地。牯牛降保护区内低海拔地区村庄附近偶见。果序轴富含糖分，可生食或酿酒。

光叶毛果枳椇　鼠李科 Rhamnaceae　枳椇属 *Hovenia*
Hovenia trichocarpa var. *robusta* (Nakai & Kimura) Y. L. Chen & P. K. Chou

落叶乔木。小枝无毛，褐色或褐紫色，皮孔明显。叶纸质，宽椭圆状卵形，边缘具钝圆锯齿，两面无毛或仅下面沿脉疏被柔毛。二歧聚伞花序顶生或腋生，花序轴和花梗密被锈色或黄褐色短绒毛；花萼密被锈色短柔毛；花瓣卵圆状匙形，黄绿色；花盘密被锈色长柔毛；花柱3深裂，下部疏被柔毛。浆果状核果近球形，密被锈色或棕色绒毛。花期5~7月，果期6~10月。

产安徽、浙江、江西、福建、广东、广西、湖南、贵州。牯牛降保护区内沟谷旁、林下偶见。用途同北枳椇。

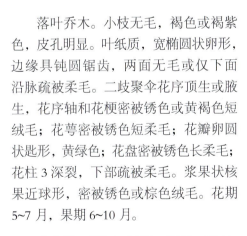

猫乳　鼠李科 Rhamnaceae　猫乳属 Rhamnella
Rhamnella franguloides (Maxim.) Weberb.

落叶灌木或小乔木。幼枝绿色，被短柔毛或密柔毛。叶倒卵状矩圆形，顶端尾状渐尖，基部圆形，稍偏斜，边缘具细锯齿；叶柄被密柔毛；托叶披针形，基部与茎离生，宿存。花黄绿色，两性，腋生聚伞花序。核果圆柱形，成熟时红色或橘红色。花期 5~7 月，果期 7~10 月。

产秦岭—淮河流域及长江流域各地。牯牛降保护区内路旁、林缘常见。种子榨油供润滑油用；茎皮、果实及根可作绿色染料；果实烘干，捣碎和红糖煎水服，可治肿毒。

牯岭勾儿茶　鼠李科 Rhamnaceae　勾儿茶属 Berchemia
Berchemia kulingensis C. K. Schneid.

别名：大叶铁包金

藤状或攀缘灌木。叶纸质，卵状椭圆形，顶端钝圆或锐尖，具小尖头，基部圆形或近心形，两面无毛，叶脉在两面稍凸起。花绿色，无毛，通常 2~3 个簇生排成近无梗或具短总梗的疏散聚伞总状花序。核果长圆柱形，红色，成熟时黑紫色，基部宿存的花盘盘状。花期 6~7 月，果期翌年 4~6 月。

产长江以南各地。牯牛降大洪岭林场等地偶见。根药用，治风湿痛。

多花勾儿茶 鼠李科 Rhamnaceae 勾儿茶属 Berchemia
Berchemia floribunda (Wall.) Brongn.

藤状灌木。幼枝黄绿色，光滑无毛。叶纸质，上部叶较小，卵形，顶端钝或圆形，基部圆形，侧脉每边 9~12 条，两面稍凸起；托叶狭披针形，宿存。花多数，通常数个簇生排成顶生宽聚伞圆锥花序，花序轴无毛或被疏微毛。核果圆柱状椭圆形，基部有盘状的宿存花盘毛。花期 7~10 月，果期翌年 4~7 月。

产秦岭—淮河以南各地。牯牛降保护区内林下、林缘、沟谷旁常见。根入药，有祛风除湿、散瘀消肿、止痛的功效；农民常用枝作牛鼻圈；嫩叶可代茶。

铜钱树 鼠李科 Rhamnaceae 马甲子属 Paliurus
Paliurus hemsleyanus Rehder

别名：摇钱树、金钱树、钱串树

乔木。小枝黑褐色或紫褐色，无毛。叶互生，纸质，宽椭圆形，基部偏斜，宽楔形或近圆形，边缘具圆锯齿或钝细锯齿，两面无毛，基出三脉；无托叶刺，幼树叶柄基部有 2 个斜向直立的针刺。聚伞花序或聚伞圆锥花序；花瓣匙形；花盘五边形，5 浅裂。核果草帽状，周围具革质宽翅，红褐色或紫红色，无毛。花期 4~6 月，果期 7~9 月。

产秦岭—淮河以南各地。牯牛降大演、观音堂等地林下、山坡偶见。庭园中常有栽培；树皮含鞣质，可提制栲胶。

马甲子

鼠李科 Rhamnaceae　马甲子属 Paliurus

Paliurus ramosissimus (Lour.) Poir.

灌木。小枝褐色或深褐色，被短柔毛。叶互生，纸质，宽卵形或近圆形，顶端钝，基部宽楔形，稍偏斜，边缘具钝细锯齿或细锯齿，上面沿脉被棕褐色短柔毛，基出三脉；叶柄基部有2个紫红色斜向直立的针刺。腋生聚伞花序，被黄色绒毛；花瓣匙形，短于萼片；花盘圆形，边缘5或10齿裂。核果杯状，被黄褐色或棕褐色绒毛，周围具木栓质3浅裂的窄翅。花期5~8月，果期9~10月。

产长江流域及以南各地。牯牛降低海拔地区路旁、河流边偶见。木材坚硬，可作农具柄；分枝密且具针刺，常栽培作绿篱；根、枝、叶、花、果均供药用，有解毒消肿、止痛活血的功效，治痈肿溃脓等症，根可治喉痛；种子榨油可制烛。

枣

鼠李科 Rhamnaceae　枣属 Ziziphus

Ziziphus jujuba (L.) Lam.

落叶小乔木。树皮褐色或灰褐色；枝光滑，紫红色，之字形曲折，具2个托叶刺；当年生小枝绿色，下垂。叶纸质，卵形，顶端钝或圆形，稀锐尖，基部近圆形，边缘具圆齿状锯齿，基出三脉。花黄绿色，两性，5基数，无毛，单生或2~8个密集成腋生聚伞花序；花盘厚，肉质，圆形，5裂。核果矩圆形，成熟时红色，后变紫红色。花期5~7月，果期8~9月。

原产于中国黄河流域，已有7000年以上栽培历史。现全国各地广泛栽培，或逸为野生。牯牛降保护区周边村庄广泛栽培。果实味甜，除供鲜食外，可加工成蜜饯或果脯；为优良的蜜源植物。

榉树　榆科 Ulmaceae　榉属 Zelkova
Zelkova serrata (Thunb.) Makino

别名：光叶榉

乔木。树皮灰白色或褐灰色，不规则片状剥落；当年生枝棕褐色，疏被短柔毛，后渐脱落。叶纸质，卵形，先端渐尖，基部稍偏斜，幼时疏生糙毛，后脱落变平滑，边缘有圆齿状锯齿，具短尖头。雄花具极短的梗，花被裂片不等大；雌花近无梗，花被子房被细毛。核果几乎无梗，斜卵状圆锥形，上面偏斜，凹陷，表面被柔毛，具宿存的花被。花期4月，果期9~11月。

产秦岭以东、辽宁以南地区。牯牛降保护区内林下常见。木材纹理细直，强韧坚重，耐水湿，耐腐蚀；茎皮纤维可作人造棉及纸张；树皮药用，有清热解毒、止痢、安胎等功效；树干通直，冠形端整，枝叶茂密，秋叶红艳，为优良的园林观赏树种。

大叶榉树　榆科 Ulmaceae　榉属 Zelkova
Zelkova schneideriana Hand.-Mazz.

乔木。树皮灰褐色，不规则片状剥落。叶厚纸质，先端渐尖，基部稍偏斜，圆形，叶上面具糙毛，叶下面密被柔毛，边缘具圆齿状锯齿。雄花1~3朵簇生于叶腋，雌花或两性花常单生于小枝上部叶腋。核果与榉树相似。花期4月，果期9~11月。与榉树区别在于本种冬芽常2个并生于叶腋，且叶下面密生柔毛。

产秦岭—淮河以南各地，西藏东南部也有分布。牯牛降保护区内林下常见。用途同榉树。

杭州榆　榆科 Ulmaceae　榆属 *Ulmus*
Ulmus changii W. C. Cheng

别名：江南榆

落叶乔木。树皮暗灰色，平滑或后期细纵裂；幼枝被密毛，一年生枝无毛或多少有毛，淡红褐色或栗褐色。叶卵形，先端渐尖，基部偏斜，叶幼时有平伏毛，老无毛，边缘常具单锯齿，稀兼具重锯齿，叶柄上面有毛。花在去年生枝上成簇状聚伞花序。翅果长圆形，全被短毛，果核部分位于翅果的中部或稍向下，宿存花被钟形，被短毛。花果期3~4月。

产江苏（南部）、浙江、安徽、福建（西部）、江西（北部）、湖南、湖北及四川。牯牛降保护区内沟谷旁、林下常见。木材坚实耐用，不翘裂，易加工，可作家具、器具、地板、车辆及建筑等。

红果榆　榆科 Ulmaceae　榆属 *Ulmus*
Ulmus szechuanica W. P. Fang

落叶乔木。树皮灰黑色不规则纵裂，粗糙；当年生枝幼时有毛，有时周围具大而不规则纵裂的木栓层。叶倒卵形，先端急尖，基部偏斜，叶幼时有短毛，后变无毛，边缘具重锯齿。花在去年生枝上排成簇状聚伞花序。翅果倒卵状圆形，除顶端缺口柱头被毛外，余处无毛，果核部分位于翅果的中上部，上端接近缺口，缺口常红色；宿存花被无毛，钟形，浅4裂。花果期3~4月。

产安徽（南部）、江苏（南部）、浙江（北部）、江西及四川（中部）。牯牛降赤岭等地河流旁有分布。材质坚韧，硬度适中，纹理直，结构略粗；树皮纤维可制绳索及人造棉。

春榆　榆科 Ulmaceae　榆属 Ulmus
Ulmus davidiana var. *japonica* (Rehder) Nakai

落叶乔木。树皮深灰色，纵裂；当年生枝被短毛，枝条上常有膨大的木栓层。叶片倒卵形，先端急尖，基部偏斜，边缘具重锯齿，老叶叶脉及脉腋有毛。花在去年生枝上排成簇状聚伞花序。翅果倒卵形，果核接近缺口，果无毛。花期4月，果期5月。

产东北、华北、华中、西北地区及江苏、安徽。牯牛降秋浦河边林缘有分布。纹理直，有香气，可作家具、器具、车辆、船舶、地板等用材；树皮可代麻制绳或纸张；枝条可编筐。

多脉榆　榆科 Ulmaceae　榆属 Ulmus
Ulmus castaneifolia Hemsl.

落叶乔木。树皮厚，木栓层发达，纵裂成条状或成长圆状块片脱落，当年生枝密被长柔毛；冬芽卵圆形，常稍扁，芽鳞两面均有密毛。叶长椭圆形，质地厚，先端长尖，基部偏斜，一边耳状或半心脏形，叶上面幼时密生硬毛，后渐脱落，主侧脉凹陷处常多少有毛，叶下面密被长柔毛，脉腋有簇生毛，边缘具重锯齿。花在去年生枝上排成簇状聚伞花序。翅果长圆状倒卵形，除顶端缺口柱头面有毛外，余处无毛，果核部分位于翅果上部，果梗较花被为短，密生短毛。花果期3~4月。

产长江以南各地。牯牛降保护区内海拔700米以上的林下偶见。木材坚实，纹理直，结构略粗，有光泽及花纹，可作家具、器具、地板、车辆、造船及室内装修等用材。

榆　榆科 Ulmaceae　榆属 *Ulmus*
Ulmus pumila L.

别名：白榆、家榆

落叶乔木。树皮暗灰色，不规则深纵裂，粗糙；无膨大的木栓层。叶椭圆状卵形，先端渐尖，基部偏斜，边缘具重锯齿。花先叶开放，在去年生枝的叶腋成簇生状。翅果近圆形，除顶端缺口柱头面被毛外，余处无毛，果核位于翅果中部，宿存花被无毛。花果期3~4月。

产东北、华北、西北及西南各地。牯牛降保护区周边村庄附近常见。木材纹理直，结构略粗，坚实耐用；树皮内含淀粉及黏性物，磨成粉称榆皮面，或掺面粉食用，并为作醋原料；枝皮纤维可制绳索或造纸原料；幼嫩翅果与面粉混拌可蒸食；老果含油25%，可供医药和轻、化工业用；叶可作饲料；树皮、叶及翅果均可药用，能安神、利小便。

榔榆　榆科 Ulmaceae　榆属 *Ulmus*
Ulmus parvifolia Jacq.

落叶乔木。树皮灰色或灰褐色，裂成不规则鳞状薄片剥落，露出红褐色内皮；当年生枝密被短柔毛。叶质地厚，披针状卵形，基部偏斜，除中脉凹陷处有疏柔毛外，余处无毛，边缘单锯齿。花秋季开放，3~6数在叶腋簇生或排成簇状聚伞花序。翅果椭圆形，除顶端缺口柱头面被毛外，余处无毛。花果期8~10月。

产黄河流域及以南地区。牯牛降保护区内低海拔地区山坡、路旁常见。材质坚韧，纹理直，耐水湿；树皮纤维杂质少、质地细，可作蜡纸及人造棉原料，或织麻袋、编绳索，亦供药用；树形优美，适宜庭院栽培。

长序榆
榆科 Ulmaceae　榆属 *Ulmus*
Ulmus elongata L. K. Fu et C. S. Ding

落叶乔木。树皮灰白色，裂成不规则片状脱落；幼枝及当年生枝无毛或有短柔毛，二年生枝栗色，具散生皮孔。叶椭圆形，边缘具大而深的重锯齿，锯齿先端尖而内曲。花春季开放，花序轴明显地伸长，下垂，有疏生毛。果序有疏毛；翅果窄长，梭形，花柱2裂，柱头条形，下部具细长的子房柄，两面有疏毛，边缘密生白色长睫毛，果核位于翅果中部稍向上。花果期3月。

产浙江南部、福建北部、江西东部及安徽南部。牯牛降历溪坞、龙门潭、七彩玉谷等地有分布。树干通直，材质坚重；树形优美，秋叶黄色，可作行道树。

刺榆
榆科 Ulmaceae　刺榆属 *Hemiptelea*
Hemiptelea davidii (Hance) Planch.

小乔木或灌木。树皮灰褐色，不规则条状深裂；小枝灰褐色或紫褐色，具粗而硬的棘刺。叶椭圆形，边缘有整齐的粗锯齿。小坚果黄绿色，斜卵圆形，两侧扁，在背侧具窄翅，形似鸡头，翅端渐狭呈缘状。花期4~5月，果期9~10月。

产除新疆、西藏、青海以外的全国大部分地区。牯牛降龙池坡、大洪岭等地常见。耐干旱，在各种土质上都易于生长，可作固沙树种；木材淡褐色，坚硬而细致；树皮纤维可作人造棉、绳索、麻袋的原料；嫩叶可作饮料；种子可榨油。

紫弹树 大麻科 Cannabaceae 朴属 Celtis
Celtis biondii Pamp.

别名：紫弹朴

落叶乔木。树皮暗灰色；当年生小枝幼时黄褐色，密被短柔毛，后渐脱落，有散生皮孔。叶宽卵形，基部钝圆形，偏斜，先端渐尖至尾状渐尖，中部以上疏具浅齿，两面被微糙毛。果序单生叶腋，常具2果，总梗极短，被糙毛；果幼时被毛，后脱净，黄色至橘红色，近球形。花期3~4月，果期9~10月。

产秦岭—淮河以南大部分地区。牯牛降保护区内林下、山坡常见。根皮、树皮及叶可入药，有清热解毒、祛痰、利尿等功效。

朴树 大麻科 Cannabaceae 朴属 Celtis
Celtis sinensis Pers.

落叶乔木。树皮灰褐色，粗糙而不裂；一年生枝密被毛。叶片纸质，宽卵形，先端急尖，基部圆形偏斜，边缘中部以上具疏而浅的锯齿，上面无毛，下面叶脉上及脉腋疏生毛。核果2~3个并生或单生，近球形，果梗与叶柄近等长。花期3~4月，果期9~10月。

产秦岭—淮河以南地区。牯牛降保护区内低海拔地区近村庄常见。材质轻而硬，可作家具、砧板、建筑材料；茎皮纤维作纸张和人造棉的原料；果核榨油可供制皂和作机械润滑油；树形优美，为优良园林绿化树种；根皮、树皮及叶入药，有祛风透疹、健脾活血等功效。

黑弹树 大麻科 Cannabaceae 朴属 Celtis
Celtis bungeana Blume

别名：小叶朴、黑弹朴

落叶乔木。树皮暗灰色；当年生小枝绿色，后淡棕色，无毛，散生椭圆形皮孔。叶厚纸质，狭卵形，中部以上疏具不规则浅齿，有时一侧近全缘，无毛。果单生叶腋，果柄较细软，无毛，成熟时蓝黑色，近球形。花期3~4月，果期9~10月。

产黄河流域及以南各地，西藏东部也有分布。牯牛降降上等地偶见。木材白色，纹理直，可作建筑及制造滑车、器具用材；茎皮纤维可代麻；根皮、茎枝及叶可药用，功效同紫弹树。

西川朴 大麻科 Cannabaceae 朴属 Celtis
Celtis vandervoetiana C. K. Schneid.

落叶乔木，高达20米。树皮灰色至褐灰色；当年生小枝、叶柄和果梗老后褐棕色，无毛，有散生狭椭圆形至椭圆形皮孔；冬芽的内部鳞片具棕色柔毛。叶厚纸质，卵状椭圆形至卵状长圆形，基部稍不对称，先端渐尖至短尾尖，自下部2/3以上具锯齿或钝齿。果单生叶腋，果梗粗壮，果球状椭圆形，黄色。花期4月，果期9~10月。

产长江流域及以南至五岭以北。牯牛降仅见于祁门历溪坞。种子油可制皂和作润滑油。

珊瑚朴　大麻科 Cannabaceae　朴属 Celtis
Celtis julianae C. K. Schneid.

落叶乔木。树皮淡灰色；当年生小枝、叶柄、果柄均密生褐黄色茸毛。叶厚纸质，基部近圆形稍不对称，叶下面密生短柔毛，近全缘至上部以上具浅钝齿。果单生叶腋，椭圆形至近球形，金黄色至橙黄色。花期3~4月，果期9~10月。

产秦岭—淮河以南各地。牯牛降观音堂、降上等地常见。茎皮纤维可代麻制绳、织袋或作纸张和人造棉原料；树形美观，秋叶黄色，为优良的园林景观和行道树种；果可食。

糙叶树　大麻科 Cannabaceae　糙叶树属 Aphananthe
Aphananthe aspera (Thunb.) Planch.

别名：糙叶榆

落叶乔木。树皮灰褐色，有灰色斑纹，纵裂。叶纸质，卵形，先端渐尖，基部宽楔形或浅心形，边缘锯齿有尾状尖头，基生三出脉。雄聚伞花序生于新枝的下部叶腋，雌花单生于新枝的上部叶腋。核果近球形，由绿色变黑色。花期3~5月，果期8~10月。

产黄河流域及以南地区。牯牛降保护区内溪流、林缘常见。枝皮纤维可制人造棉、绳索；木材坚硬细密，可作家具、农具和建筑用材；古时常用干叶擦拭铜器、锡器和牙角器等器物。

山油麻
大麻科 Cannabaceae　山黄麻属 *Trema*
Trema cannabina var. *dielsiana* (Hand.-Mazz.) C. J. Chen

小枝紫红色,后渐变棕色,密被斜伸的粗毛。叶薄纸质,叶上面被糙毛,粗糙,叶下面密被柔毛,脉上有粗毛;叶柄被伸展的粗毛。雄聚伞花序长过叶柄;雄花被片卵形,外面被细糙毛和多少明显的紫色斑点。

产长江流域及以南省地区。牯牛降保护区内林缘、路旁常见。韧皮纤维供制麻绳、纺织和造纸用,种子油供制皂和作润滑油用。

青檀 大麻科 Cannabaceae 青檀属 *Pteroceltis*
Pteroceltis tatarinowii Maxim.

乔木。树皮灰色，不规则长片状剥落；小枝黄绿色。叶纸质，宽卵形，先端渐尖，基部不对称，边缘有不整齐的锯齿，基生三出脉。翅果状坚果近圆形，黄绿色，翅宽，稍带木质，有放射线条纹，下端截形或浅心形，顶端有凹缺。花期3~5月，果期8~10月。

产黄河流域及以南地区，常生于山谷溪边石灰岩山地。牯牛降保护区内奇峰、龙池坡等地山坡、林下偶见。树皮纤维为制宣纸的主要原料；木材坚硬细致，可作农具、车轴、家具和建筑用材；种子可榨油。

构棘 桑科 Moraceae 橙桑属 *Maclura*
Maclura cochinchinensis (Lour.) Corner

别名：葨芝、穿破石

攀缘状灌木。枝无毛，具粗壮弯曲无叶的腋生刺，刺长约1厘米。叶革质，椭圆状披针形，全缘，先端钝或短渐尖，基部楔形，两面无毛。花雌雄异株，雌雄花序均为具苞片的球形头状花序。聚合果肉质，表面微被毛，成熟时橙红色。花期4~5月，果期6~7月。

产中国东南部至西南部的亚热带地区。牯牛降保护区内沟谷旁、林缘常见。农村常作刺篱用；木材煮汁可作染料；茎皮及根皮可药用，称"黄龙脱壳"；果味甜，可食。

东部柘藤 桑科 Moraceae 橙桑属 Maclura
Maclura orientalis G. Y. Li, W. Y. Xie & Z. H. Chen

落叶藤本。茎干灰白色,薄片状剥落;小枝无毛,具皮孔;枝刺粗壮,通直或向下弯曲。叶片纸质,狭椭圆形,先端长渐尖或尾尖,全缘或每侧具1~4缺刻状粗齿。雌雄异株;雌、雄花序均为球形头状花序,单生或成对生于叶腋。聚花果近球形,成熟时由橘黄色转为红色。花期4~6月,果期7~8月。

产安徽、浙江。牯牛降见于观音堂沟谷旁。用途同莨芝。

柘 桑科 Moraceae 橙桑属 Maclura
Maclura tricuspidata Carrière

落叶灌木。树皮灰褐色,小枝无毛,略具棱,有棘刺。叶卵形,偶为三裂,先端渐尖,基部楔形至圆形。雌雄异株,雌、雄花序均为球形头状花序,单生或成对腋生,具短总花梗。聚花果近球形,肉质,成熟时橘红色。花期5~6月,果期6~7月。

产华北、华东、中南、西南各地(北达陕西、河北)。牯牛降保护区内低海拔地区林缘、路旁常见。茎皮纤维可制绳索或作纸张、人造棉的原料;叶可饲蚕;树皮、根皮、木材、枝、叶、果均可药用;果味甜,可食用或酿酒。

桑 桑科 Moraceae 桑属 *Morus*
Morus alba L.

乔木。树皮厚，不规则浅纵裂。叶卵形或广卵形，先端急尖，基部圆形至浅心形，边缘锯齿粗钝，有时叶为各种分裂。花单性，腋生或生于芽鳞腋内；雄花序下垂，密被白色柔毛；雌花序长1~2厘米，被毛，无花柱，柱头2裂。聚花果卵状椭圆形，长1~2.5厘米，成熟时红色或暗紫色。花期4~5月，果期5~8月。

产中国中部和北部，现全国各地均有栽培。牯牛降保护区内海拔500米以下的沟谷、路旁、山坡常见。叶可饲蚕；嫩叶可蔬食；木材可培育木耳；果可生食或酿酒；根、皮、枝、叶、果均可入药；纤维发达，可造纸和人造棉。

鸡桑 桑科 Moraceae 桑属 *Morus*
Morus australis Poir.

小乔木。树皮灰褐色，冬芽大，圆锥状卵圆形。叶卵形，先端急尖或尾状，基部楔形或心形，边缘具粗锯齿，不分裂或3~5裂，背面疏被粗毛。雄花序被柔毛，雄花绿色，具短梗；雌花序球形，密被白色柔毛，花柱很长，柱头2裂。聚花果短椭圆形，直径约1厘米，成熟时红色或暗紫色。花期3~4月，果期4~5月。

产黄河流域及以南地区。牯牛降保护区内林下、沟谷旁常见。茎皮纤维可作纸张和人造棉的原料；果可酿酒。

蒙桑 桑科 Moraceae 桑属 Morus
Morus mongolica (Bureau) C. K. Schneid.

小乔木。树皮灰褐色，纵裂；小枝暗红色，老枝灰黑色。叶长椭圆状卵形，先端尾尖，基部心形，边缘具三角形单锯齿，稀为重锯齿，齿尖有长刺芒，两面无毛。雄花花被暗黄色，外面及边缘被长柔毛；雌花花被片外面上部疏被柔毛或近无毛；花柱长，柱头2裂。聚花果长1.5厘米，成熟时红色至紫黑色。花期3~4月，果期4~5月。

产西藏、广西、广东、福建以外的全国大部分地区。牯牛降保护区内林下、沟谷旁常见。韧皮纤维系高级造纸原料，脱胶后可作纺织原料；根皮可入药。

华桑 桑科 Moraceae 桑属 Morus
Morus cathayana Hemsl.

小乔木。树皮灰白色，平滑。叶厚纸质，广卵形，先端渐尖，基部心形，略偏斜，边缘具疏浅锯齿或钝锯齿，有时分裂，叶上面粗糙，疏生短伏毛，基部沿叶脉被柔毛，叶下面密被白色柔毛。花雌雄同株异序，雄花花被片4，黄绿色；雌花花被片倒卵形，先端被毛，花柱短，柱头2裂。聚花果圆筒形，长2~3厘米，成熟时白色、红色或紫黑色。花期4~5月，果期5~6月。

产河北、山东、河南、江苏、陕西、湖北、安徽、浙江、湖南、四川等地。牯牛降保护区内林下、沟谷旁常见。果成熟时味甜，可食。

构　桑科 Moraceae　构属 Broussonetia
Broussonetia papyrifera (L.) L'Hér. ex Vent.

乔木。树皮暗灰色；小枝密生柔毛。叶螺旋状排列，广卵形至长椭圆状卵形，先端渐尖，基部心形，两侧常不相等，边缘具粗锯齿，不分裂或3~5裂，密被绒毛，基生三出脉。花雌雄异株；雄花序为柔荑花序，粗壮；雌花序球形头状。聚花果成熟时橙红色，肉质。花期4~5月，果期6~7月。

产全国各地。牯牛降保护区内低海拔地区路旁常见。茎皮纤维优质，可供造桑皮纸或宣纸；叶可饲猪；根、皮、果均可入药，果称"楮实子"。

楮构　桑科 Moraceae　构属 Broussonetia
Broussonetia kazinoki Siebold & Zucc.

别名：小构

灌木。小枝幼时被毛。叶卵形，先端渐尖至尾尖，基部近圆形或斜圆形，边缘具三角形锯齿，不裂或3裂，叶上面粗糙，下面近无毛。花雌雄同株；雄花序球形头状；雌花序球形，被柔毛，花被管状，顶端齿裂，花柱单生。聚花果球形，直径8~10毫米；瘦果扁球形，外果皮壳质，表面具瘤体。花期4~5月，果期5~6月。

产台湾及华中、华南、西南各地区。牯牛降保护区内沟谷旁、林缘常见。茎皮纤维可供造纸；全株可入药；果不宜食用，因其小果上的宿存花柱呈硬钩状，食后令人不适。

藤构
桑科 Moraceae　构属 *Broussonetia*
Broussonetia kaempferi Siebold

别名：藤葡蟠、葡蟠

藤状灌木。树皮黑褐色；小枝显著伸长。叶互生，螺旋状排列，近对称的卵状椭圆形，先端渐尖至尾尖，基部心形或截形，边缘锯齿细，齿尖具腺体，不裂。花雌雄异株，雄花序短穗状；雌花集生成球形头状花序。聚花果直径1厘米。花期4~6月，果期5~7月。

产长江流域及以南各地。牯牛降保护区内溪流旁常见。茎皮纤维为优良的造纸原料。

琴叶榕
桑科 Moraceae　榕属 *Ficus*
Ficus pandurata Hance

别名：条叶榕

小灌木，高1~2米。叶纸质，提琴形或披针形，先端急尖有短尖，基部圆形至宽楔形；托叶披针形，迟落。雄花有柄，生榕果内壁口部；瘿花有柄或无柄，子房近球形，花柱侧生，很短；雌花花被片椭圆形，花柱侧生，细长，柱头漏斗形。榕果单生叶腋，鲜红色，椭圆形或球形，顶部脐状突起。花期6~8月。

产长江以南大部分地区。牯牛降阊江岸边有分布。根及叶可入药，有舒筋、活血、消肿、解毒等功效；茎皮可制人造棉及用于造纸。

薜荔 桑科 Moraceae 榕属 *Ficus*
Ficus pumila L.

别名：凉粉果

匍匐灌木。叶两型，不结果枝节上生不定根，叶卵状心形，薄革质，基部稍不对称，尖端渐尖，叶柄很短；结果枝上无不定根，革质，卵状椭圆形，全缘，上面无毛，下面被黄褐色柔毛，网脉在上面下陷，下面凸起，呈蜂窝状。榕果单生叶腋，瘿花果梨形，雌花果近球形，顶部截平，略具短钝头或为脐状凸起。瘦果近球形，有黏液。花果期 5~8 月。

产长江流域及以南地区。牯牛降保护区内海拔 500 米以下的沟谷、崖壁常见。雌花果水洗可作凉粉，藤叶药用。

珍珠莲 桑科 Moraceae 榕属 *Ficus*
Ficus sarmentosa var. *henryi* (King & Oliv.) Corner

匍匐灌木。叶革质，卵状椭圆形，先端渐尖，基部圆形至楔形，上面无毛，下面密被褐色柔毛或长柔毛。榕果成对腋生，圆锥形，直径 1~1.5 厘米，表面密被褐色长柔毛，成长后脱落。榕果无总梗或具短梗。

产秦岭—淮河以南各地。牯牛降保护区内海拔 1000 米以下的沟谷、崖壁常见。瘦果水洗可制作冰凉粉。

爬藤榕　桑科 Moraceae　榕属 Ficus
Ficus sarmentosa var. *impressa* (Champ.) Corner

匍匐灌木。叶革质，披针形，先端渐尖，基部钝，背面白色至浅灰褐色，侧脉 6~8 对，网脉明显。榕果成对腋生或生于落叶枝叶腋，球形，直径 7~10 毫米，幼时被柔毛。花期 4~5 月，果期 6~7 月。

产华东、华南、西南地区，北至河南、陕西、甘肃。牯牛降保护区内海拔 1000 米以下的沟谷、崖壁常见。韧皮纤维可造纸、制绳索等；根、茎可入药。

紫麻　荨麻科 Urticaceae　紫麻属 Oreocnide
Oreocnide frutescens (Thunb.) Miq.

灌木。小枝褐紫色或淡褐色，上部常有粗毛或近贴生的柔毛，稀被灰白色毡毛，以后渐脱落。叶草质，卵形，先端渐尖或尾状渐尖，基部圆形，边缘自下部以上有锯齿或粗牙齿，下面常被灰白色毡毛；基出脉 3。花序生于上年生枝和老枝上，几无梗，呈簇生状；雄花花被片 3，在下部合生，退化雌蕊棒状，被白色绵毛；雌花无梗，长 1 毫米。瘦果卵球状，两侧稍压扁，肉质花托浅盘状，熟时增大呈壳斗状，包围着果的大部分。花期 3~5 月，果期 6~10 月。

产秦岭—淮河以南各地。牯牛降保护区内林下、沟谷旁常见。茎皮纤维细长坚韧，可制绳索、麻袋和人造棉；根、茎、叶可入药，有行气活血的功效；白色的肉质花托味微甜，可食。

米心水青冈

壳斗科 Fagaceae　水青冈属 Fagus
Fagus engleriana Seemen & Diels

落叶乔木。叶菱状卵形，顶部短尖，基部宽楔形，常一侧略短，叶缘波浪状，在叶缘附近急向上弯并与上一侧脉连结，新生嫩叶的中脉被有光泽的长伏毛，结果期的叶几无毛。果梗长 2~7 厘米，无毛；每壳斗有坚果 2，稀 3 个。花期 4~5 月，果 8~10 月成熟。

产秦岭以南、五岭北坡以北地区，星散分布。牯牛降保护区内海拔 1000 米以上的山坡、林下偶见。材质坚硬，适宜做木地板。

光叶水青冈

壳斗科 Fagaceae　水青冈属 Fagus
Fagus lucida Rehder & E. H. Wilson

别名：亮叶水青冈

落叶乔木。叶卵形，顶部短至渐尖，基部宽楔形或近于圆，两侧略不对称，叶缘有锐齿，侧脉直达齿端，壳斗成熟时，叶片的毛几乎全部脱落。果 4 瓣裂，小苞片钻尖状，伏贴，与壳壁同被褐锈色微柔毛；坚果 2 或 1。花期 4~5 月，果期 9~10 月。

产长江北岸山地，向南至五岭南坡，台湾、海南及云南均不产。牯牛降保护区内降上至主峰沿途偶见。材质坚硬。

栗 *Castanea mollissima* Blume
壳斗科 Fagaceae　栗属 *Castanea*　　别名：板栗

乔木。叶椭圆形至长圆形，顶部渐尖，基部近截平，叶下面被星芒状伏贴绒毛。雄花序长10~20厘米，花序轴被毛，花3~5朵聚生成簇；雌花1~3朵位于花序轴基部。成熟壳斗连刺径4.5~6.5厘米。花期4~6月，果期8~10月。

产除青海、宁夏、新疆、海南等以外的地区。牯牛降保护区周边村庄附近广泛栽培。种子富含淀粉，是非常常见的坚果；木材纹理直，结构粗，坚硬，耐水湿；壳斗及树皮富含没食子类鞣质；叶可作蚕饲料。

茅栗 *Castanea seguinii* Dode
壳斗科 Fagaceae　栗属 *Castanea*　　别名：毛栗

乔木。叶倒卵状椭圆形，顶部渐尖，基部楔尖，叶下面有黄色或灰白色鳞腺，幼嫩时沿叶脉两侧有疏单毛。雄花序长5~12厘米，雄花簇有花3~5朵；雌花单生于混合花序的花序轴下部，每壳斗有雌花3~5朵，通常1~3朵发育结实；壳斗外壁密生锐刺，成熟壳斗连刺径3~5厘米。花期5~7月，果期9~11月。

产大别山以南、五岭南坡以北各地。牯牛降保护区阔叶林内广泛分布。果较小，但味较甜；作板栗砧木可提早结果。

锥栗 壳斗科 Fagaceae 栗属 *Castanea*
Castanea henryi (Skan) Rehder & E. H. Wilson

乔木。叶长圆状披针形，顶部长渐尖至尾状长尖，新生叶的基部狭楔尖，叶缘的裂齿有长2~4毫米的线状长尖，叶下面无毛，叶柄结果时延长至2.5厘米。雄花序长5~16厘米，花簇有花1~3朵；每壳斗有雌花1朵。成熟壳斗近圆球形，有坚果1。花期5~7月，果期9~10月。

产秦岭南坡以南、五岭以北各地。牯牛降奇峰、桶坑、观音堂等地偶见。用途同栗。

甜槠 壳斗科 Fagaceae 锥属 *Castanopsis*
Castanopsis eyrei (Champ. ex Benth.) Tutch.

乔木。树皮纵深裂，厚达1厘米，块状剥落。叶革质，卵形，顶部长渐尖，常向一侧弯斜，基部一侧偏斜，且稍沿叶柄下延，全缘或在顶部有少数浅裂齿。雄花序穗状或圆锥状。壳斗有1坚果，顶狭尖或钝，壳斗顶部的刺密集而较短，完全遮蔽壳斗外壁。花期4~6月，果翌年9~11月成熟。

产长江以南各地，但海南、云南不产。牯牛降保护区内阔叶林中常见。材质坚硬，耐久用，不易变形；果实味甜，可生食；适宜营造防火林。

米槠 壳斗科 Fagaceae 锥属 Castanopsis
Castanopsis carlesii (Hemsl.) Hayata

乔木。树干通直，树皮灰白。叶片两面异色；叶披针形，顶部渐尖，基部一侧稍偏斜，叶全缘，或兼有少数浅裂齿，嫩叶叶下面有红褐色或棕黄色稍紧贴的细片状蜡鳞层，成长叶呈银灰色或多少带灰白色。雄圆锥花序近顶生，花序轴无毛或近无毛，雌花的花柱3或2枚。壳斗近圆球形，顶端短狭尖。花期3~6月，果翌年9~11月成熟。

产长江以南各地。牯牛降观音堂等地的阔叶林中常见。为优良的绿化观赏树种；果实味甜，可食用；适宜营造防火林。

苦槠 壳斗科 Fagaceae 锥属 Castanopsis
Castanopsis sclerophylla (Lindl. & Paxton) Schottky

乔木。树皮浅纵裂，片状剥落。叶二列，革质，长椭圆形，顶部短尾状，基部近于圆形或宽楔形，通常一侧略短且偏斜，叶缘在中部以上有锯齿状锐齿。花序轴无毛，雄穗状花序通常单穗腋生。果序长8~15厘米，壳斗有坚果1个，圆球形，全包或包着坚果的大部分。花期4~5月，果10~11月成熟。

产长江以南、五岭以北各地。牯牛降保护区内山坡、路旁常见。坚果富含淀粉，可制豆腐和粉条；为材用树种，木材属白锥类；花繁叶茂，寿命长，为优良的园林绿化和防护树种。

钩锥 壳斗科 Fagaceae 锥属 *Castanopsis*
Castanopsis tibetana Hance

别名：钩栲、大叶锥

乔木。树皮灰褐色，条片状开裂。叶厚革质，长椭圆形，先端渐尖，基部圆形，叶缘中部以上有疏锯齿，上面深绿色，光亮，下面密被棕褐色鳞秕，渐变为银灰色，两面无毛。果序轴粗壮；壳斗球形，规则 4 瓣裂；苞片针刺形，粗壮。坚果单生，扁圆锥形，被毛。花期 4~5 月，果期翌年 8~10 月。

产长江以南各地。牯牛降保护区内沟谷旁偶见。木材属红锥类，为南方重要的材用树种；适宜营造防火林。

罗浮锥 壳斗科 Fagaceae 锥属 *Castanopsis*
Castanopsis faberi Hance

别名：罗浮栲

乔木。树皮灰褐色，不裂，粗糙；幼枝疏生短柔毛，无鳞秕。叶片革质，卵状椭圆形，先端渐尖或尾尖，基部近圆形，常偏斜，全缘或近先端具 2~4 对浅裂齿，下面幼时被灰黄色鳞秕，老时变为银灰色。雄花序单一或分枝，花序轴疏生短毛；雌花 2 或 3 朵生于总苞内。壳斗近球形，不规则瓣裂；坚果 2。花期 4~5 月，果期翌年 10~11 月。

产长江以南大多数地区。牯牛降龙池坡等地林下沟谷旁偶见。木材优良，属白锥类；适宜营造防火林。

栲 壳斗科 Fagaceae 锥属 Castanopsis
Castanopsis fargesii Franch.

别名：红栲、丝栗栲

乔木。树皮浅纵裂。叶长椭圆形，顶部短尖或渐尖，基部近于圆形或宽楔形，全缘或有时在近顶部边缘有少数浅裂齿，支脉通常不显或隐约可见，叶下面的蜡鳞层颇厚且呈粉末状，嫩叶的为红褐色，成熟叶的为黄棕色。雄花穗状或圆锥状，花单朵密生于花序轴上，雌花单朵散生于花序轴上。壳斗通常圆球形，不规则瓣裂，每壳斗有1坚果；坚果圆锥形。花期4~6月，果翌年同期成熟。

产长江以南各地。牯牛降桶坑等地阔叶林中偶见。木材材质略轻软，干时常爆裂，不耐腐，材质远次于红锥类；适宜营造防火林。

秀丽锥 壳斗科 Fagaceae 锥属 Castanopsis
Castanopsis jucunda Hance

别名：乌楣栲、东南栲、秀丽栲

乔木。树皮灰黑色，块状脱落。叶近革质，卵形，顶部短或渐尖，基部近圆，常一侧略短，叶缘至少在中部以上有锯齿状。雄花序穗状或圆锥状，花序轴无毛；雌花序单穗腋生，各花部无毛。果序长达15厘米；壳斗近圆球形，3~5瓣裂。花期4~5月，果翌年9~10月成熟。

产长江以南多数地区。牯牛降保护区内山坡常见。木材淡棕黄色，纹理直，密致，材质中等硬度，韧性较强，干后少爆裂，颇耐腐。

包果柯 壳斗科 Fagaceae 柯属 Lithocarpus
Lithocarpus cleistocarpus (Seemen) Rehder & E. H. Wilson

别名：包石栎

乔木。树皮褐黑色，浅纵裂。叶革质，卵状椭圆形，顶部渐尖，基部渐狭尖，沿叶柄下延，全缘，叶下面有紧实的蜡鳞层，二年生叶干后叶下面带灰白色。雄穗状花序单穗或数穗集中成圆锥花序，花序轴被细片状蜡鳞；雌花3或5朵一簇散生于花序轴上。壳斗近圆球形，顶部平坦，包着坚果绝大部分。花期6~10月，果翌年秋冬成熟。

产长江北岸山区，向南至南岭以北各地。牯牛降大历山、秋风岭等地偶见。

柯 壳斗科 Fagaceae 柯属 Lithocarpus
Lithocarpus glaber (Thunb.) Nakai

别名：石栎

乔木。叶革质或厚纸质，倒卵形，顶部突急尖，基部楔形，上部叶缘有2~4个浅裂齿或全缘，叶下面无毛，有较厚的蜡鳞层；雄穗状花序多排成圆锥花序或单穗腋生；雌花序常着生少数雄花。果序轴通常被短柔毛；壳斗碟状或浅碗状；坚果椭圆形或长卵形，顶端尖，有淡薄的白色粉霜，暗栗褐色。花期7~11月，果翌年同期成熟。

产秦岭南坡以南各地，海南和云南南部不产。牯牛降保护区内阔叶林中常见。材质颇坚重，结构略粗，纹理直行，不甚耐腐，适作家具，农具等用材。

短尾柯 壳斗科 Fagaceae 柯属 *Lithocarpus*
Lithocarpus brevicaudatus (Skan) Hayata

别名：岭南柯

高大乔木。树干挺直，树皮粗糙，暗灰色，当年生枝紫褐色，有纵沟棱。叶革质，通常卵形，顶部短突尖、渐尖或长尾状，基部宽楔形或近于圆形，边全缘，叶下面有细粉末状但紧实的蜡鳞层。花序轴及壳斗外壁均被棕色或灰黄色微柔毛；雄穗状花序多个组成圆锥花序。壳壁碟状或浅碗状；坚果宽圆锥形，顶部短锥尖或平坦，常有淡薄的灰白色粉霜。花期5~7月，果翌年9~11月成熟。

产长江以南各地。牯牛降保护区内沟谷旁常见。材质优良；适宜营造防火林。《安徽植物志》记载的绵槠为该种的误认。

青冈 壳斗科 Fagaceae 栎属 *Quercus*
Quercus glauca Thunb.

常绿乔木。叶革质，倒卵状椭圆形，顶端渐尖或短尾状，基部圆形或宽楔形，叶缘中部以上有疏锯齿，叶上面无毛，叶下面有整齐平伏白色单毛，老时渐脱落，常有白色鳞秕。雄花序长5~6厘米，花序轴被苍色绒毛。果序着生果2~3个。壳斗碗形，包着坚果1/3~1/2；小苞片合生成5~6条同心环带，环带全缘或有细缺刻，排列紧密。坚果卵形、长卵形或椭圆形。花期4~5月，果期10月。

产秦岭—淮河以南地区。牯牛降保护区内阔叶林中常见。适应性强，耐寒、耐干旱、耐瘠薄，适宜营造防火林；为材用及绿化观赏树种；种子富含淀粉，可供酿酒或作饲料。

褐叶青冈 壳斗科 Fagaceae 栎属 Quercus
Quercus stewardiana A. Camus

别名：褐毛青冈

常绿乔木。叶片椭圆状披针形，顶端尾尖，基部楔形，叶缘中部以上有疏浅锯齿，侧脉每边 8~10 条，叶上面深绿色，叶下面灰白色，干后带褐色。雄花序生于新枝基部，长 5~7 厘米，花序轴密生棕色绒毛；雌花序生于新枝叶腋。壳斗杯形，包着坚果 1/2；小苞片合生成 5~9 条同心环带，环带排列松弛，边缘有粗齿。坚果宽卵形。花期 7 月，果期翌年 10 月。

产安徽、浙江、江西、湖北、湖南、广东、广西、四川、贵州等地区。牯牛降保护区内山坡、沟谷旁偶见。为材用及山地绿化树种。

细叶青冈 壳斗科 Fagaceae 栎属 Quercus
Quercus shennongii C. C. Huang & S. H. Fu

别名：神农青冈、小叶青冈

乔木。一年生枝紫棕色，无毛。叶近革质，窄披针形，顶端渐尖，基部楔形，沿叶柄下延，叶片中部以上有芒状疏锯齿，叶上面绿色，叶下面灰绿色被白色粉霜及伏贴柔毛；后渐无毛。果序梗长约 1 厘米，成熟时仅有 1 果。壳斗包着坚果大部分，有 6~9 条环带，下部的环带有裂齿，上部的全缘。坚果宽卵形。

产陕西至广西、云南至台湾的广大地区。牯牛降保护区内山坡、沟谷旁常见。为材用树种；树干通直，冠大荫浓，为优良的园林观赏树种；种子富含淀粉，可供酿酒或作饲料。

小叶青冈
壳斗科 Fagaceae　栎属 Quercus
Quercus myrsinifolia Blume

别名：青楷、细叶青冈

常绿乔木。叶卵状披针形或椭圆状披针形，顶端长渐尖或短尾状，基部楔形或近圆形，叶缘中部以上有细锯齿，叶下面支脉不明显，叶上面绿色，叶下面粉白色，无毛。雄花序长4~6厘米；雌花序长1.5~3厘米。壳斗杯形，包着坚果的1/3~1/2；小苞片合生成6~9条同心环带，环带全缘。坚果卵形或椭圆形。花期6月，果期10月。与细叶青冈区别在于细叶青冈锯齿边缘有芒。

产秦岭—淮河以南各地。牯牛降保护区内山坡、沟谷旁常见。为材用及山地绿化、薪炭、纤维树种；种子富含淀粉，可供酿酒或作饲料。

云山青冈
壳斗科 Fagaceae　栎属 Quercus
Quercus sessilifolia Blume

常绿乔木。树皮黑褐色，粗糙，大树树皮不规则块状开裂。冬芽圆锥形，长1~1.5厘米，芽鳞多数，脱落后留下密集的芽鳞痕。叶片长椭圆形，基部楔形，全缘或顶端具少数波状锯齿，侧脉不明显。壳斗杯状，包被坚果约1/3，具5~7条同心环带。坚果倒卵球形；果脐微突起。花期4~5月，果期10~11月。

产长江流域及以南各地。牯牛降仅见于祁门桶坑、历溪坞和石台祁门岔。为材用树种和优良的园林绿化树种；种子富含淀粉，可供酿酒或作饲料；适宜营造防火林。

尖叶栎 壳斗科 Fagaceae 栎属 Quercus
Quercus oxyphylla (E. H. Wilson) Hand.-Mazz.

常绿乔木，树皮黑褐色，纵裂。小枝密被苍黄色星状绒毛，常有细纵棱。叶卵状披针形，顶端渐尖，基部圆形或浅心形，叶缘上部有浅锯齿或全缘，幼叶两面被星状绒毛，老时仅叶下面被毛。壳斗杯形，包着坚果约 1/2；小苞片线状披针形，先端反曲，被苍黄色绒毛。坚果长椭圆形或卵形，顶端被苍黄色短绒毛；果脐微突起。花期 5~6 月，果期翌年 9~10 月。

产秦岭—淮河以南地区。牯牛降保护区内龙池坡等地的溪流旁有分布，石台金钱山也有。

乌冈栎 壳斗科 Fagaceae 栎属 Quercus
Quercus phillyreoides A. Gray

常绿小乔木。叶革质，倒卵形，顶端钝尖或短渐尖，基部圆形或近心形，叶缘中部以上具疏锯齿，两面同为绿色。花序轴被黄褐色绒毛。壳斗杯形，包着坚果的 1/2~2/3；小苞片三角形，覆瓦状排列紧密，除顶端外被灰白色柔毛，果长椭圆形，果脐平坦或微突起。花期 3~4 月，果期 9~10 月。

产秦岭—淮河以南地区。牯牛降小历山等地山坡有成片分布。木材坚硬，为制造活性炭的优质材料；叶小而密集，耐修剪，为优良的园林观赏树种；种子富含淀粉，可供酿酒；适宜营造防火林。

麻栎 壳斗科 Fagaceae 栎属 *Quercus*
Quercus acutissima Carruth.

落叶乔木。树皮深灰褐色，深纵裂。幼枝被灰黄色柔毛，后渐脱落。叶长椭圆状披针形，顶端长渐尖，基部圆形或宽楔形，叶缘有刺芒状锯齿，叶片两面同色。雄花序常数个集生于当年生枝下部叶腋。壳斗杯形，包着坚果约1/2，小苞片钻形或扁条形，向外反曲。坚果卵形或椭圆形。花期3~4月，果期翌年9~10月。

产黄河以南大部分地区。牯牛降低海拔地区林下偶见。材用树种；果实富含淀粉，供工业用；叶可饲柞蚕。

栓皮栎 壳斗科 Fagaceae 栎属 *Quercus*
Quercus variabilis Blume

落叶乔木。树皮黑褐色，深纵裂，木栓层发达。小枝灰棕色，无毛。叶卵状披针形或长椭圆形，顶端渐尖，基部圆形或宽楔形，叶缘具刺芒状锯齿，叶下面密被灰白色星状绒毛。花序轴密被褐色绒毛。壳斗杯形，包着坚果2/3；小苞片钻形，反曲，被短毛。坚果近球形或宽卵形。花期3~4月，果期翌年9~10月。

产黄河以南大部分地区。牯牛降保护区各地山坡常见。适应性强，耐干旱、贫瘠，为材用树种；树皮木栓层发达，为生产软木的主要原料；果实富含淀粉，供工业用。

小叶栎　壳斗科 Fagaceae　栎属 Quercus
Quercus chenii Nakai

落叶乔木。树皮黑褐色，纵裂。叶宽披针形，顶端渐尖，基部圆形或宽楔形，略偏斜，叶缘具刺芒状锯齿。雄花序长 4 厘米，花序轴被柔毛。壳斗杯形，包着坚果约 1/3，壳斗上部的小苞片线形，直伸或反曲；中部以下的小苞片长三角形，紧贴壳斗壁，被细柔毛。花期 3~4 月，果期翌年 9~10 月。

产江苏、安徽、浙江、江西、福建、河南、湖北、四川等地。牯牛降大演等地海拔 300 米以下阔叶林常见。用途同麻栎。

白栎　壳斗科 Fagaceae　栎属 Quercus
Quercus fabri Hance

落叶乔木或灌木状。树皮灰褐色，深纵裂。小枝密生灰色至灰褐色绒毛。叶倒卵形，顶端钝或短渐尖，基部楔形，叶缘具波状锯齿或粗钝锯齿；叶柄长 3~5 毫米，被棕黄色绒毛。雄花序长 6~9 厘米，花序轴被绒毛，雌花序长 1~4 厘米，生 2~4 朵花。壳斗杯形，包着坚果约 1/3；小苞片卵状披针形，排列紧密。花期 4 月，果期 10 月。

产秦岭—淮河以南各地。牯牛降保护区低海拔地区林缘、路旁常见。为材用树种；可用于种植香菇；种子富含淀粉，可供酿酒和制饮料；叶可饲养柞蚕；果实的虫瘿可入药。

槲栎　壳斗科 Fagaceae　栎属 *Quercus*
Quercus aliena Blume var. *aliena*

落叶乔木。树皮暗灰色，深纵裂。叶片长椭圆状倒卵形，顶端微钝或短渐尖，叶缘具波状钝齿，叶下面被灰棕色细绒毛；叶柄长 1~1.3 厘米，无毛。雄花单生或数朵簇生于花序轴；雌花单生或 2~3 朵簇生。壳斗杯形，包着坚果约 1/2；小苞片卵状披针形，排列紧密，被灰白色短柔毛。坚果椭圆形至卵形，果脐微突起。花期 3~4 月，果期 9~10 月。

产秦岭—淮河以南各地。牯牛降保护区内低海拔地区林缘、山坡偶见。为材用树种；可用于种植香菇；种子富含淀粉，可供酿酒和制饮料。

锐齿槲栎　壳斗科 Fagaceae　栎属 *Quercus*
Quercus aliena var. *acuteserrata* Maxim.

本变种与原变种不同之处在于，叶缘具粗大锯齿，齿端尖锐、内弯，叶下面密被灰色细绒毛，叶片形状变异较大。花期 3~4 月，果期 10~11 月。

产黄河流域及以南地区，辽宁、河北、山西、甘肃至云南、广东、广西均有。牯牛降保护区内近山顶处常见。用途同槲栎。

枹栎 壳斗科 Fagaceae 栎属 Quercus
Quercus serrata Thunb.

别名：短柄枹

落叶乔木。树皮灰褐色，深纵裂；小枝被脱落性柔毛；冬芽长卵球形，芽鳞多数，棕色，无毛。叶在枝端或近枝端集生；叶片纸质，倒卵形，叶缘有腺状锯齿，幼时被伏贴单毛，老时仅叶下面被平伏单毛或无毛。壳斗杯状，包被坚果 1/4~1/3；苞片长三角形，贴生，边缘具柔毛。坚果卵球形；果脐平坦。花期 3~4 月，果期 9~10 月。

产华中及江苏、安徽、广东、广西、云南、贵州、四川、陕西、甘肃、山西、山东、辽宁等地。牯牛降保护区各地常见。为材用树种；可用于种植香菇；种子富含淀粉，可供酿酒和制饮料。

黄山栎 壳斗科 Fagaceae 栎属 Quercus
Quercus stewardii Rehder

落叶乔木。树皮灰褐色，纵裂。叶片宽倒卵形，顶端短钝尖，基部窄圆，叶缘具粗锯齿或波状齿，老时叶下面中脉两侧有星状毛；叶柄极短，被长绒毛；托叶线形，长 3 毫米，宿存。壳斗杯形，包着坚果 1/2；小苞片线状披针形，红褐色，被短绒毛。坚果近球形，无毛。花期 3~4 月，果期 9 月。

产安徽、浙江、江西、湖北等地。牯牛降保护区海拔 1000 米以上近山顶处常见。为材用树种；可用于种植香菇；种子富含淀粉，可供酿酒。

杨梅 杨梅科 Myricaceae 杨梅属 *Morella*
Morella rubra Lour.

常绿乔木。树冠圆球形。叶革质，长椭圆状或楔状披针形，边缘中部以上具稀疏锯齿。雌雄异株；雄花序单独或数条丛生于叶腋，圆柱状；雌花序单生于叶腋，较雄花序短而细瘦。核果球状，外表面具乳头状凸起，外果皮肉质，多汁液及树脂，味酸甜，成熟时深红色或紫红色。4月开花，6~7月果实成熟。

产长江流域及以南各地。牯牛降保护区内山坡罕见，周边常见栽培。为江南著名水果；果入药生津止渴、和胃消食，根可理气止血、化瘀，树皮有理气散瘀、止痛、利湿等功效；叶可提取芳香油；可供绿化观赏；适宜营造防火林。

枫杨 胡桃科 Juglandaceae 枫杨属 *Pterocarya*
Pterocarya stenoptera C. DC.

大乔木。幼树树皮平滑，浅灰色，老时则深纵裂；芽具柄，密被锈褐色盾状着生的腺体。偶数羽状复叶，叶轴具翅。雄性柔荑花序单独生于去年生枝条上叶痕腋内，花序轴常有稀疏的星芒状毛；雌性柔荑花序顶生。果长椭圆形，果翅狭，条形或阔条形。花期4月，果熟期8月。

产秦岭—淮河以南地区。牯牛降保护区内海拔1000米以下的河流旁常见。广泛栽植作庭院树或行道树；树皮和枝皮含鞣质，可提取栲胶，亦可作纤维原料；果实可作饲料和酿酒；种子还可榨油。

青钱柳 胡桃科 Juglandaceae 青钱柳属 *Cyclocarya*
Cyclocarya paliurus (Batalin) Iljinsk.

乔木。树皮灰色。芽密被锈褐色盾状着生的腺体。奇数羽状复叶；叶轴密被短毛；小叶纸质；侧生小叶近对生，长椭圆状卵形，基部歪斜。雄性柔荑花序长 7~18 厘米，花序轴密被短柔毛及盾状着生的腺体；雌性柔荑花序单独顶生。果序轴长 25~30 厘米。果扁球形，中部围有水平方向的革质圆盘状翅。花期 4~5 月，果期 7~9 月。

产长江流域及以南各地。牯牛降保护区内山坡、沟谷旁偶见。树皮鞣质，可提制栲胶，亦可做纤维原料；木材细致，可作家具及工业用材；嫩叶味甜，可代茶，有降血糖、抗氧化等保健功效。

胡桃楸 胡桃科 Juglandaceae 胡桃属 *Juglans*
Juglans mandshurica Maxim.

别名：华东野核桃、野胡桃

乔木。奇数羽状复叶，叶柄及叶轴被有短柔毛或星芒状毛；小叶 9~17 片，椭圆形至长椭圆形或卵状椭圆形至长椭圆状披针形，边缘具细锯齿。雄性柔荑花序长 9~20 厘米，花序轴被短柔毛；雌性穗状花序具 4~10 雌花，柱头鲜红色。果序俯垂，通常具 5~7 果实，果序轴被短柔毛。果实球状。花期 5 月，果期 8~9 月。

产秦岭以南及山西等地。牯牛降保护区内沟谷旁、山坡偶见。种子油供食用，种仁可食；木材反张力小，不挠不裂，可作枪托、车轮、建筑等重要材料；树皮、叶及外果皮含鞣质，可提取栲胶；树皮纤维可作造纸等原料；枝、叶、皮可作农药。

化香　胡桃科 Juglandaceae　化香属 Platycarya
Platycarya strobilacea Siebold & Zucc.

落叶乔木。树皮灰色，老时不规则纵裂。小叶纸质，侧生小叶无柄，对生，小叶上方一侧较下方一侧为阔，基部歪斜，边缘有锯齿。两性花序和雄花序在小枝顶端排列成伞房状花序束，直立。果序球果状，卵状椭圆形；宿存苞片木质；果实小坚果状，背腹压扁状，两侧具狭翅。5~6月开花，7~8月果成熟。

产秦岭—淮河以南地区。牯牛降保护区内山坡、林下常见。树皮、根皮、叶和果序均含鞣质，作为提制栲胶的原料；叶可作农药；根部及老木含有芳香油；种子可榨油。

山核桃　胡桃科 Juglandaceae　山核桃属 Carya
Carya cathayensis Sarg.

乔木。树皮平滑，灰白色，光滑。复叶长有小叶5~7片；小叶边缘有细锯齿；侧生小叶具短的小叶柄或几乎无柄，对生。雄性柔荑花序3条成1束，花序轴被有柔毛及腺体；雌性穗状花序直立，花序轴密被腺体，具1~3雌花。果倒卵形，向基部渐狭，幼时具4狭翅状的纵棱，密被橙黄色腺体。4~5月开花，9月果成熟。

产浙江和安徽。牯牛降保护区周边村庄附近栽培。为著名干果及木本油料树种；果壳可制活性炭；可材用；根皮、果皮可入药，用于癣症。

亮叶桦 桦木科 Betulaceae 桦木属 *Betula*
Betula luminifera H. J. P. Winkl.

别名：光皮桦

乔木。树皮红褐色或暗黄灰色，坚密，平滑；小枝黄褐色，密被淡黄色短柔毛。叶矩圆形、宽矩圆形，顶端骤尖或呈细尾状，基部圆形，边缘具不规则的刺毛状重锯齿，叶上面仅幼时密被短柔毛，下面密生树脂腺点。雄花序 2~5 枚簇生于小枝顶端；序梗密生树脂腺体。果序长圆柱形，下垂。花期 3~4 月，果期 5 月。

产长江流域及以南地区。牯牛降保护区内沟谷、林下、林缘等地常见。可材用；树皮、叶、芽可提取芳香油和树脂；根、叶、皮可药用。

江南桤木　桦木科 Betulaceae　桤木属 Alnus
Alnus trabeculosa Hand.-Mazz.

乔木。树皮灰色或灰褐色，平滑。叶倒卵状矩圆形，顶端锐尖，基部近圆形，边缘具不规则疏细齿，上面无毛，下面具腺点，脉腋间具簇生的髯毛。果序矩圆形；果苞木质，具5枚浅裂片。小坚果宽卵形，果翅厚纸质。花期4~5月，果期8~9月。

产长江流域以南、五岭以北地区。牯牛降保护区内溪流旁常见。树皮、枝茎可药用，有利尿通淋等功效；叶有清热利湿、解毒止痒、止血等功效。

桤木　桦木科 Betulaceae　桤木属 Alnus
Alnus cremastogyne Burk.

乔木。树皮灰色，平滑。叶倒卵形，顶端骤尖或锐尖，基部楔形或微圆，边缘具几不明显而稀疏的钝齿，上面疏生腺点，下面密生腺点，几无毛。雄花序单生。果序单生于叶腋，矩圆形；序梗细瘦，柔软下垂。花期4月，果期8~9月。

产华中及云南、贵州、四川、陕西、甘肃。牯牛降保护区村庄附近作为退耕还林树种常见栽培。可用作行道树、菇木林树种；树皮、嫩枝、叶可药用，有平肝、清火、利气等功效。

川榛 桦木科 Betulaceae　榛属 *Corylus*
Corylus heterophylla var. *sutchuanensis* Franch.

落叶灌木。小枝疏被柔毛和腺毛，皮孔显著。单叶，互生；叶宽倒卵形，先端急尖或短尾尖，基部心形，边缘具不规则尖锐重锯齿，中部以上具浅裂，下面沿脉疏被毛；雄花序单生，花药红色；果单生或2~6个簇生，果苞钟状，与坚果近等长，果苞裂片边缘具疏齿。坚果近球形。花期3~4月，果期9月。

产华中、西南及江苏、安徽、江西、山东、陕西、甘肃。牯牛降保护区内林下常见。种子可食，也可榨油；可供绿化观赏。

华榛 桦木科 Betulaceae　榛属 *Corylus*
Corylus chinensis Franch.

落叶乔木。树皮纵裂；小枝、叶柄、叶背脉上密被开展长柔毛和腺毛。单叶，互生；叶片宽椭圆形，先端骤尖至短尾状，基部心形，两侧显著不对称，边缘具不规则钝锯齿。果2~8，簇生成头状，果苞管状，比果长2倍，上部缢缩，外面疏被长柔毛及腺毛，顶端具3~5深裂片，裂片通常再分叉。坚果球形。花期4~5月，果期9~10月。

产华中、西南及安徽、浙江、江西、陕西、甘肃。牯牛降剡溪河沟谷旁有分布。为优良材用树种；干果可食。

华千金榆　桦木科 Betulaceae　鹅耳枥属 Carpinus
Carpinus cordata var. *chinensis* Franch.

别名：毛千金榆

落叶乔木。树皮灰褐色；小枝灰褐色，密被长、短柔毛。单叶，互生；叶片宽卵圆形或长椭圆形，先端渐尖，基部心形，边缘具不规则刺毛状重锯齿，两面主、侧脉被长柔毛。果苞宽卵形，两侧近对称，中脉位于果苞近中央，背面脉上有毛，两侧各具3~10尖锐锯齿，外侧无裂片，内侧基部有内折、全包坚果的裂片或耳突。坚果椭球形。花期4月，果期7~8月。

产江苏、安徽、江西、湖北、湖南、四川、贵州、陕西、甘肃。牯牛降保护区内海拔800米以上林下偶见。

雷公鹅耳枥　桦木科 Betulaceae　鹅耳枥属 Carpinus
Carpinus viminea Lindl.

乔木。树皮深灰色。叶厚纸质，椭圆形，顶端尾状渐尖，基部微心形，有边缘具规则或不规则的重锯齿，侧脉12~15对。果序梗疏被短柔毛；序轴纤细；果苞内外侧基部均具裂片，近无毛；中裂片半卵状披针形至矩圆形，内侧边缘全缘，很少具疏细齿，直或微作镰形弯曲。小坚果宽卵圆形。

产长江流域以南各地。牯牛降保护区内阔叶林中常见。可供园林观赏；为材用树种。

湖北鹅耳枥 桦木科 Betulaceae 鹅耳枥属 *Carpinus*
Carpinus hupeana Hu

乔木。树皮淡灰棕色。叶厚纸质，卵状披针形，顶端锐尖或渐尖，基部圆形或微心形，边缘具重锯齿。果序梗密被长柔毛；果苞半卵形，外侧的基部无裂片，内侧的基部具耳突或边缘微内折，中裂片半宽卵形、半三角状矩圆形，内侧的边缘全缘或上部有疏生而不明显的细齿。小坚果宽卵圆形。花期4月，果期8~9月。

产华中及江苏、安徽、江西、陕西。牯牛降保护区内偶见于阔叶林中。

扶芳藤 卫矛科 Celastraceae 卫矛属 *Euonymus*
Euonymus fortunei (Turcz.) Hand.-Mazz.

常绿藤本。叶薄革质，椭圆形或长倒卵形，先端钝或急尖，基部楔形，边缘齿浅不明显，侧脉细微和小脉全不明显。聚伞花序3~4次分枝；花序梗长1.5~3厘米，小聚伞花密集，有花4~7朵；花白绿色；花盘方形。蒴果粉红色，果皮光滑，近球状，假种皮鲜红色，全包种子。花期6月，果期10月。

产秦岭—淮河以南、五岭以北地区。牯牛降保护区内低海拔地区路旁、沟谷常见。为园林中用于地被、垂直绿化的优良植物；茎叶可入药，有活血散瘀的功效，民间用于治疗肾炎、跌打损伤。

胶州卫矛
卫矛科 Celastraceae　卫矛属 *Euonymus*
Euonymus kiautschovicus Loes.

别名：胶东卫矛

常绿藤本。小枝圆柱形，常有气生根。叶片革质，宽椭圆形至长圆状倒卵形，先端急尖或钝圆，基部宽楔形或近圆形，边缘有细钝锯齿。聚伞花序腋生，二歧分枝；花黄绿色，4 数；花瓣近圆形；花盘方形；雄蕊生于花盘四角处，花丝明显。果序较密集；蒴果近球形，成熟时 4 裂，果皮淡红色至紫红色。花期 7~8 月，果期 11~12 月。

产安徽、浙江、山东、江苏。牯牛降保护区内溪流、沟谷旁偶见。果实密集，色彩艳丽，可供观赏。

冬青卫矛
卫矛科 Celastraceae　卫矛属 *Euonymus*
Euonymus japonicus Thunb.

别名：正木

灌木。小枝 4 棱，具细微皱突。叶革质，有光泽，倒卵形，基部楔形，边缘具有浅细钝齿。聚伞花序 5~12 花；花白绿色，花瓣近卵圆形，雄蕊花药长圆状，内向；子房每室 2 胚珠，着生中轴顶部。蒴果近球状，淡红色；种子每室 1，假种皮橘红色，全包种子。花期 6~7 月，果熟期 9~10 月。

原产日本，中国南北各地广泛栽培。牯牛降保护区管理站院内及周边常见栽培。枝条细密，树形优美，可作树篱。

陈谋卫矛　卫矛科 Celastraceae　卫矛属 *Euonymus*
Euonymus chenmoui W. C. Cheng

匍匐小灌木。小枝有明显 4 棱。叶薄纸质，窄长卵形，先端急尖，基部楔形，边缘有极浅锯齿，侧脉细弱，3~4 对。聚伞花序短小，1~3 花；花序梗细弱；花淡黄绿色，4 数；雄蕊无花丝，子房无花柱。蒴果圆球状，被疏短刺，果梗细短，小果梗稍长。花期 5~6 月，果期 8~10 月。

产安徽、浙江、江西。牯牛降保护区内海拔 1000 米以上的山坡、林下偶见。

大果卫矛　卫矛科 Celastraceae　卫矛属 *Euonymus*
Euonymus myrianthus Hemsl.

常绿灌木。叶革质，倒卵形，先端渐尖，基部楔形，边缘常呈波状或具明显钝锯齿，侧脉 5~7 对，与三级脉成明显网状。聚伞花序多聚生小枝上部，常数序着生新枝顶端；小花梗 4 棱；花黄色，萼片近圆形；花瓣近倒卵形；花盘四角有圆形裂片。蒴果黄色，多呈倒卵状；果序梗及小果梗等较花时稍增长，假种皮橘黄色。

产长江流域以南各地。牯牛降保护区内罕见于沟谷旁。

中华卫矛　卫矛科 Celastraceae　卫矛属 *Euonymus*
Euonymus nitidus Benth.

别名：矩圆叶卫矛

常绿小乔木。叶革质，倒卵形，先端渐尖，近全缘。聚伞花序 1~3 次分枝，3~15 朵花，花序梗及分枝均较细长；花白色或黄绿色，4 数；花瓣基部窄缩成短爪；花盘较小，4 浅裂；雄蕊无花丝。蒴果三角卵圆状，4 浅裂；果序梗长 1~3 厘米；种子阔椭圆状，棕红色，假种皮橙黄色，全包种子，上部两侧开裂。花期 3~5 月，果期 6~10 月。

产安徽、浙江、广东、福建和江西（南部）。牯牛降保护区内林下、沟谷旁常见。四季常绿，可供绿化栽培。

白杜　卫矛科 Celastraceae　卫矛属 *Euonymus*
Euonymus maackii Rupr.

别名：丝棉木

落叶小乔木。叶卵状椭圆形，先端长渐尖，基部阔楔形或近圆形，边缘具细锯齿。聚伞花序 3 至多花，花序梗略扁；花 4 数，淡白绿色或黄绿色；雄蕊花药紫红色，花丝细长。蒴果倒圆心状，4 浅裂，成熟后果皮粉红色，种皮棕黄色，假种皮橙红色，全包种子。花期 5~6 月，果期 9 月。

产除陕西、广东、广西和西南之外的其他地区。牯牛降保护区内低海拔地区近村庄的路旁偶见。四季常绿，可供绿化栽培。

西南卫矛 卫矛科 Celastraceae 卫矛属 Euonymus
Euonymus hamiltonianus Wall.

别名：鬼见愁

小乔木。枝条无栓翅，但小枝的棱上有时有 4 条极窄木栓棱。叶片卵状椭圆形或倒卵状披针形，先端急尖，基部阔楔形或钝圆，连同网脉在上面下陷，下面隆起，下面脉上具短毛。聚伞花序侧生或腋生于当年生小枝上；花 4 数，绿白色；花瓣长椭圆形；花药紫色。蒴果粉红色至紫红色。种子红棕色，具橘红色假种皮。花期 4~6 月，果期 9~11 月。

产秦岭—淮河以南各地。牯牛降保护区内海拔 800 米以上的山坡常见。

肉花卫矛 卫矛科 Celastraceae 卫矛属 Euonymus
Euonymus carnosus Hemsl.

别名：玉山卫矛

半常绿小乔木。叶对生；叶片软革质，长圆状椭圆形，先端急尖，基部阔楔形，边缘具细锯齿。聚伞花序具 5~15 花；花 4 数，白色或淡黄绿色；花萼圆盘状；花瓣近圆形；花丝极短，花药黄色。蒴果近球形，表面光洁，具明显或不明显的 4 钝棱，淡红色至紫红色。种子黑色，有红色假种皮。花期 5~6 月，果期 8~10 月。

产华东、华中及台湾、广东。牯牛降保护区内林缘、沟谷常见。秋叶与果实紫红色，艳丽，可供观赏；民间用树皮代替杜仲，可治腰膝疼痛。

卫矛 卫矛科 Celastraceae 卫矛属 *Euonymus*
Euonymus alatus (Thunb.) Siebold

别名：鬼箭羽

灌木至小乔木。小枝常具 2~4 列宽阔木栓翅。叶卵状椭圆形，边缘具细锯齿，两面光滑无毛。聚伞花序 1~3 花；花序梗长约 1 厘米；花白绿色，4 数；萼片半圆形；花瓣近圆形；雄蕊着生花盘边缘处，花丝极短。蒴果 1~4 深裂，裂瓣椭圆状，种皮褐色或浅棕色，假种皮橙红色，全包种子。花期 5~6 月，果期 7~10 月。

产除东北、新疆、青海、西藏、广东及海南以外的全国各地。牯牛降保护区内林下、沟谷常见。带栓翅的枝条入中药，叫鬼箭羽。

裂果卫矛 卫矛科 Celastraceae 卫矛属 *Euonymus*
Euonymus dielsianus Loes. ex Diels

小乔木。叶革质，窄长椭圆形或长倒卵形，先端渐尖或短长尖，近全缘，少有疏浅小锯齿，齿端常具小黑腺点。聚伞花序 1~7 花；花 4 数，黄绿色；萼片边缘具锯齿，齿端具黑色腺点；花瓣长圆形，花盘近方形；雄蕊花丝极短。蒴果 4 深裂，裂瓣卵状；种子长圆状，枣红色或黑褐色，假种皮橘红色，盔状。花期 6~7 月，果期 10~11 月。

产长江以南各地。牯牛降保护区内林下、沟谷旁偶见。

百齿卫矛　卫矛科 Celastraceae　卫矛属 *Euonymus*
Euonymus centidens H. Lév.

灌木。小枝方棱状，常有窄翅棱。叶近革质，窄长椭圆形，先端长渐尖，叶缘具密而深的尖锯齿，齿端常具黑色腺点；近无柄或有短柄。聚伞花序 1~3 花，稀较多；花序梗四棱状；花 4 数，淡黄色；萼片齿端常具黑色腺点；花瓣长圆形，花盘近方形；雄蕊无花丝。蒴果 4 深裂，成熟裂瓣 1~4，假种皮黄红色。花期 6 月，果期 9~10 月。

产云南、四川、安徽、江西、广东、广西、湖南。牯牛降保护区内林缘罕见。

垂丝卫矛　卫矛科 Celastraceae　卫矛属 *Euonymus*
Euonymus oxyphyllus Miq.

灌木。叶卵圆形或椭圆形，先端渐尖至长渐尖，基部近圆形或平截，边缘有细密锯齿。聚伞花序宽疏，花序梗 4~5 厘米，顶端 3~5 分枝，每分枝具一个三出小聚伞；花淡绿色，5 数。蒴果近球状，无翅，仅果皮背缝处常有突起棱线；果序梗细长下垂。花期 5 月，果期 9 月。

产辽宁、山东、安徽、浙江、台湾、江西和湖北。牯牛降保护区内奇峰至主峰林下偶见。

福建假卫矛

卫矛科 Celastraceae　假卫矛属 Microtropis

Microtropis fokienensis Dunn

小乔木或灌木。小枝略四棱状。叶厚纸质或近革质，窄倒卵形，先端窄急尖或近渐尖，稀短渐尖，基部渐窄或窄楔形，侧脉 4~6 对。花序短小，腋生或侧生，稀顶生，小花 3~9 朵；花基数 4~5；萼片半圆形，覆瓦排列；花瓣阔椭圆形或椭圆形；花盘环状，裂片扁阔半圆形；雄蕊短于花冠；子房卵球状，柱头 4 浅裂。蒴果椭圆形或倒卵状椭圆形。花期 2~3 月，果期 10~12 月。

产安徽、浙江、台湾、福建及江西。牯牛降保护区内溪流旁罕见。

大芽南蛇藤

卫矛科 Celastraceae　南蛇藤属 Celastrus

别名：哥兰叶

Celastrus gemmatus Loes.

落叶藤本。小枝具多数皮孔，阔椭圆形到近圆形；冬芽大，长圆锥状，长可达 12 毫米。叶长卵状椭圆形，先端渐尖，基部圆阔，近叶柄处变窄，边缘具浅锯齿。聚伞花序顶生及腋生；小花梗关节在中部以下；花瓣长方状倒卵形；花盘浅杯状；雌蕊瓶状。蒴果球状，小果梗具明显突起皮孔。花期 4~9 月，果期 8~10 月。

产秦岭—淮河以南各地。牯牛降保护区内山坡、林下常见。

短梗南蛇藤 卫矛科 Celastraceae 南蛇藤属 *Celastrus*
Celastrus rosthornianus Loes.

落叶藤本。小枝具较稀的圆形至椭圆形皮孔,腋芽圆锥状或卵状。叶纸质,长椭圆形,先端急尖或短渐尖,基部楔形或阔楔形,边缘具疏浅锯齿。花序顶生及腋生,花序梗短,小花梗关节在中部或稍下。蒴果近球状,小果梗近果处较粗。花期 4~5 月,果期 8~10 月。

产秦岭—淮河以南各地。牯牛降保护区内林下、林缘常见。茎皮纤维质量较好,根皮入药,治蛇咬伤及肿毒;树皮及叶可作农药。

灰叶南蛇藤 卫矛科 Celastraceae 南蛇藤属 *Celastrus*
Celastrus glaucophyllus Rehder & E. H. Wilson

落叶藤本。皮孔长椭圆形,较短梗南蛇藤密。叶长椭圆形,先端短渐尖,基部圆形或阔楔形,边缘具稀疏细锯齿,齿端具内曲的腺状小凸头,叶上面绿色,叶下面灰白色或苍白色。花序顶生及腋生,顶生呈总状圆锥花序。果近球状。花期 3~6 月,果期 9~10 月。

产秦岭—淮河以南、五岭以北地区。牯牛降九龙池、大洪岭等地林下偶见。

苦皮藤 卫矛科 Celastraceae 南蛇藤属 *Celastrus*
Celastrus angulatus Maxim.

藤状灌木。小枝常具 4~6 纵棱。叶大，近革质，阔椭圆形，先端圆阔，中央具尖头。聚伞圆锥花序顶生，下部分枝长于上部分枝，略呈塔锥形，花序轴及小花轴光滑或被锈色短毛；小花梗较短，关节在顶部；花瓣长方形，边缘不整齐。蒴果近球状；种子椭圆状。花期5月，果期9月。

产黄河流域及以南各地。牯牛降保护区内偶见于沟谷、林缘。树皮纤维可供造纸及人造棉原料；果皮及种子含油脂可供工业用；根皮及茎皮为杀虫剂和灭菌剂。

东南南蛇藤 卫矛科 Celastraceae 南蛇藤属 *Celastrus*
Celastrus punctatus Thunb.

别名：腺萼南蛇藤

落叶藤本。腋芽小，卵状。叶纸质或厚纸质，椭圆形，先端急尖，基部楔形，边缘具细锯齿或钝锯齿。花序通常腋生，仅雄株有顶生花序，花1~2朵或稍多成一小聚伞或疏花如总状的单歧聚伞。蒴果球状，果瓣近圆形；种子棕色或浅棕色。花期3~5月，果期6~10月。

产安徽、浙江、台湾及福建。牯牛降赤岭沟路旁等地有分布。似短梗南蛇藤，但花期叶小，约为短梗南蛇藤一半。

窄叶南蛇藤 卫矛科 Celastraceae 南蛇藤属 *Celastrus*
Celastrus oblanceifolius C. H. Wang & P. C. Tsoong

别名：倒披针叶南蛇藤

常绿藤本。小枝密被棕褐色短毛。叶革质，倒披针形，先端窄，急尖或短渐尖，基部窄楔形或楔形，边缘具疏浅锯齿，两面光滑无毛或叶下面主脉下部被淡棕色柔毛。聚伞花序腋生或侧生，1~3 花，关节在上部。蒴果球状，种子新月状。花期 3~4 月，果期 6~10 月。

产安徽、浙江、江西、湖南、福建、广东、广西等地。牯牛降降上等地林缘偶见。

永瓣藤 卫矛科 Celastraceae 永瓣藤属 *Monimopetalum*
Monimopetalum chinense Rehder

藤本灌木。小枝稍 4 棱。叶互生，纸质，卵形，先端长渐尖，基部圆形或阔楔形，边缘有浅细锯齿，锯齿端常呈纤毛状，侧脉 4~5 对。聚伞花序 2~3 次分枝；苞片和小苞片均窄卵形或锥形，边缘有长流苏状细齿；花小，淡绿色；花萼 4 浅裂；花盘圆形，雄蕊着生花盘近边缘处。蒴果 4 深裂，下有 4 片增大花被。花期 5 月，果期 7 月。

产安徽（祁门）和江西北部（景德镇）。牯牛降保护区内林下常见。

雷公藤　卫矛科 Celastraceae　雷公藤属 Tripterygium
Tripterygium wilfordii Hook. f.

别名：昆明山海棠

藤本灌木。小枝棕红色，具4细棱，被密毛及细密皮孔。叶椭圆形，先端急尖，基部阔楔形或圆形，边缘有细锯齿；叶柄密被锈色毛。圆锥聚伞花序较窄小，通常有3~5分枝，花序、分枝及小花梗均被锈色毛；花白色，花瓣长方状卵形，边缘微缺。翅果长圆状。花期5~7月，果期9~10月。

产长江以南各地。牯牛降保护区内主峰区附近有成片分布。根可入药，用于治疗类风湿性关节炎，但全株有剧毒，误食可致命，须慎用；全株可制生物农药。

秃瓣杜英　杜英科 Elaeocarpaceae　杜英属 Elaeocarpus
Elaeocarpus glabripetalus Merr.

别名：圆枝杜英

乔木。嫩枝秃净无毛，多少有棱。叶近革质，倒披针形，先端尖锐，基部变窄而下延，边缘有小钝齿。总状花序纤细，花序轴有微毛；萼片5，披针形，外面有微毛；花瓣5片，白色，雄蕊20~30枚，花丝极短，花药顶端有毛丛；花盘5裂，被毛。核果椭圆形，内果皮薄骨质。花期7月，果期9月。

产长江以南各地，各地常见栽培。牯牛降低海拔地区林缘、沟谷旁常见。树冠浓绿，四季常青，叶片凋落前变为红色，生长迅速，可供绿化观赏。

日本杜英　杜英科 Elaeocarpaceae　杜英属 *Elaeocarpus*
Elaeocarpus japonicus Siebold & Zucc.

别名：薯豆

乔木。嫩枝秃净无毛；叶芽有发亮绢毛。叶革质，通常卵形，先端尾状渐尖，基部圆钝；初时上下两面密被银灰色绢毛，很快变秃净，下面无毛，有多数细小黑腺点；边缘有疏锯齿。总状花序长3~6厘米，生于当年枝的叶腋内，花序轴有短柔毛。核果椭圆形。花期4~5月。

产中国长江以南各地。牯牛降保护区内沟谷旁常见。本种木材可制家具；也是放养香菇的理想木材。

猴欢喜　杜英科 Elaeocarpaceae　猴欢喜属 *Sloanea*
Sloanea sinensis (Hance) Hemsl.

乔木。叶薄革质，长圆形或狭倒卵形，先端短急尖，基部楔形，通常全缘，有时上半部有数个疏锯齿。花多朵簇生于枝顶叶腋；花瓣4片，白色，外侧有微毛，先端撕裂，有齿刻；雄蕊与花瓣等长。蒴果，内果皮紫红色。花期9~11月，果翌年6~7月成熟。

产长江以南各地。牯牛降保护区内见于观音堂沟谷旁。可供观赏；为纤维和材用树种。

金丝桃 藤黄科 Guttiferae 金丝桃属 Hypericum
Hypericum monogynum L.

灌木。茎红色；皮层橙褐色。叶对生，无柄或具短柄；叶片倒披针形，先端锐尖至圆形，通常具细小尖突，边缘平坦。花序具 1~15 花；苞片小，线状披针形，早落。萼片宽或狭椭圆形；花瓣金黄色，三角状倒卵形；雄蕊 5 束，每束有雄蕊 25~35 枚。蒴果宽卵珠形。花期 5~8 月，果期 8~9 月。

产黄河流域及以南各地。牯牛降保护区内广泛分布于林缘、山坡。花美丽，供观赏；果实及根供药用，果作连翘代用品，根能祛风、止咳、下乳、调经补血，并可治跌打损伤。

响叶杨 杨柳科 Salicaceae 杨属 Populus
Populus adenopoda Maxim.

乔木。树皮灰白色，光滑，中树树皮具菱形皮孔，老时纵裂。小枝被柔毛。芽圆锥形，有黏质，无毛。叶卵状圆形，基部截形或心形，边缘内曲圆锯齿，端有腺点；叶柄侧扁，顶端有 2 显著腺点。花序轴有毛。蒴果卵状长椭圆形。花期 3~4 月，果期 4~5 月。

产秦岭—淮河以南地区。牯牛降保护区内偶见于山坡、林下。速生，根萌芽性强，天然更新良好，为长江中下游重要造林树种，种子繁殖，插条、栽干不易成活；木材白色，心材微红，干燥易裂，可供建筑、器具用；纤维发达，可供造纸。

垂柳 杨柳科 Salicaceae 柳属 *Salix*
Salix babylonica L.

乔木。树皮灰黑色，不规则开裂；枝细，下垂，淡褐黄色。叶狭披针形，先端长渐尖，基部楔形两面无毛。花先叶开放，雄花有雄蕊2，基部多少有长毛，花药红黄色；苞片披针形，外面有毛；子房椭圆形，花柱短，柱头2~4深裂。蒴果带绿黄褐色。花期3~4月，果期4~5月。

产长江流域与黄河流域，全国各地广泛栽培。牯牛降保护区管理站及周边常见栽培。为优美的绿化树种；木材可供制家具；枝条可编筐；树皮含鞣质，可提制栲胶；叶可作羊饲料；为早春蜜源植物。

旱柳 杨柳科 Salicaceae 柳属 *Salix*
Salix matsudana Koidz.

乔木。树皮暗灰黑色，有裂沟，大枝斜上，小枝斜展，少量下垂枝比垂柳短。叶披针形，先端长渐尖，基部窄圆形或楔形，上面绿色，下面苍白色，有细腺锯齿缘。花序与叶同放。果序2厘米。花期4月，果期4~5月。

产东北、华北平原、西北黄土高原，西至甘肃、青海，南至淮河流域以及浙江、江苏。牯牛降保护区周边村庄附近有野生分布。为平原地区常见树种。细枝可编筐；为早春蜜源植物；生长迅速，适应性强，耐干旱、水湿、盐碱与寒冷，为固堤护岸、四旁绿化的优良树种。

银叶柳　杨柳科 Salicaceae　柳属 Salix
Salix chienii W. C. Cheng

小乔木。树干通常弯曲，树皮暗褐灰色，纵浅裂。叶长椭圆形，先端急尖，基部阔楔形，叶上面绿色，无毛或有疏毛，下面苍白色，有绢状毛，稀近无毛，边缘具细腺锯齿。花序与叶同时开放。果序长达 2~4 厘米；蒴果卵状长圆形。花期 4 月，果期 5 月。

产浙江、江西、江苏、安徽、湖北、湖南。牯牛降保护区内沟谷旁常见。为早春蜜源植物。

南川柳　杨柳科 Salicaceae　柳属 Salix
Salix rosthornii Seemen

别名：紫柳、腺柳

乔木。幼枝有毛，后无毛。叶披针形，椭圆状披针形或长圆形，先端渐尖，基部楔形，上面亮绿色，下面浅绿色，两面无毛；幼叶脉上有短柔毛，边缘有整齐的腺锯齿；叶柄上端或有腺点；托叶偏卵形，有腺锯齿，早落。花与叶同时开放。蒴果卵形。花期 3 月下旬至 4 月上旬，果期 5 月。

产秦岭—淮河以南、五岭以北区域。牯牛降保护区内路旁、溪流边常见。为早春蜜源植物。

粤柳 杨柳科 Salicaceae 柳属 *Salix*
Salix mesnyi Hance

小乔木。树皮淡黄灰色，片状剥裂。叶革质，长圆形，先端长渐尖，基部圆形或近心形，叶缘有粗腺锯齿。雄花序长 4~5 厘米；轴有密灰白色短柔毛。蒴果卵形，无毛。花期 3 月，果期 4 月。

产长江以南的东部各地。牯牛降赤岭、历溪坞等地低洼积水处常见。为早春蜜源植物。

柞木 杨柳科 Salicaceae 柞木属 *Xylosma*
Xylosma congesta (Lour.) Merr.

常绿乔木。树皮不规则片状开裂。幼枝、叶柄均具微柔毛；老树干和萌枝具棘刺，结果枝无刺。单叶，互生；叶片卵形，先端渐尖或微钝，边缘有锯齿，上面光亮。总状花序腋生，长 1~2 厘米，花梗极短；花萼 4~6，淡黄色，近圆形；花瓣缺如。浆果球形，成熟时呈黑色。花期 8~9 月，果期 10~12 月。

产长江流域以南各地。牯牛降偶见于近村庄的路旁、溪流边。叶、刺可药用；可材用；可供观赏；为蜜源植物。

山桐子   杨柳科 Salicaceae   山桐子属 *Idesia*
Idesia polycarpa Maxim.

落叶乔木。树皮淡灰色，不裂。叶薄革质，卵形，先端渐尖或尾状，基部通常心形，边缘有粗齿，齿尖有腺体，上面深绿色，下面有白粉，沿脉有疏柔毛，基出5脉；叶柄下部有2~4个紫色、扁平腺体。花单性，雌雄异株或杂性，黄绿色，有芳香，花瓣缺，排列成顶生下垂的圆锥花序。浆果成熟期紫红色。花期4~5月，果熟期10~11月。

产秦岭—淮河以南各地。牯牛降常见于观音堂、龙池坡等地的林下、沟谷旁。观果树种；蜜源植物；材用及油料树种。

山拐枣   杨柳科 Salicaceae   山拐枣属 *Poliothyrsis*
Poliothyrsis sinensis Oliv.

落叶乔木。树皮灰褐色，浅裂；小枝圆柱形，灰白色，幼时有短柔毛。叶厚纸质，卵形至卵状披针形，先端渐尖或急尖，基部圆形或心形，有2~4个圆形和紫色腺体，边缘有浅钝齿。花单性，雌雄同序，雌花在1/3的上端，2~4回的圆锥花序顶生。蒴果长圆形，3片交错分裂，稀2片或4片分裂。花期夏初，果期5~9月。

产秦岭—淮河以南各地。牯牛降保护区内偶见于沟谷旁。木材结构细密，材质优良，供家具、器具等用；花多而芳香，为蜜源植物。

油桐　大戟科 Euphorbiaceae　油桐属 Vernicia
Vernicia fordii (Hemsl.) Airy Shaw

落叶乔木。树皮灰色，近光滑。叶卵圆形，顶端短尖，基部截平至浅心形，全缘，稀1~3浅裂；叶柄与叶片近等长，顶端有2枚扁平、无柄腺体。花雌雄同株，先叶或与叶同时开放；花瓣白色，有淡红色脉纹，倒卵形。核果近球状，果皮光滑；种子3~4枚，种皮木质。花期3~4月，果期8~9月。

产秦岭—淮河以南各地。牯牛降保护区内低海拔地区近村庄处路旁、地头常见。是中国重要的工业油料植物；果皮可制活性炭或提取碳酸钾。

山麻秆　大戟科 Euphorbiaceae　山麻秆属 Alchornea
Alchornea davidii Franch.

落叶灌木。叶薄纸质，阔卵形或近圆形，顶端渐尖，基部心形，边缘具粗锯齿或具细齿，齿端具腺体，上面沿叶脉具短柔毛，下面被短柔毛，基部具斑状腺体2或4个；基出3脉；小托叶线状。雌雄异株，雄花序穗状，雌花序总状。蒴果近球形，具3圆棱。花期3~5月，果期6~7月。

产秦岭—淮河以南、五岭以北及西南山区。牯牛降保护区内偶见于溪流边、林缘等生境。茎皮纤维为制纸原料；叶可作饲料。

野梧桐 大戟科 Euphorbiaceae 野桐属 *Mallotus*
Mallotus japonicus (L. f.) Müll. Arg.

乔木。树皮褐色。嫩枝具纵棱，枝、叶柄和花序轴均密被褐色星状毛。叶互生，纸质，形状多变，卵形，顶端急尖，基部圆形，上面无毛，下面仅叶脉稀疏被星状毛或无毛，疏散橙红色腺点；基出3脉。雌雄异株，花序总状或下部常具3~5分枝。蒴果近扁球形，钝三棱状，密被有星状毛的软刺和红色腺点；种子近球形。花期4~6月，果期7~8月。

产安徽、台湾、浙江和江苏。牯牛降保护区内常见于沟谷、林缘。种子含油率达38%，可供工业原料；木材质地轻软，可作小器具用材。

白背叶 大戟科 Euphorbiaceae 野桐属 *Mallotus*
Mallotus apelta (Lour.) Müll. Arg.

别名：白背叶野桐

灌木。小枝、叶柄和花序均密被淡黄色星状柔毛和散生橙黄色颗粒状腺体。叶互生，卵形或阔卵形，边缘具疏齿，上面无毛或被疏毛，下面被灰白色星状绒毛，散生橙黄色颗粒状腺体；基部近叶柄处有褐色斑状腺体2个。雌雄异株，雄花序为开展的圆锥花序或穗状，雌花序穗状。蒴果近球形，密被灰白色星状毛的软刺。花期6~9月，果期8~11月。

产长江流域及以南地区。牯牛降保护区内常见于沟谷、林缘。茎皮可供编织；种子含油率达36%，含α-粗糠柴酸，可供制油漆或合成大环香料、杀菌剂、润滑剂等原料。

卵叶石岩枫 大戟科 Euphorbiaceae 野桐属 Mallotus

别名：杠香藤、石岩枫

Mallotus repandus var. *scabrifolius* (A. Juss.) Müll. Arg.

攀缘状落叶灌木。茎上常有分枝的枝刺；嫩枝密被暗黄色脱落性星状柔毛。叶片纸质，卵形，先端渐尖，基部心形或近截形，全缘或浅波状，基出3脉。总状花序顶生，花单性，雌雄异株。蒴果近球形，分果瓣3，无刺，密生黄色绒毛并具颗粒状腺体。花期5~6月，果期6~9月。

产华东及湖南、广东、广西、云南。牯牛降保护区内常见于沟谷、林缘。茎皮纤维可编绳。

粗糠柴 大戟科 Euphorbiaceae 野桐属 Mallotus

Mallotus philippensis (Lam.) Müll. Arg.

小乔木或灌木。小枝、嫩叶和花序均密被黄褐色短星状柔毛。叶互生，近革质，卵形，顶端渐尖，基部圆形或楔形，边近全缘，上面无毛，下面被灰黄色星状短绒毛，叶脉上具长柔毛，散生红色颗粒状腺体；基出3脉。花雌雄异株，花序总状，顶生或腋生，单生或数个簇生。蒴果扁球形，具2~3分果爿，密被红色颗粒状腺体和粉末状毛。花期4~5月，果期5~8月。

产亚洲南部和东南部。牯牛降保护区内常见于沟谷、林缘。木材淡黄色，为家具等用材；树皮可提取栲胶；种子的油可作工业用油；果实的红色颗粒状腺体有时可作染料，但有毒，不能食用。

山乌桕 大戟科 Euphorbiaceae 乌桕属 *Triadica*
Triadica cochinchinensis Lour.

乔木。叶互生，纸质，嫩时淡红色，叶片椭圆形，顶端钝或短渐尖，基部短狭或楔形，下面近缘常有数个圆形的腺体；叶柄顶端具2毗连的腺体。花单性，雌雄同株，密集成长4~9厘米的顶生总状花序，雌花生于花序轴下部。蒴果黑色，球形，分果爿脱落后中轴宿存。花期4~6月，果期7~8月。

产长江以南各地。牯牛降保护区内罕见于沟谷旁。木材可制火柴枝和茶箱；根皮及叶药用，治跌打扭伤、痈疮、毒蛇咬伤及便秘等；种子油可制肥皂。

乌桕 大戟科 Euphorbiaceae 乌桕属 *Triadica*
Triadica sebifera (L.) Small

乔木。叶互生，纸质，叶片阔卵形，顶端短渐尖，基部阔而圆，近叶柄处常向腹面微卷；叶柄顶端具2腺体。花单性，雌雄同株，聚集成顶生总状花序，雌花生于花序轴下部，雄花生于花序轴上部。蒴果近球形，成熟时黑色，外薄被白色、蜡质的假种皮。花期5~7月，果宿存。

产秦岭—淮河以南各地。牯牛降保护区内常见于低海拔地区路旁、溪流边。木材坚韧细致；叶可提取黑色染料及用于饲养柏蚕；根皮、叶可入药，有消肿解毒、利尿泻下、杀虫等功效；种子的蜡质假种皮、种子油为工业原料；耐旱耐涝，秋季叶色鲜红，观赏价值极高。

白木乌桕

大戟科 Euphorbiaceae 白木乌桕属 Neoshirakia

别名：白乳木

Neoshirakia japonica (Siebold & Zucc.) Esser

灌木。叶互生，纸质，叶卵形，顶端短尖或凸尖，基部钝，两侧常不等，全缘，叶下面中上部常于近边缘的脉上有散生的腺体；叶柄两侧薄，呈狭翅状，顶端无腺体。花单性，雌雄同株常同序，聚集成顶生。蒴果三棱状球形，分果爿脱落后无宿存中轴；种子扁球形，无蜡质假种皮，有棕褐色斑纹。花期 5~6 月。

产山东以南，四川以东各地。牯牛降保护区内偶见于沟谷旁、林下。

日本五月茶

叶下珠科 Phyllanthaceae 五月茶属 Antidesma

别名：五月茶

Antidesma japonicum Siebold & Zucc.

乔木或灌木。叶纸质至近革质，椭圆形，顶端通常尾状渐尖，有小尖头，基部楔形；侧脉每边 5~10 条，在叶上面扁平，在叶下面略凸起；叶柄被短柔毛至无毛；托叶线形，早落。总状花序顶生，不分枝或有少数分枝。核果椭圆形，紫黑色。花期 4~6 月，果期 7~9 月。

产长江以南各地。为热带及亚热带森林中常见树种。牯牛降保护区内见于观音堂林下。种子含油率达 48%，为以亚麻酸为主的油脂。

算盘子 叶下珠科 Phyllanthaceae 算盘子属 Glochidion
Glochidion puberum (L.) Hutch.

直立灌木。小枝灰褐色；小枝、叶片下面、萼片外面、子房和果实均密被短柔毛。叶片纸质，长圆形，顶端钝，基部楔形。花小，雌雄同株或异株，2~5 朵簇生于叶腋内，雄花束常着生于小枝下部，雌花束在上部。蒴果扁球状，边缘有 8~10 纵沟，成熟时带红色，种子近肾形，具 3 棱，朱红色。花期 4~8 月，果期 7~11 月。

产秦岭—淮河以南各地，西藏也有分布。牯牛降保护区内常见于低海拔地区地头、路旁。种子可榨油，含油率 20%，供制肥皂或作润滑油；根、茎、叶和果实均可药用，有活血散瘀、消肿解毒的功效；全株可提制栲胶；叶可作绿肥，置于粪池可杀蛆。

湖北算盘子 叶下珠科 Phyllanthaceae 算盘子属 Glochidion
Glochidion wilsonii Hutch.

灌木。枝条具棱，全株均无毛。叶纸质，披针形，顶端短渐尖，基部钝，上面绿色，下面带灰白色。花绿色，雌雄同株，簇生于叶腋内，雌花生于小枝上部，雄花生于小枝下部。蒴果扁球状，边缘有 6~8 条纵沟，种子近三棱形，红色。花期 4~7 月，果期 6~9 月。

产长江流域及以南各地。牯牛降保护区内常见于林下、沟谷。叶、茎及果含鞣质，可提取栲胶。

落萼叶下珠　叶下珠科 Phyllanthaceae　叶下珠属 Phyllanthus
Phyllanthus flexuosus (Siebold & Zucc.) Müll. Arg.

别名：曲折叶下珠

灌木。枝条弯曲，褐色；全株无毛。叶纸质，椭圆形，顶端渐尖或钝，基部钝至圆，下面稍带白绿色。雄花数朵和雌花1朵簇生于叶腋。蒴果浆果状，扁球形，3室，每室1枚种子，基部萼片脱落。花期4~5月，果期6~9月。

产长江流域及以南各地。牯牛降保护区内常见于路旁、林缘、沟谷等生境。根可药用，有祛风湿、小儿疳积等功效；民间常做菜园农田树篱。

青灰叶下珠　叶下珠科 Phyllanthaceae　叶下珠属 Phyllanthus
Phyllanthus glaucus Wall. ex Müll. Arg

灌木。枝条圆柱形，小枝细柔；全株无毛。叶纸质，椭圆形，顶端急尖，有小尖头，基部钝至圆，下面稍苍白色。花数朵簇生于叶腋。蒴果浆果状，紫黑色，基部有宿存的萼片。花期4~7月，果期7~10月。

产长江流域及以南各地。牯牛降保护区内见于低海拔地区近村庄的溪流边、路旁，周边百姓常栽培作树篱。根可药用，有祛风湿、小儿疳积等功效；民间常做菜园农田树篱。

叶底珠　叶下珠科 Phyllanthaceae　白饭树属 *Flueggea*
Flueggea suffruticosa (Pall.) Baill.

别名：一叶荻、一叶萩

灌木。小枝浅绿色，近圆柱形，有棱槽；全株无毛。叶纸质，椭圆形，顶端急尖至钝，基部钝至楔形，全缘，下面浅绿色；托叶卵状披针形，宿存。花小，雌雄异株，簇生于叶腋。蒴果三棱状扁球形，成熟时淡红褐色，有网纹，3片裂，基部常有宿存的萼片。花期3~8月，果期6~11月。

产除西北之外全国各地。牯牛降保护区内常见于低海拔地区的村庄、路旁、撂荒地。茎皮纤维坚韧，可作纺织原料；枝条可编制用具；根含鞣质；花和叶含一叶萩碱供药用，对中枢神经系统有兴奋作用，可治面部神经麻痹、小儿麻痹后遗症、神经衰弱、嗜睡症等；根皮煮水，外洗可治牛、马虱子为害。

重阳木　叶下珠科 Phyllanthaceae　秋枫属 *Bischofia*
Bischofia polycarpa (H. Lév) Airy Shaw

落叶乔木。树皮褐色，纵裂。三出复叶，顶生小叶较两侧大，小叶纸质，卵形，顶端突尖或短渐尖，基部圆或浅心形，边缘具钝细锯齿。花雌雄异株，春季与叶同时开放，组成总状花序，花序轴纤细而下垂。果浆果状，圆球形，成熟时褐红色。花期4~5月，果期10~11月。

产秦岭—淮河流域以南至福建和广东的北部。牯牛降见于九龙池等地，保护区周边常做行道树栽培。为材用和绿化树种；种子含油率30%，可榨油，供食用或工业用；叶、根、树皮均可药用。

紫薇　千屈菜科 Lythraceae　紫薇属 Lagerstroemia
Lagerstroemia indica L.

别名：光皮树、痒痒树

落叶小乔木。树皮平滑，灰色；枝干多扭曲，小枝纤细，具4棱，略成翅状。叶互生，纸质，椭圆形，顶端短尖，有时微凹，基部阔楔形。花淡红色或紫色、白色，常组成宽大的顶生圆锥花序；花瓣6，皱缩，具长爪。蒴果椭圆状球形，干燥时紫黑色，室背开裂；种子有翅。花期6~9月，果期9~12月。

产河北以南，云南以东的大部分区域，东北及西南地区亦多栽培。牯牛降保护区周边低海拔地区村庄、山坡偶见。花色鲜艳美丽，花期长，树皮光滑，为传统庭园观赏树；木材坚硬、耐腐，可制农具、家具、建筑；树皮、叶、花、根均可入药。

南紫薇　千屈菜科 Lythraceae　紫薇属 Lagerstroemia
Lagerstroemia subcostata Koehne

落叶乔木。树皮光滑。叶膜质，矩圆形，顶端渐尖，基部阔楔形。花小，白色或玫瑰色，组成顶生圆锥花序，花密生；花萼有棱；花瓣6，皱缩，有爪。蒴果椭圆形，3~6瓣裂；种子有翅。花期6~8月，果期7~10月。

产长江流域及以南地区，四川及青海也有分布。牯牛降观音堂、秋风岭等地偶见。花及树干美丽，可供观赏；材质坚密，可用于细木工及建筑，也可制轻轨枕木；花可药用，有祛毒消瘀的功效。

赤楠
桃金娘科 Myrtaceae　蒲桃属 *Syzygium*
Syzygium buxifolium Hook. et Arn. var. *buxifolium*

灌木或小乔木。嫩枝有棱。叶革质，阔椭圆形，先端圆或钝，基部阔楔形，侧脉多而密。聚伞花序顶生，有花数朵；花瓣4，分离，花柱与雄蕊等长。果实球形，紫红色。花期6~8月。

产长江流域及以南地区。牯牛降保护区内沟谷、山坡、林下常见。木材细致坚硬，可作工艺用材或制工具柄；果实可食或酿酒；为优良观赏植物，常作盆景材料。

轮叶赤楠
桃金娘科 Myrtaceae　蒲桃属 *Syzygium*
Syzygium buxifolium var. *verticillatum* C. Chen

别名：三叶赤楠

常绿灌木。小枝红褐色，有4~6棱。3叶轮生，稀对生；叶革质，宽椭圆形，先端圆，基部楔形，侧脉和中脉在上面通常明显凹下，边脉距叶缘宽0.5~1毫米。聚伞花序顶生，萼裂片浅波状；花瓣4，分离，花柱与雄蕊近等长。果球形，成熟时亮黑色。花期6~8月，果期10月至翌年1月。

产安徽、江西、福建、湖南、广东、广西、贵州。牯牛降保护区内沟谷、山坡、林下常见。用途同赤楠。

地菍 野牡丹科 Melastomatoideae 野牡丹属 *Melastoma*

别名：地菍、地茄

Melastoma dodecandrum Lour.

小灌木，高10~30厘米。茎匍匐上升，逐节生根，分枝多，披散，幼时被糙伏毛，以后无毛。叶片坚纸质，卵形或椭圆形，顶端急尖，基部广楔形，全缘或具密浅细锯齿。聚伞花序，顶生，有花1~3朵；花瓣淡紫红色至紫红色；子房下位，顶端具刺毛。果坛状或球状，平截，近顶端略缢缩，肉质，不开裂。花期5~7月，果期7~9月。

产长江以南各地。牯牛降保护区周边岩上等地的林缘路旁偶见。果可食，亦可酿酒；全株供药用，有涩肠止痢、舒筋活血、补血安胎、清热燥湿等作用；捣碎外敷可治疮、痈、疽、疖；根可解木薯中毒。

过路惊 野牡丹科 Melastomataceae 鸭脚茶属 *Tashiroea*

别名：中华野海棠、秀丽野海棠

Tashiroea quadrangularis (Cogn.) R. Zhou & Ying Liu

常绿小灌木。茎圆柱形，小枝略四棱形，嫩枝密被红褐色柔毛及腺毛。叶纸质，卵形至椭圆形，先端具短尖头，基部圆形至宽楔形，全缘至具细波齿，基出5脉。聚伞花序组成圆锥花序，顶生，直立；花序梗、花序轴及分枝、花萼均密被微柔毛及腺毛；花瓣粉红色、紫红色，稀白色。蒴果近球形，为宿萼所包。花期7~9月，果期10~12月。

产安徽、江西、福建、湖南、广东。牯牛降保护区内东库、历溪等地的沟谷、路旁偶见。全株可药用，有祛风利湿、活血调经的功效；花色艳丽，观赏价值高。

省沽油　省沽油科 Staphyleaceae　省沽油属 *Staphylea*
Staphylea bumalda DC.

落叶灌木。树皮紫红色或灰褐色，有纵棱。3 小叶，小叶椭圆形，先端尖尾，基部楔形或圆形，边缘有细锯齿。圆锥花序顶生，直立，花白色；萼片长椭圆形，浅黄白色，花瓣 5，白色，较萼片稍大，雄蕊 5，与花瓣略等长。蒴果膀胱状，扁平，2 室，先端 2 裂。花期 4~5 月，果期 8~9 月。

产黑龙江以南、四川以东、浙江以北的广大区域。牯牛降保护区内海拔 500 米以上的沟谷、林下常见。嫩叶可食；茎皮可制纤维；种子油可用于制造肥皂和油漆。

膀胱果　省沽油科 Staphyleaceae　省沽油属 *Staphylea*
Staphylea holocarpa Hemsl.

别名：大果省沽油

落叶灌木。幼枝平滑。3 小叶，小叶近革质，长圆状披针形，先端突渐尖，上面淡白色，边缘有硬细锯齿，侧生小叶近无柄，顶生小叶具长柄。广展的伞房花序，花白色或粉红色，叶后开放。果为 3 裂、梨形膨大的蒴果，基部狭，顶平截，种子近椭圆形，灰色，有光泽。花期 4~5 月，果期 6~8 月。

产秦岭—淮河以南地区，西藏东部也有分布。牯牛降保护区内海拔 500 米以上的沟谷、林下偶见。

野鸦椿 省沽油科 Staphyleaceae 野鸦椿属 *Euscaphis*
Euscaphis japonica (Thunb. ex Roem. & Schult.) Kanitz

落叶灌木。树皮灰褐色，具纵条纹，小枝及芽红紫色，枝叶揉碎后发出恶臭气味。叶对生，奇数羽状复叶，小叶5~9，厚纸质，长卵形或椭圆形，先端渐尖，基部钝圆，边缘具疏短锯齿，齿尖有腺体。圆锥花序顶生，花密集，黄白色。蓇葖果果皮软革质，紫红色，有纵脉纹，假种皮肉质，黑色，有光泽。花期5~6月，果期8~9月。

产除西北以外各地区。牯牛降保护区内林下、沟谷常见。可供观赏；木材可作器具用材；种子油可制皂；根及干果可入药，有祛风除湿等功效；嫩叶可作野菜食用。

中国旌节花 旌节花科 Stachyuraceae 旌节花属 *Stachyurus*   别名：旌节花、宽叶旌节花
Stachyurus chinensis Franch.

落叶灌木。树皮光滑，紫褐色或深褐色；小枝粗状，圆柱形，具淡色椭圆形皮孔。叶互生，纸质至膜质，长圆状椭圆形，先端渐尖至短尾状渐尖，基部钝圆至近心形，边缘为圆齿状锯齿。穗状花序腋生，先叶开放，无梗；花黄色。果实圆球形，近无梗，基部具花被的残留物。花期3~4月，果期5~7月。

产秦岭—淮河以南各地。牯牛降保护区内林下、沟谷常见。干燥茎髓称"小通草"，有利尿、催乳、清湿热等功效；花期早，姿态优雅，可供观赏。

瘿椒树

瘿椒树科 Tapisciaceae　瘿椒树属 *Tapiscia*

Tapiscia sinensis Rehder & E. H. Wilson

别名：银鹊树

落叶乔木。树皮灰黑色或灰白色，小枝无毛。奇数羽状复叶，小叶 5~9，狭卵形或卵形，基部心形或近心形，边缘具锯齿，两面无毛或仅下面脉腋被毛，上面绿色，下面带灰白色，密被近乳头状白粉点。圆锥花序腋生，雄花与两性花异株，花小，黄色，有香气。核果近球形或椭圆形。花期 5~6 月，果期 9~10 月。

产长江以南各地。牯牛降保护区内海拔 400 米以上的山谷、山坡与溪旁湿润肥沃的生境偶见。

黄连木

漆树科 Anacardiaceae　黄连木属 *Pistacia*

Pistacia chinensis Bunge

落叶乔木。树皮暗褐色，鳞片状剥落。奇数羽状复叶互生，小叶 5~6 对，叶轴具条纹，被微柔毛；小叶对生，纸质，披针形，先端渐尖，基部偏斜，全缘，两面沿中脉和侧脉被卷曲微柔毛或近无毛。花单性异株，先花后叶，圆锥花序腋生，雄花序排列紧密，雌花序排列疏松。核果倒卵状球形，略压扁。花期 3~4 月，果期 10~11 月。

产华东、华中、华南、西南、华北地区。牯牛降保护区内阔叶林中常见。木材鲜黄色，可提取黄色染料，材质坚硬致密，可作家具用材；种子榨油，可作润滑油或制皂；幼叶可代茶，也可腌制食用；为蜜源植物；为优良的秋季彩叶观赏树种。

南酸枣

漆树科 Anacardiaceae　南酸枣属 *Choerospondias*

Choerospondias axillaris (Roxb.) B. L. Burtt & A. W. Hill

别名：五眼果

落叶乔木。树皮灰褐色，片状剥落。奇数羽状复叶，叶轴无毛，叶柄纤细，基部略膨大；小叶膜质，卵形，先端长渐尖，基部偏斜，全缘。雄花序长4~10厘米，被微柔毛或近无毛；雌花单生于上部叶腋，较大。核果椭圆形，成熟时黄色，果核具5个小孔。

产长江以南各地，西藏也有分布。牯牛降保护区内阔叶林中常见。果可生食、制糕点或供酿酒；树形高大，优美，生长迅速，适宜做行道树；树皮和果可入药，有消炎解毒、止血止痛等功效。

盐麸木
漆树科 Anacardiaceae　盐麸木属 *Rhus*

Rhus chinensis Mill.

别名：盐肤木

落叶小乔木。小枝棕褐色，被锈色柔毛。奇数羽状复叶，小叶 3~6 对，叶轴具宽的叶状翅，叶轴和叶柄密被锈色柔毛；小叶卵形，边缘具粗锯齿，叶下面被锈色柔毛。圆锥花序宽大，多分枝。核果球形，略压扁。花期 8~9 月，果期 10 月。

产除东北、内蒙古和新疆之外的全国各地。牯牛降保护区内低海拔地区林缘、路旁、沟谷常见。本种为五倍子蚜虫寄主植物。可供鞣革、医药、塑料和墨水等工业上用；幼枝和叶可作土农药；果泡水代醋用，生食酸咸止渴；种子可榨油；根、叶、花及果均可供药用。

野漆
漆树科 Anacardiaceae　漆树属 *Toxicodendron*

Toxicodendron succedaneum (L.) Kuntze

落叶乔木。小枝粗壮，无毛，顶芽大，紫褐色，外面近无毛。奇数羽状复叶互生，常集生小枝顶端，无毛，小叶 4~7 对，全缘，两面无毛，叶下面常具白粉。圆锥花序多分枝，无毛；花黄绿色。核果大，偏斜，压扁。花期 5~6 月，果期 8~10 月。

产华北至长江以南各地。牯牛降保护区内沟谷旁常见。根、叶及果可药用，有清热解毒、散瘀生肌、止血、杀虫等功效；为秋色叶树种；中果皮之漆蜡可制蜡烛、膏药和发蜡等；树皮可提制栲胶；树干乳液可代生漆用；木材坚硬致密，可作细工用材。

木蜡树　漆树科 Anacardiaceae　漆树属 *Toxicodendron*
Toxicodendron sylvestre (Siebold & Zucc.) Kuntze

落叶乔木。幼枝和芽被黄褐色绒毛,树皮灰褐色。奇数羽状复叶互生,小叶 3~6 对,叶轴和叶柄圆柱形,密被黄褐色绒毛,叶上面中脉密被卷曲微柔毛,其余被平伏微柔毛,叶下面密被柔毛或仅脉上较密。圆锥花序密被锈色绒毛。核果极偏斜,压扁,中果皮蜡质,果核坚硬。花期 4~5 月,果期 7~8 月。

产长江流域及以南各地。牯牛降保护区内林缘、林下常见。

毛漆树　漆树科 Anacardiaceae　漆树属 *Toxicodendron*
Toxicodendron trichocarpum (Miq.) Kuntze

别名:毛果漆

落叶乔木或灌木。幼枝被黄褐色微硬毛;顶芽大,密被黄色绒毛。奇数羽伏复叶互生,小叶 4~7 对,叶轴和叶柄被黄褐色微硬毛,全缘,叶上面沿脉上被卷曲微柔毛,叶下面沿中侧脉密被黄色柔毛。圆锥花序为叶长之半,密被黄褐色微硬毛,分枝总状花序式。核果扁圆形,外果皮薄,黄色。花期 6 月,果期 7~9 月。

产贵州、湖南、湖北、江西、福建、浙江、安徽。牯牛降保护区内林缘、林下常见。

刺果毒漆藤 漆树科 Anacardiaceae 漆树属 *Toxicodendron*
Toxicodendron radicans subsp. *hispidum* (Engl.) Gillis

别名：野葛

攀缘灌木。小枝棕褐色，具条纹，幼枝被锈色柔毛。掌状3小叶；叶柄被黄色柔毛；侧生小叶长圆形，顶生小叶倒卵状椭圆形，全缘，叶上面无毛，叶下面沿脉疏被柔毛，脉腋具赤褐色髯毛。圆锥花序短，长约5厘米，被黄褐色微硬毛。核果略偏斜，斜卵形。花期5月，果期6~9月。

产福建、湖南、湖北、台湾、云南、贵州、四川。牯牛降保护区内九龙池等地山坡、林下偶见。汁液具毒性，易引起漆疮。

紫果槭 无患子科 Sapindaceae 槭属 *Acer*
Acer cordatum Pax

常绿乔木，高7~10米。树皮灰色或淡黑灰色，光滑。当年生嫩枝紫色。叶近革质，卵状长圆形，稀卵形，基部近心形，先端渐尖，除接近先端部分具稀疏的细锯齿外，其余部分全缘，无毛，主脉及侧脉4~5对；叶柄紫色或淡紫色。花3~5朵，组成长4~5厘米的伞房花序，总花梗细瘦，淡紫色，无毛；萼片5，紫色；花瓣5，淡黄白色。翅果嫩时紫色，熟时黄褐色；翅张开成钝角或近于水平。花期4月下旬，果期9月。

产长江流域及以南各地。牯牛降保护区内偶见于溪流沟谷旁。翅果嫩时紫色，秋叶紫红色，可供园林绿化观赏。

青榨槭 无患子科 Sapindaceae 槭属 Acer
Acer davidii Franch. subsp. *davidii*

落叶乔木。树皮黑褐色，纵裂成蛇皮状。叶纸质，卵形，常有尖尾，基部近心形，边缘具不整齐的钝圆齿。花黄绿色，杂性，雄花与两性花同株，成下垂的总状花序。翅果嫩时淡绿色，成熟后黄褐色，展开成钝角或几成水平。花期4月，果期9月。

产华北、华东、中南、西南各地。牯牛降保护区内阔叶林中常见。春叶淡黄绿色，秋叶先转黄色，再变红，十分美丽，可用作绿化和造林树种；为材用树种；树液含糖率2%，可于早春树液流动时采割煎制。

葛萝槭 无患子科 Sapindaceae 槭属 Acer
Acer davidii subsp. *grosseri* (Pax) P. C. de Jong

别名：小叶青皮槭

落叶乔木。树皮光滑，灰色。单叶；纸质，卵圆形，基部近心形，3裂，先端有短尖尾，边缘具重锯齿。总状花序顶生，下垂，花淡黄绿色，单性，雌雄异株，5数，与叶同时开放；子房紫色，无毛。小坚果略压扁状，两翅张开成钝角或近水平。花期4月，果期10月。

产华中及安徽、江西、四川、甘肃、陕西、河北、山西。牯牛降保护区内阔叶林中常见。用途同青榨槭。

苦条槭 无患子科 Sapindaceae 槭属 Acer
Acer tataricum subsp. *theiferum* (W. P. Fang) Y. S. Chen & P. C. de Jong

别名：苦茶槭

落叶小乔木。树皮微纵裂，灰色。单叶；薄纸质，卵形，先端锐尖或狭长锐尖，基部圆形，不裂或3~5非掌状浅裂，中裂片远较侧裂片发达，边缘呈阶梯状收缩，具不整齐的尖锐重锯齿。伞房花序顶生，长3厘米，疏生白色柔毛；花杂性，雄花与两性花同株。翅果稍压扁状，两翅张开成锐角或近直立。花期5月，果期9月。

产江苏、安徽、江西、湖北、河南、浙江。牯牛降保护区内低海拔地区林缘、溪边常见。嫩叶经炒制后可代茶，有降低血压、明目退热等功效，夏季丝织工人饮用此茶，汗水无黄色斑迹；树皮、叶和果实可提取黑色染料；种子油可供工业用。

三角槭 无患子科 Sapindaceae 槭属 Acer
Acer buergerianum Miq.

别名：三角枫

落叶乔木。树皮褐色，粗糙。叶纸质，椭圆形，浅3裂，裂片向前延伸；3出脉，稀5出脉。花多数，顶生被短柔毛的伞房花序。翅果黄褐色，中部最宽，基部狭窄，张开成锐角或近直立。花期4月，果期8月。

产华中、华东及广东、贵州。牯牛降保护区内山坡、阔叶林中偶见。为优良的秋色叶树种，既耐干旱瘠薄，又耐水湿，对土壤、气候适应性强，适作行道树、园景树、绿篱或护堤树；木材性状优良，用途广泛。

毛脉槭　无患子科 Sapindaceae　槭属 *Acer*
Acer pubinerve Rehder

别名：婺源槭

落叶乔木。树皮深灰色，平滑。小枝圆柱形，无毛。叶纸质，基部近心形，5裂，裂片卵形或长圆卵形，先端尾状锐尖，边缘除近裂片基部全缘外，其余部分均具紧贴的钝尖锯齿；叶下面叶脉有毛，基部尤密；叶柄密被淡黄色长柔毛，后渐脱落。花序圆锥状，紫色。花杂性同株，萼片紫色；花瓣白色，短于萼片。翅张开成钝角或近水平。花期4月下旬，果期10月。《安徽植物志》记载的鸡爪槭为该种的误认。

产浙江、福建、安徽和江西。牯牛降保护区内林下、沟谷常见。为嫁接红枫最常用的砧木，亦可做观赏树栽培。

鸡爪槭　无患子科 Sapindaceae　槭属 *Acer*
Acer palmatum Thunb.

落叶小乔木。树皮深灰色。当年生枝紫色或淡紫绿色。叶纸质，圆形，基部心形，5~9裂，通常7裂，裂片长圆状卵形或披针形；裂片达1/2或1/3，无毛。花杂性同株，伞房花序无毛；萼片紫色，花瓣绿色，5数。翅果嫩时紫红色，成熟时淡棕黄色；翅张开成钝角。花期5月，果期9月。

原产朝鲜和日本，中国各地广泛栽培。牯牛降保护区管理站及周边地区常见栽培。

临安槭 无患子科 Sapindaceae 槭属 *Acer*
Acer linganense W. P. Fang & P. L. Chiu

落叶小乔木。树皮深褐色。叶纸质，近圆形，基部深心形，通常9裂，边缘具紧贴的锐尖锯齿，深几达叶片中段，除脉腋被黄色丛毛外，两面均无毛；叶柄淡紫绿色，无毛。花杂性同株；萼片淡紫绿色，花瓣淡黄白色。翅果嫩时紫色，锐角至钝角。花期4~5月，果期9月。

产浙江、安徽。牯牛降保护区内海拔900米以上的山坡、山脊常见。树形优美，适宜开发为观赏树种。

稀花槭 无患子科 Sapindaceae 槭属 *Acer*
Acer pauciflorum W. P. Fang

别名：蜡枝槭、昌化槭

落叶灌木。树皮平滑，淡黄褐色。当年生枝微被淡黄色短柔毛。叶膜质，近圆形，5裂，边缘具锐尖的重锯齿，裂深达叶片的2/3，下面被淡黄色短柔毛或须毛；叶柄被卷曲的长柔毛。翅果嫩时淡紫色，后成淡黄色，伞房果序被长柔毛，每果梗上仅生一个果实；翅长圆形，张开成直角。花期3月，果期9月。

产安徽、浙江。牯牛降保护区内牯牛湖等林下及沟谷边偶见。树形优美，适宜开发为观赏树种。

秀丽槭 无患子科 Sapindaceae 槭属 Acer
Acer elegantulum W. P. Fang & P. L. Chiu

落叶乔木。中树和幼树树皮及小枝绿色，环形托叶痕明显，老树树皮深褐色。叶薄纸质，基部深心形，通常5裂，裂片先端短急锐尖，中间裂片大，基部裂片小，边缘具紧贴的细圆齿，下面脉腋被黄色丛毛。花序圆锥状，无毛。花杂性同株，萼片红紫色，无毛；花瓣淡红色，与萼片近等长。翅张开近水平。花期4月，果期9月。

产浙江、安徽和江西。牯牛降保护区内沟谷旁、林下常见。树形优美，适宜开发为观赏树种。

五角槭 无患子科 Sapindaceae 槭属 Acer
Acer pictum subsp. *mono* (Maxim.) H. Ohashi

别名：五角枫、色木槭

落叶乔木。小枝无毛。叶片扁椭圆形，常掌状5裂，稀兼有3或7裂，裂片先端锐尖或尾状锐尖，基部截形或近心形，下面无毛，或仅初时沿脉有短柔毛；叶柄无毛。花瓣黄绿色。翅果两翅张开成锐角或近钝角。花期4月，果期9~10月。

产东北、华北及长江流域各地。牯牛降保护区内阔叶林中常见。为优良色叶树种，秋叶红色或黄色，十分艳丽；嫩芽可代茶；树液含糖，可于早春树液流动时采割煎制；木材细密，用途广泛；种子油可供工业用或食用。

五裂槭　无患子科 Sapindaceae　槭属 *Acer*
Acer oliverianum Pax

落叶小乔木。树皮平滑，淡绿色或灰褐色，常被蜡粉。小枝无毛，当年生嫩枝紫绿色。叶纸质，基部浅心形近平直，5裂，边缘有紧密的细锯齿，深达叶片的1/3或1/2，幼叶两面有毛，老叶下面脉腋有丛毛。花杂性同株，伞房花序无毛；萼紫绿色，花瓣淡白色。翅果张开近水平。花期5月，果期9月。

产秦岭—淮河以南各地。牯牛降保护区内海拔1000米以上的山脊、林下偶见。用途同五角槭。

安徽槭　无患子科 Sapindaceae　槭属 *Acer*
Acer anhweiense W. P. Fang & M. Y. Fang

别名：杈叶槭

落叶小乔木。树皮平滑，淡灰褐色。叶纸质，近圆形，基部深心形，常9裂，稀7裂，各裂片长圆卵形，先端锐尖，边缘具紧贴的细锯齿，裂片中间的凹缺钝尖；下面叶脉基部被灰色短柔毛。花萼紫色，花瓣绿色，长于花萼。翅张开成钝角。花期4月，果期9月。本种在 Flora of China 中被并入了蜡枝槭（*A. ceriferum*），但二者叶形差别很大，本种叶片基部深心形，7~9裂，蜡枝槭叶片基部截型，5~7裂，不应为同一物种。

产安徽、浙江。牯牛降保护区内牯牛降主峰、秋风岭等地有分布。适宜观赏。

锐角槭 无患子科 Sapindaceae 槭属 *Acer*

Acer acutum W. P. Fang

别名：天童锐角槭

落叶小乔木。树皮灰褐色，微裂。叶纸质，基部深心形，通常7裂，幼叶常3裂或不裂；裂片阔卵形或三角形，全缘；下面嫩时被短柔毛，老时沿叶脉被长柔毛。伞房花序两性同株。翅锐角。花期4月，果期8月。

产安徽、浙江，安徽南部山区和大别山区均有分布。牯牛降保护区内沟谷旁偶见。适宜观赏。

阔叶槭 无患子科 Sapindaceae 槭属 *Acer*

Acer amplum Rehder

别名：大叶槭

落叶高大乔木。树皮深褐色，微裂。小枝圆柱形无毛，绿色带紫，托叶痕不均匀分布；冬芽近卵圆形。叶纸质，基部近心形，常掌状5裂，幼叶可3裂或不裂，裂片钝尖；叶柄基部有长毛，有乳汁。花黄绿色，杂性同株。翅果张开成钝角。花期4月，果期9月。

产江西、安徽、湖南、湖北、广东、四川、云南、贵州。牯牛降保护区内沟谷旁、阔叶林中常见。适宜观赏。

建始槭 无患子科 Sapindaceae 槭属 Acer
Acer henryi Pax

别名：三叶槭

落叶乔木。树皮浅褐色。小枝圆柱形，当年生嫩枝紫绿色，有短柔毛。叶纸质，复叶3小叶，全缘或近先端部分有稀疏的3~5个钝锯齿，小叶柄有短柔毛。穗状花序，下垂，有短柔毛，花淡绿色，单性异株。翅果张开成锐角或近直立。花期4月，果期9月。

产西北、西南、华东、华中地区。牯牛降保护区内沟谷旁、阔叶林下常见。适宜观赏。

毛果槭 无患子科 Sapindaceae 槭属 Acer
Acer nikoense Maxim.

落叶乔木。树皮灰褐色或深灰色，粗糙。小枝圆柱形，粗壮，当年生枝淡紫色，密被疏柔毛。复叶3小叶；小叶纸质或近革质，长圆状椭圆形或长圆状披针形，先端锐尖或短锐尖，边缘具很稀疏的钝锯齿，稀全缘，顶生小叶被疏柔毛，侧生小叶除沿叶脉被柔毛外其余部分无毛，下面灰绿色，被长柔毛。聚伞花序具3~5花；花杂性，萼片黄绿色。翅果黄褐色；小坚果凸起，近球形，密被短柔毛；翅略向内弯，张开成近直角或钝角。花期4月，果期9月。

产浙江西北部、安徽南部、江西北部和湖北西部。牯牛降保护区内历溪坞等地偶见。

天目槭　无患子科 Sapindaceae　槭属 Acer
Acer sinopurpurascens W. C. Cheng

落叶乔木。树皮灰色，平滑。小枝圆柱形，当年生枝紫绿色。叶纸质，基部近心形，5裂或3裂，中裂片长圆卵形，先端锐尖，全缘或具稀疏钝锯齿，嫩时两面被短柔毛，老后仅脉腋被丛毛。总状花序或伞房总状花序；花紫色，单性异株，先叶开放。小坚果有短柔毛；翅张开近直角。花期4月，果期9月。

产浙江西北部、江西北部、安徽南部。牯牛降保护区内奇峰、秋风岭等地偶见。

无患子　无患子科 Sapindaceae　无患子属 Sapindus
Sapindus saponaria L.

落叶大乔木。树皮灰褐色。叶轴稍扁，上面两侧有直槽，小叶5~8对，近对生，叶长椭圆状披针形，基部楔形，稍不对称。花序顶生，圆锥形；花瓣5，有长爪。果的发育分果爿近球形，橙黄色，干时变黑。花期6月，果期9月。

产中国东部、南部至西南地区。牯牛降保护区内阔叶林中偶见。秋叶金黄，为优良的绿化观赏树种；种子为佛教"菩提子"之一；根和果有小毒，可药用，有清热解毒、化痰止咳等功效；果皮富含皂素，可代肥皂；木材质软，可制箱板和木梳等。

黄山栾树　无患子科 Sapindaceae　栾属 Koelreuteria

Koelreuteria bipinnata var. *integrifoliola* (Merr.) T. Chen

别名：全缘叶栾树

乔木。二回羽状复叶，平展，叶轴和叶柄向轴面常有1纵行皱曲的短柔毛；小叶片9~17，互生，稀对生，纸质或薄革质，斜卵形，繁殖枝上的小叶片通常全缘，仅近顶部小叶的一侧边缘偶有锯齿。圆锥花序大型，分枝多；花瓣4，黄色。蒴果近球形，先端钝。花期6~9月，果期8~11月。

产江苏、安徽、江西、湖南、湖北、广东、广西、贵州。牯牛降保护区内山坡、沟谷偶见。高大观果植物，广泛栽培作行道树。

楝叶吴萸　芸香科 Rutaceae　吴茱萸属 Tetradium

Tetradium glabrifolium (Champ. ex Benth.) T. G. Hartley

别名：臭辣吴萸、臭辣树

乔木。树皮平滑，嫩枝紫褐色，散生小皮孔。小叶5~9，小叶斜卵形，两侧甚不对称，叶面无毛，沿中脉两侧有灰白色卷曲长毛，或在脉腋上有卷曲丛毛，叶缘波纹状或有细钝齿，叶轴及小叶柄均无毛。花序顶生，花甚多。果成熟时呈淡紫红色，4或5裂，每分果瓣有1枚种子。花期6~8月，果期8~10月。与吴茱萸的区别在于后者叶片上的油点大而显著，两面被柔毛。

产秦岭以南各地。牯牛降保护区内山坡、林缘、沟谷常见。果实入药，有温中散寒、下气止痛等功效。

吴茱萸　芸香科 Rutaceae　吴茱萸属 Tetradium
Tetradium ruticarpum (A. Juss.) T. G. Hartley

别名：少果吴茱萸

落叶小乔木。嫩枝暗紫红色，连同芽被灰黄色或红锈色绒毛，或疏短毛。小叶 5~13，卵形，叶轴下部者较小，全缘或浅波浪状，两面及叶轴被柔毛，油点大而显著。花序顶生。果暗紫红色，具球状突起油点，2~4 裂，每分果瓣有种子 1 枚。花期 6~8 月，果期 9~11 月。

产长江流域及以南各地。牯牛降保护区内沟谷、林缘常见。果可入药，有散寒止痛、降逆止呕、助阳止泻等功效。

花椒簕　芸香科 Rutaceae　花椒属 Zanthoxylum
Zanthoxylum scandens Blume

别名：藤花椒

攀缘灌木。枝干有短沟刺，叶轴上的刺较多。小叶 5~25，互生，卵状斜长圆形，全缘或上半段有细裂齿，油点不显。花序腋生或兼顶生；萼片淡紫绿色，宽卵形，花瓣淡黄绿色。分果瓣紫红色，顶端有短芒尖。花期 3~5 月，果期 7~8 月。

产长江以南各地。牯牛降保护区内沟谷旁常见。种子可榨油，供工业用。

竹叶花椒　芸香科 Rutaceae　花椒属 Zanthoxylum
Zanthoxylum armatum DC.

别名：竹叶椒

落叶灌木。茎枝多锐刺，刺基部宽而扁。复叶有小叶 3~9，叶下面中脉上有小刺，翼叶明显；小叶对生，叶缘有甚小且疏离的裂齿。花序近腋生。果紫红色，有微凸起少数油点。花期 4~5 月，果期 8~10 月。

产西藏以东、辽宁以南各地。牯牛降保护区内低海拔地区山坡、路旁常见。果实、枝、叶均可提取芳香油，入药有散寒止痛、消肿、杀虫等功效；种子含脂肪油；果皮可代花椒作调味料。

朵花椒　芸香科 Rutaceae　花椒属 Zanthoxylum
Zanthoxylum molle Rehder

落叶乔木。树皮褐黑色，嫩枝暗紫红色，茎干有鼓钉状锐刺，花序轴及枝顶部散生较多的短直刺，嫩枝的髓中空，叶轴被短毛。小叶 13~19，小叶对生，几无柄，厚纸质，阔卵形，两侧对称，全缘或有细裂齿，叶下面密被毡状绒毛，油点不显。果柄及分果瓣淡紫红色。花期 6~8 月，果期 10~11 月。

产安徽、浙江、江西、湖南、贵州。牯牛降保护区内沟谷、山坡偶见。叶、果可提取芳香油；叶、根、果壳、种子均可入药，有散寒健胃、止吐、利尿等功效。

小花花椒 芸香科 Rutaceae 花椒属 Zanthoxylum
Zanthoxylum micranthum Hemsl.

落叶乔木。植株无毛。茎干有锥形鼓钉状突起的大皮刺；木质部充实，髓甚小，有稀疏短锐刺；着花小枝及花序轴均无刺或少刺。小叶9~17，叶轴在上面常有狭窄的叶质边缘。花序顶生，花多；花被2轮排列；花瓣淡黄白色。蓇葖果淡紫红色，顶端无喙，油点小。花期7~8月，果期10~11月。

产华中及安徽、浙江、云南、贵州、四川。牯牛降保护区内山坡、沟谷罕见。

野花椒 芸香科 Rutaceae 花椒属 Zanthoxylum
Zanthoxylum simulans Hance

落叶灌木。茎干具基部锥状突起的皮刺；小枝具基部宽扁的皮刺；嫩枝无毛。小叶3~9，对生，无柄；叶轴具窄翅，无毛；小叶片卵形，全面密布油点，上面常有刚毛状细刺，两面无毛，叶缘有疏浅钝裂齿。花序顶生，黄绿色。蓇葖果成熟时呈红褐色，基部渐狭并延长，油点多，微突起。花期3~5月，果期7~9月。

产黄河以南各地。牯牛降保护区内低海拔地区山坡、林缘、路旁常见。果、叶、根可入药，有散寒健胃、止吐、利尿等功效，又可提取芳香油及脂肪油；叶及果实可作食品调味料。

青花椒 芸香科 Rutaceae 花椒属 Zanthoxylum
Zanthoxylum schinifolium Siebold & Zucc.

别名：崖椒

灌木或攀缘状。茎枝有短刺，刺基部两侧压扁状，嫩枝暗紫红色。小叶7~19，对生，几无柄，宽卵形至披针形，油点多或不明显，叶缘有细裂齿或近于全缘。花序顶生，淡黄白色。分果瓣红褐色。花期7~9月，果期9~12月。

产五岭以北、辽宁以南大多数地区。牯牛降保护区内低海拔地区路旁常见，沟谷林下也有分布。果可提取芳香油；种子可榨油；根、叶、果实可入药，有散寒解毒、健胃消食等功效；果实可做调味料，为花椒代用品。

臭常山 芸香科 Rutaceae 臭常山属 Orixa
Orixa japonica Thunb.

灌木。树皮灰褐色，幼嫩部分被短柔毛，枝、叶有腥臭气味，嫩枝暗紫红色，髓中空。叶薄纸质，全缘或上半段有细钝裂齿，嫩叶下面被疏或密长柔毛，叶上面中脉及侧脉被短毛。成熟分果瓣阔椭圆形。花期4~5月，果期9~11月。

产伏牛山以南、五岭以北、云南以东各地。牯牛降保护区内沟谷旁偶见。根可入药，有清热解毒等功效。

茵芋 芸香科 Rutaceae 茵芋属 *Skimmia*
Skimmia reevesiana (Fortune) Fortune

别名：山桂花

灌木。小枝常中空，皮淡灰绿色，光滑。叶有香气，革质，集生于枝上部，叶片椭圆形，顶部短尖，基部楔形，叶上面中脉稍凸起。花序轴及花梗均被短细毛，花芳香，淡黄白色，顶生圆锥花序，花密集，花梗甚短。果圆形或倒卵形。花期 3~5 月，果期 9~11 月。

产中国北纬约 30°以南各地。牯牛降保护区内九龙池等地近山顶的沟谷有分布。叶有毒，可入药，有祛风除湿等功效。

枳 芸香科 Rutaceae 柑橘属 *Citrus*
Citrus trifoliata L.

别名：枸橘

小乔木。枝绿色，嫩枝扁，有纵棱，刺长达 4 厘米，基部扁平。叶柄有狭长的翼叶，常指状三出叶。花单朵或成对腋生，先叶开放。果近圆球形，果皮暗黄色，粗糙，瓤囊 6~8 瓣，甚酸且苦，带涩味，有种子 20~50 枚。花期 5~6 月，果期 10~11 月。

产山东、河南、山西、甘肃以南各地。牯牛降保护区低海拔地区林缘地畔偶见，逸生或作树篱栽培。

柚 芸香科 Rutaceae 柑橘属 *Citrus*
Citrus maxima (Burm.) Merr.

乔木。嫩枝、叶背、花梗、花萼及子房均被柔毛，嫩叶通常暗紫红色，嫩枝扁且有棱。叶阔卵形，翼叶长2~4厘米。总状花序，有时兼有腋生单花。果圆球形或梨形，直径10厘米以上。花期4~5月，果期9~12月。

产长江以南各地，最北见于河南信阳及南阳一带，全为栽培。牯牛降保护区周边村庄偶见栽培。为中国著名水果之一。

柑橘 芸香科 Rutaceae 柑橘属 *Citrus*
Citrus reticulata Blanco

小乔木。分枝多，枝刺较少。单身复叶；叶片椭圆状披针形，顶端常凹缺，叶缘上半段常有钝或圆裂齿，稀全缘；翼叶通常狭窄或仅有痕迹。花单生或2朵、3朵簇生。果形多种，通常扁球形至近球形；果心大而常空，稀充实，瓤囊7~14瓣。花期4~5月，果期10~12月。

原产中国南方地区，现秦岭—淮河以南广大地区均有栽培。牯牛降保护区周边村庄附近常见栽培。为中国著名水果之一；果皮入药称"陈皮"，有理气、化痰、和胃等功效；叶能疏肝行气、消肿散毒；核能理气、散结、止痛；橘络能通络化痰。

苦木 苦木科 Simaroubaceae 苦木属 *Picrasma*
Picrasma quassioides (D. Don) Benn.

别名：苦树

落叶乔木。树皮紫黑色，平滑，有灰色斑纹，全株有苦味。叶互生，奇数羽状复叶，卵状披针形，边缘具不整齐的粗锯齿。花雌雄异株，组成腋生复聚伞花序，花序轴密被黄褐色微柔毛。核果成熟后蓝绿色，萼宿存。花期 4~5 月，果期 6~9 月。

产黄河流域及其以南各地。牯牛降保护区内山坡、沟谷常见。根、茎干及枝皮极苦，有毒，可入药，有清热燥湿、解毒、杀虫等功效；也可制植物源农药；木材供制器具。

臭椿 苦木科 Simaroubaceae 臭椿属 *Ailanthus*
Ailanthus altissima (Mill.) Swingle

别名：樗

落叶乔木。树皮平滑有直纹；嫩枝有髓，幼时被黄色或黄褐色柔毛，后脱落。奇数羽状复叶，小叶 13~27；小叶对生，基部偏斜，两侧各具 1 或 2 个粗锯齿，齿背有腺体 1 个，柔碎后具臭味。圆锥花序长 10~30 厘米；花淡绿色。翅果长椭圆形，种子位于翅的中间，扁圆形。花期 4~5 月，果期 8~10 月。

产除黑龙江、吉林、新疆、青海、宁夏、甘肃和海南之外的全国各地。牯牛降保护区内村庄周围常见。耐干旱及盐碱，为工矿区和石灰岩地区的优良绿化树种；树皮、根皮、果实均可入药，有清热利湿、收敛止痢等功效；叶可饲养椿蚕；种子可供榨油。

红椿

楝科 Meliaceae　香椿属 *Toona*

Toona ciliata Roem.

别名：毛红椿

大乔木。小枝初被柔毛，渐变无毛。偶数或奇数羽状复叶，小叶 7~8 对，对生，先端尾状渐尖，基部一侧圆形，另一侧楔形，不等，边全缘。圆锥花序顶生；花瓣 5，白色。蒴果长椭圆形，木质，干后紫褐色，有苍白色皮孔。花期 4~6 月，果期 10~12 月。

产安徽（南部）、江西、福建、湖南、广东、广西、四川和云南等地。牯牛降保护区内沟谷林中零星分布。木材赤褐色，纹理通直、质软、耐腐，适宜建筑、车舟、茶箱、家具、雕刻等用材；树皮含单宁，可提制栲胶。

香椿

楝科 Meliaceae　香椿属 *Toona*

Toona sinensis (A. Juss.) Roem.

乔木。树皮粗糙，深褐色，片状脱落。叶具长柄，偶数羽状复叶，小叶 16~20，对生或互生，卵状披针形，先端尾尖，基部一侧圆形，另一侧楔形，不对称，边全缘或有疏离的小锯齿，两面均无毛。圆锥花序与叶等长或更长，被稀疏的锈色短柔毛。蒴果狭椭圆形，深褐色，有小而苍白色的皮孔。花期 6~8 月，果期 10~12 月。

产华北、华东、中部、南部和西南部各地。牯牛降保护区内阔叶林中及村庄旁常见。幼嫩芽和叶可作蔬菜食用；树皮、根皮、叶和果实均可入药；种子可榨油，供食用或制漆、制皂等；木材耐腐，材色美丽，可供各种用材。

楝

楝科 Meliaceae　**楝属** *Melia*

Melia azedarach L.

别名：苦楝

落叶乔木。树皮灰褐色，纵裂。分枝广展，小枝有叶痕。2~3 回奇数羽状复叶，小叶对生，卵形，先端短渐尖，基部楔形或宽楔形，多少偏斜，边缘有钝锯齿。圆锥花序约与叶等长，花芳香；花瓣淡紫色，倒卵状匙形。核果球形至椭圆形，每室有种子 1 枚。花期 4~5 月，果期 10~12 月。

产黄河以南各地。牯牛降保护区内低海拔地区林缘、沟谷、路旁常见。树皮、根皮、叶和果实均可药用，有驱虫、止痛、收敛等功效；也可制植物源农药；花美丽芳香，果长挂枝头，可供观赏。

糯米椴

锦葵科 Malvaceae　**椴属** *Tilia*

Tilia henryana var. *subglabra* V. Engl.

别名：光叶糯米椴、秃糯米椴

乔木。小枝初有星状毛，后几脱净。叶近圆形，先端短渐尖，基部斜心形或截形，边缘具粗锯齿 10 枚以上，齿端具芒，初时上面被短柔毛，下面被星状毛，后渐脱净，脉腋有簇毛。聚伞花序具花 20 朵以上；苞片长圆状条形，近中部以下与花序梗结合。果实卵球形，被短柔毛，成熟时不开裂，具 5 棱脊。花期 6~7 月，果期 8~10 月。

产江苏、安徽、江西。牯牛降保护区内沟谷旁、阔叶林中偶见。花和嫩叶可代茶；为材用树种及纤维、蜜源植物。

华东椴 锦葵科 Malvaceae 椴属 Tilia
Tilia japonica (Miq.) Simonk.

别名：日本椴

乔木。叶革质，圆形，先端急锐尖，基部心形，常不斜，罕截形，上面无毛，下面脉腋有毛丛，边缘有尖锐细锯齿。聚伞花序有花6~16朵或更多；苞片下半部与花序柄合生。果卵圆形，无棱突，密被灰褐色短星状毛，成熟时不开裂。花期6~7月，果期8~10月。

产山东、安徽、江苏、浙江。牯牛降保护区内海拔600米以上的阔叶林中偶见。蜜源植物。

粉椴 锦葵科 Malvaceae 椴属 Tilia
Tilia oliveri Szyszyl.

别名：鄂椴、白背椴

乔木。树皮灰白色；嫩枝通常无毛，顶芽秃净。叶卵形，先端急锐尖，基部斜心形，上面无毛，下面被白色星状茸毛，边缘密生细锯齿。聚伞花序有花6~15朵，下部与苞片合生。果实椭圆形，被毛，有棱或仅在下半部有棱突。花期7~8月，果期9~10月。似南京椴（*T. miqueliana*），但本种枝无毛，叶下面毛被为白色。

产甘肃、陕西、四川、湖北、湖南、江西、浙江、安徽。牯牛降保护区内海拔700米以上的沟谷、阔叶林中偶见。蜜源植物。

白毛椴　锦葵科 Malvaceae　椴属 Tilia
Tilia endochrysea Hand.-Mazz.

别名：浆果椴

乔木。嫩枝无毛或有微毛，顶芽秃净。叶阔卵形，先端渐尖或锐尖，基部斜心形或截形，上面无毛，下面被灰色或灰白色星状茸毛，有时变秃净，边缘有疏齿。聚伞花序近秃净，花柄有星状柔毛，苞片与花序柄部分合生。果球形，具5条贯顶的脊棱，5片裂开。花期7~8月，果期8~10月。

产广西（北部）、广东（北部）、湖南、江西、福建、浙江、安徽（南部）。牯牛降保护区内山坡、溪边、沟谷旁偶见。蜜源植物。

短毛椴　锦葵科 Malvaceae　椴属 Tilia
Tilia chingiana Hu & W. C. Cheng

别名：庐山椴

乔木。树皮灰色，平滑；嫩枝无毛或初时略有微毛，顶芽略有短柔毛。叶阔卵形，先端渐，基部斜截形至心形，上面无毛，下面被点状短星状毛，后仅在脉腋内有毛丛，边缘有锯齿。聚伞花序有花4~10朵；苞片狭窄倒披针形，中部以下与花序柄合生，无柄或具短柄。果实球形，被星状柔毛，有小突起。花期6~7月。

产安徽、江苏、浙江及江西。牯牛降保护区内海拔600m以上的山坡、沟谷溪边阔叶林中偶见。蜜源植物。

扁担杆
锦葵科 Malvaceae　扁担杆属 *Grewia*
Grewia biloba G. Don

灌木至小乔木。嫩枝被粗毛。叶倒卵状椭圆形，先端锐尖，基部楔形或钝，两面有稀疏星状粗毛，基生三出脉，边缘有细锯齿；叶柄被粗毛；托叶钻形。聚伞花序腋生，多花。核果红色，有2~4颗分核。花期5~7月，果期7~9月。

产江西、湖南、浙江、广东、台湾、安徽、四川等地。牯牛降保护区内林缘、山坡、路旁常见。为纤维植物；枝、叶可药用，有健脾、养血、祛风湿等功效。

梧桐
锦葵科 Malvaceae　梧桐属 *Firmiana*
Firmiana simplex (L.) W. Wight

别名：中国梧桐、青桐

落叶乔木。树皮青绿色，平滑。叶心形，掌状3~5裂，顶端渐尖，基部心形，两面均无毛，基生七出脉，叶柄与叶片等长。圆锥花序顶生，花淡黄绿色；萼5，条形，向外卷曲，被淡黄色短柔毛。蓇葖果膜质，有柄，成熟前开裂成叶状，每蓇葖果有种子2~4枚。花期6月，果期10~11月。

产中国南北各地，亦多栽培。牯牛降保护区内村庄附近、路旁常见。可供观赏；茎皮为纤维原料；为蜜源植物；种子可炒食或榨油；枝、叶、花、果和种子均可药用，有清热解毒、祛湿健脾等功效；木材刨片浸出的黏液称"刨花"，可润发。

光叶荑花 瑞香科 Thymelaeaceae 荛花属 Wikstroemia
Wikstroemia glabra W. C. Cheng

别名：光洁荛花

灌木。小枝具棱角，绿色，无毛，二年生枝黑紫色。叶膜质，互生，卵形，先端钝，有时凹缺，基部楔形，全缘，略反卷。花白色，通常5花组成头状花序。核果卵圆形，微带红色。花期4~5月，果期8~9月。

产安徽、浙江、四川。牯牛降保护区内山坡、灌丛偶见。茎皮含纤维素29.23%，可制高级文化用纸。

安徽荛花 瑞香科 Thymelaeaceae 荛花属 Wikstroemia
Wikstroemia anhuiensis D. C. Zhang & X. P. Zhang

灌木，高约60厘米。小枝深紫色，细弱无毛。叶对生，膜质，椭圆形。花黄绿色，4~6朵，呈短顶生总状花序，花序梗和花梗均无毛；花萼管圆筒形，下部膨大，无毛。核果成熟时呈黄褐色，疏被伏毛。花期4~5月，果期7~9月。

产安徽、浙江。牯牛降保护区内龙池坡等地林缘、山坡偶见。

多毛荛花 瑞香科 Thymelaeaceae 荛花属 Wikstroemia
Wikstroemia pilosa W. C. Cheng

别名：毛花荛花

灌木。当年生枝纤细，圆柱形，被长柔毛，越年生枝黄色，变为无毛。叶膜质，对生，卵形，先端尖，基部宽楔形，边缘稍反卷，上面暗绿色，下面粉绿色，两面被长柔毛。总状花序顶生或腋生，密被疏柔毛；花黄色，具短梗。果红色。花期6~8月，果期12月至翌年3月。

产浙江、安徽、江西、湖南。牯牛降保护区内林下、山坡常见。

荛花 瑞香科 Thymelaeaceae 瑞香属 Daphne
Daphne genkwa Siebold & Zucc.

落叶灌木，高0.3~1米。多分枝；皮褐色，无毛；幼枝黄绿色或紫褐色，密被淡黄色丝状柔毛，老枝紫褐色或紫红色，无毛。叶对生，稀互生，纸质，卵形，边缘全缘。花先叶开放，淡紫蓝色，无香味，常3~6朵簇生于叶腋或侧生。果肉质，白色，椭圆形。花期3~5月，果期6~7月。

产甘肃、山西、山东一线以南，五岭以北区域，台湾也有分布。牯牛降保护区内低海拔地区山坡、草丛、地头常见。茎皮纤维为优质纸和人造棉的原料；干燥花蕾能泻下逐饮、祛痰、解毒；根皮有活血止痛、消肿解毒的功效；根有驱蛔虫的作用；全株有毒，须慎用。

毛瑞香 瑞香科 Thymelaeaceae 瑞香属 *Daphne*
Daphne kiusiana var. *atrocaulis* (Rehder) F. Maek.

别名：白瑞香

常绿灌木。枝紫褐色或紫黑色，无毛。叶互生，有时簇生于枝端；叶片皮革质，椭圆形至倒披针形，先端短尖至渐尖或钝头，基部楔形，全缘，微反卷。花芳香，5~13朵簇生成稠密的顶生头状花序；花序梗几无；花萼白色，萼筒管状。核果卵状椭球形，红色。花期3~4月，果期8~9月。

产华东、华中、华南及四川等地。牯牛降保护区内大演等地的林缘、路旁常见。茎皮纤维可供造纸和人造棉；花可提取芳香油；根及茎皮可入药，有活血消肿、利咽的功效；花色洁白，香气宜人，可供观赏。

结香 瑞香科 Thymelaeaceae 瑞香属 *Daphne*
Edgeworthia chrysantha Lindl.

别名：打结树、三桠

落叶灌木。小枝粗壮，棕红色，常3叉分枝，韧性强，打结后仍能生长；幼枝、花序梗、花萼筒外均被白色绢状柔毛。叶互生，簇生枝端；叶纸质，长椭圆形，基部楔形下延，全缘。头状花序顶生或腋生，由30~50花组成半球状；花序梗粗短，下弯。果卵形。花期2~3月，果期9月。

产福建、江西、河南、湖南、广东、广西、贵州、云南。安徽山区常见栽培。牯牛降保护区祁门站及周边村庄附近常见栽培。树皮为制作特用纸和人造棉的高级原料；根、叶、花均可入药，能舒筋活络、润肺益肾；树形优美，花繁叶茂，可供观赏。

米面蓊
檀香科 Santalaceae　米面蓊属 *Buckleya*

Buckleya henryi Diels

灌木。茎直立。叶薄膜质，近无柄，顶端尾状渐尖，基部楔形或狭楔形，全缘。雄花序顶生和腋生；雄花浅黄棕色；雌花单一，顶生或腋生。核果椭圆状，直径约1厘米，宿存苞片叶状。花期6月，果期9~10月。

产秦岭—淮河以南、五岭以北的区域。牯牛降保护区内阔叶林下偶见。果含淀粉，盐渍后可食用；鲜叶有毒，外用可治皮肤瘙痒；根入药可治痈疽、无名肿毒；树皮有毒，碎片对人体皮肤有刺激作用。

槲寄生
檀香科 Santalaceae　槲寄生属 *Viscum*

Viscum coloratum (Kom.) Nakai

寄生木本。茎、枝均圆柱状，2歧或3歧，节稍膨大。叶对生，稀3枚轮生，厚革质，顶端圆形或圆钝，基部渐狭。雌雄异株；花序顶生或腋生于茎叉状分枝处；雄花序聚伞状，雌花序聚伞式穗状。果球形，具宿存花柱，成熟时淡黄色或橙红色，果皮平滑。花期4~5月，果期9~11月。

产除新疆、西藏、云南、广东以外大部分地区。牯牛降保护区内秋浦河旁常见，多寄生于枫杨树上。全株可入药，有祛风湿、降血压、补肝肾、强筋骨、安胎、催乳等功效。

锈毛钝果寄生

桑寄生科 Loranthaceae　钝果寄生属 *Taxillus*

Taxillus levinei (Merr.) H. S. Kiu

寄生木本。嫩枝、叶、花序和花均密被锈色星状毛；小枝灰褐色无毛。叶互生，革质，卵形，顶端圆钝，基部近圆形，上面无毛，下面被绒毛。伞形花序，1~2个腋生或生于小枝已落叶腋部；花红色，花托卵球形，副萼环状，稍内卷。果卵球形，两端圆钝，黄色，果皮具颗粒状体，被星状毛。花期9~12月，果期翌年4~5月。

产云南（东南部）、广西、广东、湖南、湖北、江西、安徽、浙江、福建。牯牛降保护区内溪流旁偶见，多寄生于小叶栎上。全株可入药，有祛风除湿、通经行气及降血压等功效。

青皮木

铁青树科 Olacaceae　青皮木属 *Schoepfia*

Schoepfia jasminodora Siebold & Zucc.

落叶小乔木或灌木。树皮灰褐色；具短枝，新枝嫩时红色。叶纸质，卵形，顶端近尾状或长尖，基部圆形；侧脉略呈红色；叶柄红色。花无梗，3~9朵排成穗状花序状的螺旋状聚伞花序；花萼筒杯状，花冠钟形，白色或浅黄色。果椭圆状，成熟时几全部为增大成壶状的花萼筒所包围。花叶同放。花期3~5月，果期4~6月。

产秦岭以南地区。牯牛降保护区内沟谷旁、林下偶见。果实由红转黑，甚为艳丽，可供园林观赏；根及树皮可药用，有祛风除湿、散瘀止痛的功效。

蓝果树

蓝果树科 Nyssaceae　蓝果树属 *Nyssa*

Nyssa sinensis Oliv.

别名：紫树

落叶乔木。树皮淡褐色，粗糙，裂成薄片脱落。叶纸质，互生，椭圆形，边缘略呈浅波状。花序伞形或短总状；花单性；雄花着生于叶已脱落的老枝上，雌花生于具叶的幼枝上，花瓣鳞片状，花盘垫状。核果矩圆状椭圆形，成熟时深蓝色。花期4月下旬，果期9月。

产长江流域及以南各地。牯牛降保护区内双河口、九龙池等地沟谷旁偶见。木材坚硬，可供枕木、建筑及家具用；生长迅速，宜山区造林；秋叶红艳，为优良的秋色叶树种；果可食。

喜树

蓝果树科 Nyssaceae　喜树属 *Camptotheca*

Camptotheca acuminata Decne.

别名：旱莲木

落叶乔木。树皮灰色，纵裂成浅沟状。叶互生，纸质，矩圆状卵形，顶端短锐尖，基部近圆形，全缘。头状花序球形，通常上部为雌花序，下部为雄花序。翅果矩圆形，两侧具窄翅，着生成近球形的头状果序。花期5~7月，果期9月。

产长江以南各地。牯牛降保护区内村庄附近的山坡偶见栽培。全株可入药，供制抗癌药物；树姿端直，生长迅速，供园林绿化或作行道树；根系发达，可营造防风林。

钻地风 绣球科 Hydrangeaceae 钻地风属 *Schizophragma*
Schizophragma integrifolium Oliv. var. *integrifolium*

木质藤本。小枝褐色，无毛，具细条纹。叶纸质，椭圆形，先端渐尖，基部阔楔形、圆形至浅心形，边全缘或上部或多或少具仅有硬尖头的小齿。伞房状聚伞花序密被褐色短柔毛。不育花萼片单生，黄白色；孕性花萼筒陀螺状。蒴果钟状。花期 6~7 月，果期 10~11 月。

产长江流域及以南各地。牯牛降保护区内沟谷乱石堆中常见。根、藤可药用，有祛风活血、舒筋、清热解毒等功效。

粉绿钻地风 绣球科 Hydrangeaceae 钻地风属 *Schizophragma*
Schizophragma integrifolium var. *glaucescens* Rehder

本变种与原变种的主要区别在于叶片下面呈粉绿色，脉腋间常有髯毛。

产西南、华南、华中和华东等地区。生于山谷密林、山坡林缘或山顶疏林下，常攀缘于乔木或石壁上。牯牛降奇峰等地的沟谷乱石中偶见。用途同原种。

圆锥绣球　绣球科 Hydrangeaceae　绣球属 *Hydrangea*
Hydrangea paniculata Siebold

灌木。枝暗红褐色或灰褐色，初时被疏柔毛，后变无毛。叶纸质，对生或3叶轮生，卵形，先端渐尖，基部圆形，边缘有密集稍内弯的小锯齿。圆锥状聚伞花序尖塔形，不育花较多，白色；萼片4，不等大；孕性花萼筒陀螺状。花期7~8月，果期10~11月。

产西北（甘肃）、华东、华中、华南、西南等地区。牯牛降保护区内沟谷旁至山顶悬崖均有分布。根可药用，有清热抗疟的功效；树皮含黏液，可作糊料；也可栽培供观赏。

中国绣球　绣球科 Hydrangeaceae　绣球属 *Hydrangea*　　别名：伞形绣球
Hydrangea chinensis Maxim.

灌木。叶薄纸质，长圆形，先端渐尖，基部楔形。伞房聚伞花序顶生，不育花萼3~4，白色、黄绿色或带紫色；孕性花萼筒杯状；花瓣黄色。蒴果卵球形。花期5~6月，果期9~10月。

产长江流域及以南各地。牯牛降保护区内林下、沟谷常见。

蜡莲绣球 绣球科 Hydrangeaceae 绣球属 *Hydrangea*
Hydrangea strigosa Rehder

别名：腊莲绣球

灌木。小枝褐色，常四棱形，密被棕黄色短糙伏毛。叶片纸质，椭圆形，先端长渐尖或急尖，基部阔楔形或圆形，边缘具不规则重锯齿，叶下面密被灰白色短柔毛。伞房花序密被褐黄色短粗毛；不孕花萼片4；孕性花萼筒杯状。蒴果杯状，先端截形，花柱宿存。花果期7~11月。

产西南地区及长江以南各地。牯牛降保护区内奇峰、龙池坡等地的沟谷旁偶见。全株可入药，有清热解毒的功效；可栽培供观赏。

冠盖绣球 绣球科 Hydrangeaceae 绣球属 *Hydrangea*
Hydrangea anomala D. Don

木质攀缘藤本。小枝粗壮，淡灰褐色，无毛，树皮薄而疏松，老后呈片状剥落。叶纸质，椭圆形，先端渐尖，基部楔形、近圆形或浅心形，边缘有密而小的锯齿，下面脉腋间常具髯毛。伞房状聚伞花序较大，结果时直径达30厘米，顶端弯拱，初时花序轴及分枝密被短柔毛，后其下部的毛逐渐脱落；不育花萼片4；花瓣连合成一冠盖状花冠，花后整个冠盖立即脱落；雄蕊9~18枚，近等长，花药小，近圆形；子房下位，花柱2，少有3，果时外反。蒴果坛状，顶端截平。花期5~6月，果期9~10月。

产甘肃大别山一线以南各地。牯牛降保护区内沟谷大岩石上偶见攀附。叶可入药，有清热抗疟作用。

冠盖藤 绣球科 Hydrangeaceae 冠盖藤属 *Pileostegia*
Pileostegia viburnoides Hook. f. & Thoms.

常绿攀缘状灌木。小枝圆柱形，无毛。叶对生，薄革质，椭圆状倒披针形，先端渐尖，边全缘或稍波状，常稍背卷。伞房状圆锥花序顶生，无毛或稍被锈褐色微柔毛；花白色。蒴果圆锥形。花期 7~8 月，果期 9~12 月。

产长江流域及以南各地，云南、贵州也有分布。牯牛降保护区内溪流沟谷岩石上常见攀附。根、老茎、花、叶等可药用，有活血散瘀的功效。

黄山溲疏 绣球科 Hydrangeaceae 溲疏属 *Deutzia*
Deutzia glauca Kom.

灌木。老枝黄绿色或褐色，表皮缓慢脱落，无毛。花枝灰褐色无毛。叶纸质，卵状长圆形，先端急尖，基部楔形，边缘具细锯齿，上面疏被星状毛，下面无毛。圆锥花序具多花，无毛；萼筒杯状；花瓣白色。蒴果半球形。花期 5~6 月，果期 8~9 月。

产安徽、河南、湖北、浙江、江西。牯牛降保护区内沟谷旁常见。可栽培供观赏。

齿叶溲疏 绣球科 Hydrangeaceae 溲疏属 Deutzia
Deutzia crenata Siebold & Zucc.

别名：圆齿溲疏

落叶灌木。小枝红褐色，疏生淡黄色星状毛。叶纸质，卵形，先端急尖或渐尖，边缘具细锯齿，上面疏生星状毛，下面被星状毛，叶下面绿色。圆锥花序被星状毛；花萼密被锈色星状毛；花瓣白色。蒴果近球形，被星状毛。花果期5~8月。

产江苏、安徽、江西、湖北、贵州等地。牯牛降保护区内沟谷旁常见。可供观赏及药用。

宁波溲疏 绣球科 Hydrangeaceae 溲疏属 Deutzia
Deutzia ningpoensis Rehder

灌木。老枝灰褐色，无毛，表皮常脱落；花枝具6叶，红褐色，被星状毛。叶厚纸质，卵状长圆形，先端渐尖，基部圆形或阔楔形，边缘具疏离锯齿或近全缘，上面绿色，下面灰白色，密被辐射星状毛。聚伞状圆锥花序，多花，疏被银色星状毛；萼筒杯状；花瓣白色。蒴果半球形，密被星状毛。花期5~7月，果期9~10月。

产陕西、安徽、湖北、江西、福建、浙江。牯牛降保护区内沟谷旁常见。可用作观赏树种；根、叶可入药，有退热利尿、杀虫、接骨等功效。

疏花山梅花 绣球科 Hydrangeaceae 山梅花属 *Philadelphus*
Philadelphus laxiflorus Rehder

灌木。二年生小枝灰棕色，表皮薄片状脱落，当年生小枝褐色，无毛。叶长椭圆形，先端渐尖或稍尾尖，基部楔形，边缘具锯齿，上面暗绿色，被糙伏毛，下面无毛，叶脉离基出 3~5 条。总状花序有花 7~9 朵；花序轴黄褐色无毛；花萼外面无毛或稍被糙伏毛；萼筒钟形；花瓣白色，近圆形。蒴果椭圆形。花期 5~6 月，果期 8 月。

产陕西、甘肃、青海、河南、山西、湖北、安徽、浙江。牯牛降保护区内沟谷旁常见。可用作观赏树种。

绢毛山梅花 绣球科 Hydrangeaceae 山梅花属 *Philadelphus*
Philadelphus sericanthus Koehne

灌木。表皮纵裂，片状脱落，无毛或疏被毛。叶纸质，椭圆形，边缘具锯齿，齿端具角质小圆点，上面疏被糙伏毛，下面仅沿主脉和脉腋被长硬毛。总状花序有花 7~15 朵；花序轴疏被毛；花梗被糙伏毛；花萼褐色，外面疏被糙伏毛；花冠盘状，花瓣白色。蒴果倒卵形。花期 5~6 月，果期 8~9 月。

产秦岭—淮河以南各地。牯牛降保护区内沟谷旁常见。可用作观赏树种。

八角枫 山茱萸科 Cornaceae 八角枫属 Alangium
Alangium chinense (Lour.) Harms

别名：华瓜木

落叶乔木。小枝"之"字形，幼枝紫绿色，无毛。叶纸质，近圆形，顶端短锐尖，基部不对称，一侧微向下扩张，另一侧向上倾斜，阔楔形、截形，稀近于心脏形，不分裂或3~7裂。聚伞花序腋生，有7~30花；花冠筒长1~1.5厘米。核果卵圆形，成熟后黑色。花期5~7月和9~10月，果期7~11月。

产秦岭—淮河以南各地。牯牛降保护区内林下、沟谷旁常见。侧根和须根可药用，俗称"白龙须"，有祛风除湿、舒筋活络、散瘀止痛等功效。

毛八角枫 山茱萸科 Cornaceae 八角枫属 Alangium
Alangium kurzii Craib

落叶小乔木。当年生枝被淡黄色短柔毛。叶片厚纸质，不分裂，近圆形，先端短渐尖，基部两侧不对称，心形或近心形。聚伞花序具5~7花，被短柔毛；花萼筒密被短柔毛；花瓣6~8，条形，初白色，后变淡黄色。核果椭球形，成熟时呈蓝黑色。花期5~6月，果期8~9月。

产华东及河南、湖南、广东、海南、广西、贵州、云南。牯牛降保护区内林下、沟谷旁常见。

灯台树 山茱萸科 Cornaceae 山茱萸属 *Cornus*
Cornus controversa Hemsl.

落叶乔木。叶互生，纸质，阔卵形，先端突尖，基部圆形，全缘，下面密被淡白色平贴短柔毛，中脉在上面微凹陷，下面凸出，侧脉6~7对，弓形内弯；叶柄带紫红色。伞房状聚伞花序顶生，花小，白色。核果球形，成熟时紫红色至蓝黑色。花期5~6月，果期7~8月。

产辽宁、河北、陕西、甘肃、山东、河南以及长江以南各地。牯牛降保护区内阔叶林中、沟谷旁常见。果实可以榨油，为木本油料植物；树冠形状美观，夏季花序明显，可以作行道树。

梾木 山茱萸科 Cornaceae 山茱萸属 *Cornus*
Cornus macrophylla Wall.

乔木。树皮黑灰色，纵裂；幼枝绿色，有棱角，疏被灰白色贴生短柔毛。冬芽尖圆锥形，密被褐色和白色平贴短柔毛。叶对生，厚纸质，椭圆形，先端急尖，基部圆形，边缘微波状。伞房花序顶生，密被黄色短柔毛，白色。核果近球形，黑色。花期7~8月，果期9~10月。

产华东、华南、西南、西北及山东、湖北、湖南。牯牛降保护区内林缘、沟谷常见。树冠优美，适应性强，可作观赏树种；木材可制家具；根、树皮、叶可药用；为优良的油料和蜜源树种。

毛梾 山茱萸科 Cornaceae 山茱萸属 *Cornus*
Cornus walteri Wangerin

别名：车梁木

落叶乔木。树皮厚，黑褐色，纵裂而又横裂成块状；幼枝略有棱，密被贴生灰白色短柔毛，老后无毛。冬芽腋生，扁圆锥形，被灰白色短柔毛。叶对生，侧脉 4~5 对，弓形内弯。伞房状聚伞花序顶生，被灰白色短柔毛。核果球形，成熟时黑色，近无毛。花期 5 月，果期 9 月。

产辽宁、河北、山西（南部）以及华东、华中、华南、西南各地区。牯牛降保护区内阔叶林中偶见。用途同梾木。

四照花 山茱萸科 Cornaceae 山茱萸属 *Cornus*
Cornus kousa subsp. *chinensis* (Osborn) Q. Y. Xiang

落叶乔木。树皮平滑，片状剥落；嫩叶纸质，卵形，先端尾尖，基部宽楔形，下面粉绿色，中脉及侧脉常疏被褐色长毛，脉腋常簇生白色或褐色短毛，边缘常波状皱褶，侧脉 4 或 5 对。头状花序；总苞片卵形至狭卵形。聚花果球形，成熟时呈紫红色。花期 5~6 月，果期 8~9 月。

产华东、华中、西南及内蒙古、山西、陕西、甘肃。牯牛降保护区内阔叶林中常见。具较高的观赏价值；果实微甜，可食。

山茱萸

山茱萸科 Cornaceae　山茱萸属 *Cornus*

Cornus officinalis Siebold & Zucc.

别名：枣皮

落叶小乔木。叶对生，纸质，卵状披针形，先端渐尖，基部宽楔形，全缘，下面脉腋密生淡褐色丛毛，中脉在上面明显，下面凸起，侧脉6~7对，弓形内弯。伞形花序；花瓣4，舌状披针形，黄色，向外反卷。核果长椭圆形，红色至紫红色。花期3~4月，果期9~10月。

产山西、陕西、甘肃、山东、江苏、浙江、江西、河南、湖南等地。长江流域各地广泛栽培。牯牛降保护区周边山坡偶见栽培。树形优美，先花后叶，果实红艳，适宜观果；果肉药用（萸肉），有补益肝肾、涩精止汗的功效；为优良的蜜源树种。

君迁子

柿科 Ebenaceae　柿属 *Diospyros*

Diospyros lotus L.

别名：黑枣柿

落叶乔木。叶近膜质，椭圆形，先端渐尖或急尖，基部钝，宽楔形，下面粉绿色，有柔毛。雄花1~3朵腋生，簇生，近无梗，花萼钟形，花冠壶形，带红色或淡黄色，裂片近圆形，边缘有睫毛。果近球形或椭圆形，初熟时为淡黄色，干后变为蓝黑色，常被有白色薄蜡层；宿存萼4裂，深裂至中部，裂片卵形。花期5~6月，果期10~11月。

产山东、辽宁、甘肃以南，五岭以北地区。牯牛降保护区内阔叶林中常见。果实可入药，有清热、止咳等功效；成熟果实可食用，未成熟果实可提取柿漆；木材可制精美家具。

柿 柿科 Ebenaceae 柿属 *Diospyros*
Diospyros kaki Thunb. var. *kaki*

落叶大乔木。树皮灰黑色，沟纹较密，裂成长方块状。叶纸质，卵状椭圆形，新叶疏生柔毛，下面绿色，有柔毛。花雌雄异株，花序腋生；花萼钟状，两面有毛，深4裂，花冠钟状，长不过花萼两倍，黄白色，外面或两面有毛。果形有球形、扁球形、卵球形或略呈方形。花期5~6月，果期9~10月。

产长江流域，现全国广泛栽培。牯牛降保护区周边村庄附近常见栽培。果可鲜食或加工制成柿饼，也可提取柿漆，用于涂渔网、雨具，填补船缝，作建筑材料的防腐剂等；宿萼可入药，有降逆下气的功效；根、叶花、果实也可入药。

野柿 柿科 Ebenaceae 柿属 *Diospyros*
Diospyros kaki var. *silvestris* Makino

小枝及叶柄常密被黄褐色柔毛，叶较栽培柿树的叶小，叶片下面的毛较多，花较小，果亦较小，直径2~5厘米。

产中国中部及云南、广东、广西（北部）、江西、福建等山区。牯牛降保护区内低海拔地区山坡常见。果可食；未成熟果实可提取柿漆；可用作柿树嫁接的砧木。

山柿 柿科 Ebenaceae 柿属 *Diospyros*
Diospyros japonica Siebold & Zucc.

别名：浙江柿、粉叶柿

乔木。树干和老枝常散生分枝的刺；嫩枝稍被柔毛。叶近纸质，通常倒卵形。雄花小，聚伞花序；雌花单生，花萼绿色，花冠淡黄色。果球形，红色或褐色，宿存萼革质，裂片叶状，多少反曲，钝头；果柄长3~8毫米。花期5~6月，果期9~10月。

产安徽、江西、福建、湖南（西南部）、广东（西北部）、广西（东北部）、贵州（西北部）、云南、四川等地。牯牛降保护区内偶见于观音堂等地的阔叶林下。果可用于提取柿漆；可作栽培柿树的砧木；木材可作家具等用材。

油柿 柿科 Ebenaceae 柿属 *Diospyros*
Diospyros oleifera W. C. Cheng

别名：绿柿、方柿

落叶乔木。树干通直；树皮薄片状剥落，露出白色的内皮。嫩枝、叶的两面、叶柄、雄花序、雄花的花萼和花冠裂片的上部、雌花的花萼、花冠裂片的两面、果柄等处有灰色柔毛。花冠壶形或近钟形，多少4棱。果卵形，略呈4棱，嫩时绿色，熟时暗黄色。花期4~5月，果期8~10月。

产浙江（中部以南）、安徽（南部）、江西、福建、湖南、广东（北部）和广西。牯牛降保护区内历溪坞、公信河等地沟谷旁偶见。未成熟果实可提取柿漆。

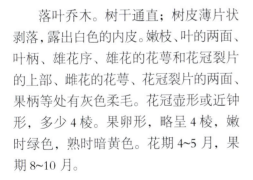

杜茎山 报春花科 Primulaceae 杜茎山属 *Maesa*
Maesa japonica (Thunb.) Moritzi. ex Zoll.

灌木。小枝无毛，具细条纹，疏生皮孔。叶革质，椭圆形，顶端渐尖，基部楔形，几全缘或中部以上具疏锯齿。总状花序或圆锥花序，单1或2~3个腋生；花冠白色，长钟形，具明显的脉状腺条纹。果球形，肉质，具脉状腺条纹，宿存萼包果顶端，花柱常宿存。花期1~3月，果期5月，宿存。

产长江以南各地，西南及台湾也有。牯牛降保护区内近沟谷的林下常见。根、叶可药用，有祛风湿、消肿解毒等功效。

紫金牛 报春花科 Primulaceae 紫金牛属 *Ardisia*
Ardisia japonica (Thunb.) Blume

小灌木。近蔓生，具匍匐生根的根茎。叶对生或近轮生，叶片坚纸质，椭圆形，顶端急尖，基部楔形，边缘具细锯齿，多少具腺点，两面无毛。伞形花序，腋生或生于近茎顶端的叶腋，有花3~5朵；花瓣粉红色或白色，密被腺点。果球形，鲜红色转黑色，宿存。花期5~6月，果期11~12月。

产陕西及长江流域以南各地，海南未发现。牯牛降保护区内林下、岩石旁常见。全株可入药，有化痰止咳、清热利湿、活血化瘀等功效，为浙江民间常用中草药。

朱砂根　报春花科 Primulaceae　紫金牛属 Ardisia

Ardisia crenata Sims var. *crenata*

别名：硃砂根

常绿灌木。茎直立，叶常聚集于枝顶；叶革质，椭圆形，边缘具钝圆波状齿，齿缝间有黑色腺点。聚伞花序，生于侧枝顶端或叶腋，每花序具 5~10 花，花白色或淡红色。核果球形，成熟时红色，花柱与花萼宿存。花期 6~7 月，果期 10~11 月。

产华东、华南及湖南、湖北、云南、西藏等地。牯牛降保护区内近沟谷的林下常见。民间常用草药，以根入药，功效同百两金；果可供榨油、制皂用；果鲜红，可用于园林绿化，也可作盆景供观赏。

红凉伞　报春花科 Primulaceae　紫金牛属 Ardisia

Ardisia crenata var. *bicolor* (Walk.) C. Y. Wu & C. Chen

与朱砂根的区别在于叶片下面、花梗、花萼均紫红色，有的植株叶片两面紫红色。

产华东、华南及湖南、湖北、云南、西藏等地。牯牛降保护区内近沟谷的林下常见。可用于园林绿化。

百两金　报春花科 Primulaceae　紫金牛属 Ardisia
Ardisia crispa (Thunb.) A. DC.

灌木。直立，无分枝，花枝多，幼嫩时具细微柔毛或疏鳞片。叶坚纸质，狭长圆状披针形，顶端长渐尖，基部楔形，略波状，具明显的边缘腺点，两面无毛。伞形花序，着生于侧生特殊花枝顶端，花萼仅基部连合，多少具腺点；花瓣白色或粉红色。果球形，鲜红色，具腺点。花期5~6月，果期10~12月。

产除海南之外的长江流域以南各地。牯牛降保护区内近沟谷的林下偶见。根状茎可入药，有清热解毒、祛风止痛等功效；果可食；种子可榨油，可供制皂；果实鲜红，可作盆景供观赏。

九管血　报春花科 Primulaceae　紫金牛属 Ardisia
Ardisia brevicaulis Diels

别名：血党、矮茎紫金牛

矮小灌木。叶坚纸质，狭卵形，顶端急尖，基部楔形，近全缘，具不明显的边缘腺点，叶上面无毛，下面被细微柔毛，具疏腺点，侧脉与中脉几成直角，至近边缘上弯；叶柄被细微柔毛。伞形花序，着生于侧生花枝顶端；花瓣粉红色，卵形，顶端急尖。果球形，鲜红色，具腺点，宿存萼与果梗通常为紫红色。花期6~7月，果期10~12月。

产除海南之外的长江流域以南各地。牯牛降保护区内近沟谷的林下常见。全株可入药，有祛风清热、散瘀消肿等功效。

锦花紫金牛

报春花科 Primulaceae 紫金牛属 Ardisia

Ardisia violacea (T. Suzuki) W. Z. Fang & K. Yao

别名：锦花九管血、堇叶紫金牛

亚灌木，高 5~10 厘米。叶有时略呈莲座状；叶狭长圆形，先端渐尖，边缘具不规则浅波状圆锯齿，齿缝间具不明显边缘腺点，上面微红色，下面淡紫色，脉上被细微柔毛。伞形花序单生于叶腋或茎上部，具 2 或 3 花；花冠白色。果球形，直径 4 毫米，红色。花期 6~7 月，果期 10~12 月，宿存。

产浙江、安徽、台湾等地。牯牛降保护区内大赤岭头、观音堂等地有分布。可作盆栽供观赏。

光叶铁仔

报春花科 Primulaceae 铁仔属 Myrsine

Myrsine stolonifera (Koidz.) E. Walker

藤状灌木，高约 2 米。叶近革质，椭圆状披针形，基部楔形，全缘或有时中部以上具 1~2 对齿，两面无毛，仅边缘具腺点，其余密布小窝孔。伞形花序，腋生或生于裸枝叶痕上；花冠基部连合成极短的管，外面无毛。果球形，红色变蓝黑色。花期 4~6 月，果期 12 月至翌年 12 月。

产长江以南各地。牯牛降保护区内近沟谷的林下常见。全株可入药，有清热利湿、收敛止血等功效。

厚皮香

五列木科 Pentaphylacaceae　厚皮香属 Ternstroemia

Ternstroemia gymnanthera (Wight & Arn.) Beddome

别名：猪血柴

常绿小乔木。叶革质，通常聚生于枝端，假轮生状，椭圆形，顶端短渐尖，基部楔形，全缘，稀上半部疏生浅疏齿，齿尖具黑色小点。花两性或单性，萼5，卵圆形，花瓣5，淡黄白色，倒卵形。果圆球形，小苞片和萼片均宿存，花柱宿存，肉质假种皮红色。花期5~7月，果期8~10月。

产长江以南各地。牯牛降保护区内沟谷、山坡常见。可栽植营造防火林。

亮叶厚皮香

五列木科 Pentaphylacaceae　厚皮香属 Ternstroemia

Ternstroemia nitida Merr.

常绿小乔木。叶互生，硬纸质或薄革质，长圆状椭圆形，基部楔形，全缘。花杂性，通常单朵生于叶腋，花梗纤细；花瓣5，白色或淡黄色，阔倒卵形。果长卵形，成熟时紫褐色，花柱宿存，顶端2深裂，假种皮深红色。花期6~7月，果期8~9月。

产长江以南各地。牯牛降保护区内沟谷、山坡常见。可栽植营造防火林。

杨桐

五列木科 Pentaphylacaceae　杨桐属 *Adinandra* 别名：黄瑞木

Adinandra millettii (Hook. & Arn.) Benth. & Hook. f. ex Hance

小乔木。叶互生，革质，长圆状椭圆形，基部楔形，边全缘，极少上半部疏生细锯齿。花单朵腋生；萼片5，卵状三角形，顶端尖，边缘具纤毛和腺点；花瓣5，白色。果球形，疏被短柔毛，熟时黑色，宿存花柱长约8毫米。花期5~7月，果期8~10月。

产长江以南各地。牯牛降保护区内沟谷、林下偶见。可栽植营造防火林。

红淡比

五列木科 Pentaphylacaceae　红淡比属 *Cleyera*

Cleyera japonica Thunb.

小乔木。顶芽大，长锥形，无毛；嫩枝略具二棱。叶革质，长圆状椭圆形。花2~4朵腋生，萼片5，卵圆形，花瓣5，白色，倒卵状长圆形。果圆球形，成熟时紫黑色。花期5~6月，果期10~11月。

产长江以南各地。牯牛降保护区内沟谷、林下常见。新鲜枝叶加工成束，出口日本用作祭祀品；还原性成分含量高，适宜用于开发化妆品；四季常绿，可作绿化树种；可栽植营造防火林。

格药柃 五列木科 Pentaphylacaceae 柃属 *Eurya*
Eurya muricata Dunn

灌木。全株无毛；顶芽长锥形。叶革质，稍厚，长圆状椭圆形，顶端渐尖，基部楔形，边缘有细钝锯齿，脉在两面均不甚明显。花 1~5 朵簇生叶腋，花梗长 1~1.5 毫米。花瓣 5，白色；雄蕊 15~22 枚，花药具多分格；子房圆球形，花柱顶端 3 裂。果圆球形，成熟时紫黑色。花期 9~11 月，果期翌年 6~8 月。

产长江流域及以南各地。牯牛降保护区内山坡、沟谷、林缘常见。是优良的冬季蜜源植物。

微毛柃 五列木科 Pentaphylacaceae 柃属 *Eurya*
Eurya hebeclados Ling

灌木。嫩枝圆柱形，黄绿色，密被灰色短微毛；顶芽卵状披针形，渐尖，密被微毛。叶革质，椭圆形，边缘除顶端和基部外均有浅细齿。花 4~7 朵簇生于叶腋；雄蕊约 15 枚。果圆球形，成熟时蓝黑色，宿存萼片边有纤毛。花期 12 月至翌年 1 月，果期 8~10 月。

产长江流域及以南各地。牯牛降保护区内沟谷、林下常见。本种资源非常丰富，是优良的冬季蜜源植物。

窄基红褐柃
五列木科 Pentaphylacaceae　柃属 *Eurya*
Eurya rubiginosa var. *attenuata* Hung T. Chang

灌木。嫩枝黄绿色，具明显2棱，小枝灰褐色，也具2棱；顶芽长锥形，长1~1.8厘米，稀较短。叶革质，卵状披针形，顶端尖、短尖或短渐尖，基部楔形，侧脉斜出；有显著叶柄。花1~3朵簇生于叶腋，雄蕊约15枚，花药不分格。果圆球形，成熟时紫黑色。花期10~11月，果期翌年4~5月。

产长江流域及以南各地。牯牛降保护区内沟谷、林缘常见。

短柱柃
五列木科 Pentaphylacaceae　柃属 *Eurya*
Eurya brevistyla Kobuski

灌木。无毛；嫩枝粗壮，略具2棱。叶倒卵形至长圆状椭圆形。花1~3朵腋生。萼片边缘有纤毛；雄蕊13~15枚，花药不具分格。雌花子房圆球形，3室，无毛，花柱极短，3枚，离生。果圆球形，直径3~4毫米，成熟时蓝黑色。花期10~11月，果期翌年6~8月。本种似格药柃，但本种嫩枝稍2棱，花药不具药室隔，雌花柱头很短且3深裂。

产秦岭—淮河以南至长江流域各地。牯牛降保护区内沟谷、林下偶见。花为优良的冬季蜜源植物；种子可榨油。

岩柃　五列木科 Pentaphylacaceae　柃属 Eurya
Eurya saxicola H. T. Chang

灌木。全株无毛；嫩枝有2棱，淡褐色；顶芽锥形。叶厚革质，倒卵形，边缘密生细锯齿，干后常反卷。花1~4朵腋生，雄蕊5~6枚，花药不具分格。果球形，成熟时紫黑色。花期9~10月，果期翌年6~8月。

产长江流域以南大部分地区。牯牛降保护区内近山顶灌丛常见。

翅柃　五列木科 Pentaphylacaceae　柃属 Eurya
Eurya alata Kobuski

别名：翼柃

灌木。全株无毛；嫩枝及小枝具显著4棱；顶芽披针形，无毛。叶革质，长圆形或椭圆形，边缘密生细锯齿。花1~3朵簇生叶腋；雄蕊约15枚，无药室隔。果球形，成熟时蓝黑色。花期10~11月，果期翌年6~8月。

产长江流域及以南各地。牯牛降保护区内沟谷旁岩石缝偶见。

小果石笔木　山茶科 Theaceae　核果茶属 *Pyrenaria*
Pyrenaria microcarpa (Dunn) H. Keng

别名：狭叶石笔木、小果核果茶

小乔木。嫩枝初时有微毛，以后变秃。叶薄革质，长圆形，先端锐尖，基部楔形，上面发亮，边缘有细锯齿。花单生于枝顶叶腋，花柄有毛；苞片2，半圆形，有毛；萼片5，圆形，有灰色绢毛；花瓣5片，白色，倒卵形，背面有毛。蒴果近球形，3片裂开，每室有种子2~3枚。花期7月，果期10月。

产长江以南各地。牯牛降保护区内沟谷旁常见。

毛柄连蕊茶　山茶科 Theaceae　山茶属 *Camellia*
Camellia fraterna Hance

别名：毛花连蕊茶、连蕊茶

灌木。嫩枝密生柔毛或长丝毛。叶革质，椭圆形，先端渐尖，基部阔楔形，下面初时有长毛，以后仅在中脉上有毛，叶柄有柔毛。花单生于枝顶，苞片阔卵形，萼杯状，有褐色长丝毛；花冠白色，基部与雄蕊连生达5毫米，花瓣5~6片，外侧2片革质，有丝毛。蒴果圆球形。花期3月，果期11月。

产浙江、江西、江苏、安徽、福建。牯牛降保护区内山坡、林缘常见。种子含油率高，可用于榨油。

尖连蕊茶 山茶科 Theaceae 山茶属 Camellia
Camellia cuspidata (Kochs) H. J. Veitch

别名：尖叶山茶

灌木。嫩枝无毛。叶革质，卵状披针形，先端渐尖至尾状渐尖，基部楔形；边缘密具细锯齿。花单独顶生，苞片3~4片，卵形，花萼杯状，萼5片，无毛，不等大，花冠白色；花瓣基部连生约2~3毫米，并与雄蕊花丝贴生；雄蕊比花瓣短，外轮雄蕊只在基部和花瓣合生，其余部分离生。蒴果圆球形。花期3月，果期11月。

产长江以南各地，江苏除外。牯牛降保护区内山坡、林缘常见。种子含油率约20%，可供工业用；为培育抗寒和丰花类型茶花品种的重要种质资源。

油茶 山茶科 Theaceae 山茶属 Camellia
Camellia oleifera C. Abel.

小乔木。嫩枝有粗毛。叶革质，椭圆形，中脉有柔毛，边缘有细锯齿，叶柄有粗毛。花顶生，近于无柄，苞片与萼片约10，由外向内逐渐增大，花瓣白色，5~7片，倒卵形。蒴果卵圆形，3片或2片裂开，每室有种子1或2枚。花期10~12月，果期翌年10~11月。

产长江流域及以南各地。牯牛降保护区内山坡、林下常见，村庄附近多栽培。为重要木本油料树种；种子含油率超30%，不饱和脂肪酸含量高达90%，营养价值极高，可食用、药用和化工用；茶籽残渣是良好的有机肥，也可制生物农药；为蜜源植物；可作茶花的砧木。

细叶短柱茶

山茶科 Theaceae　山茶属 *Camellia*

Camellia microphylla (Merr.) S. S. Chien

别名：小叶茶

灌木。树皮黄棕色；嫩枝有柔毛。叶革质，椭圆形，先端钝，中脉有柔毛，边缘有钝锯齿；叶柄有短粗毛。花顶生或腋生，白色，苞片及萼片共6或7，宽卵形；花瓣5，宽倒卵形，最外1枚背面略有毛，基部与雄蕊合生约2毫米；雄蕊下半部连合成短管，花柱3或4。蒴果圆球形，种子1枚。花期9~11月，果期翌年9~10月。

产安徽、江西、福建、湖南、湖北、台湾、广东、广西、贵州。牯牛降保护区内低海拔地区河流旁、林下、路旁常见。花多，为秋季重要蜜源植物。

茶

山茶科 Theaceae　山茶属 *Camellia*

Camellia sinensis (L.) Kuntze

灌木至小乔木。叶革质，长椭圆形，先端钝尖，边缘有锯齿。花1~3朵腋生，白色；苞片2片，早落，萼片5，宿存；花瓣5~6，阔卵形；雄蕊基部连生1~2毫米；子房密生白毛；花柱无毛，先端3裂。蒴果球形，有种子1~2枚。花期10~12月，果期翌年9~10月。

产秦岭—淮河以南各地。牯牛降保护区内林下常见，周边地区多栽培。本种在中国栽培历史悠久，河姆渡人早在6000多年前便已开始种植。茶叶为健康饮品；种子榨油可供食用或工业用；为蜜源植物。

天目紫茎 山茶科 Theaceae 紫茎属 *Stewartia*
Stewartia gemmata S. S. Chien & W. C. Cheng

乔木。嫩枝有柔毛；树皮光滑，片状剥落，露出黄褐色内皮；顶芽长卵形，被茸毛。叶纸质，椭圆形，先端渐尖，基部楔形，下面有稀疏柔毛，中肋密生茸毛。花白色，单生于叶腋；苞片2，卵圆形，叶状；萼片5，卵圆形。蒴果长卵形，宿存花柱伸长。花期5~6月，果期9~10月。

产江西、浙江、安徽。牯牛降保护区内沟谷、林下偶见。花色艳丽，适宜庭院栽培。

木荷 山茶科 Theaceae 木荷属 *Schima*
Schima superba Gardner & Champ.

大乔木。叶薄革质，椭圆形，先端尖锐，边缘有钝齿。花生于枝顶叶腋，常多朵排成总状花序，白色，花柄纤细无毛；苞片2，贴近萼片，早落，外面无毛，内面有绢毛；花瓣长最外1片风帽状，边缘多少有毛。蒴果球形。花期6~8月，果期10~11月。

产长江以南各地。牯牛降保护区内向阳山坡常见。木材坚硬，是南方重要的材用树种；树干通直，花白而繁，可供园林绿化；耐干旱瘠薄，阻火性、耐火性强，适宜造防火林带；树皮可制生物农药；叶、根皮可入药。

白檀　山矾科 Symplocaceae　山矾属 *Symplocos*
Symplocos tanakana Nakai

落叶小乔木。树皮灰褐色。小枝幼时密被柔毛。叶纸质，卵形，边缘具细锐锯齿，近无毛。圆锥花序被柔毛；花全部具梗，白色，芳香；花丝基部合生成5体雄蕊。核果斜卵状球形，成熟时黑色，花萼宿存，鸟喙状。花期4~6月，果期8~9月。

产除新疆以外的地区。牯牛降保护区内林缘、山坡常见。种子油可制油漆；全株可药用，有解毒、软坚、调气等功效；根皮与叶可作生物农药。

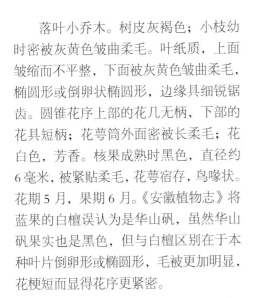

华山矾　山矾科 Symplocaceae　山矾属 *Symplocos*
Symplocos chinensis (Lour.) Druce

别名：中华山矾

落叶小乔木。树皮灰褐色；小枝幼时密被灰黄色皱曲柔毛。叶纸质，上面皱缩而不平整，下面被灰黄色皱曲柔毛，椭圆形或倒卵状椭圆形，边缘具细锐锯齿。圆锥花序上部的花几无柄，下部的花具短柄；花萼筒外面密被长柔毛；花白色，芳香。核果成熟时黑色，直径约6毫米，被紧贴柔毛，花萼宿存，鸟喙状。花期5月，果期6月。《安徽植物志》将蓝果的白檀误认为是华山矾，虽然华山矾果实也是黑色，但与白檀区别在于本种叶片倒卵形或椭圆形，毛被更加明显，花梗短而显得花序更紧密。

产长江流域及以南各地。牯牛降保护区内低海拔地区林缘、路旁常见。根、叶可药用；种子油可制肥皂，也可食用。

朝鲜白檀   山矾科 Symplocaceae 山矾属 *Symplocos*
Symplocos coreana (H. Lév.) Ohwi

落叶小乔木。大树树皮灰白色或灰褐色，薄片状剥落。大枝表皮常红褐色，开裂成纸状剥落。叶椭圆形，先端渐尖至尾尖，叶缘腺齿较粗锐，齿端通常直伸。圆锥花序无毛；花萼筒锥形，绿色，无毛；花冠白色。果实歪卵形，成熟时蓝色，稀近白色；宿萼直立或开展，形似皇冠状。花期6~8月，果期8~10月。

产江西、安徽、浙江等地。牯牛降保护区内罕见于海拔700米以上的沟谷、疏林。

琉璃白檀   山矾科 Symplocaceae 山矾属 *Symplocos*
Symplocos sawafutagi Nagam.

别名：琉璃山矾

落叶乔木。树皮灰褐色、细浅纵裂。大枝表皮不开裂。叶片倒卵形至椭圆形，叶缘腺齿的齿端内曲。圆锥花序无毛；花萼筒锥形，绿色；花萼5裂，裂片椭圆形；花冠白色。果歪卵球形，蓝色，稀白色；宿萼皇冠状。花期6~8月，果期8~9月。与朝鲜白檀区别在于本种大树树皮不开裂，大枝常红褐色，且叶缘腺齿多直生而非内弯。

产秦岭至四川以东地区。牯牛降保护区内罕见于海拔700米以上的沟谷、疏林。

叶萼山矾　山矾科 Symplocaceae　山矾属 Symplocos
Symplocos phyllocalyx C. B. Clarke

常绿小乔木。小枝粗壮，圆柱形，无棱，黄绿色，无毛。叶革质，长椭圆形或狭长椭圆形。短穗状花序腋生，基部具分枝；花序轴被短柔毛；花萼5，无毛；花冠白色，5深裂；雄蕊10～15，花丝基部合生成5体雄蕊。核果长圆形或狭卵形，宿萼直立，核无棱。花期4~5月，果期6~7月。

产安徽、浙江、湖南、湖北、广东、广西、云南、贵州、四川等地。牯牛降保护区内大历山、主峰等地的山脊、林下偶见。种子油可制肥皂；树皮纤维可代麻用。

光亮山矾　山矾科 Symplocaceae　山矾属 Symplocos
别名：四川山矾
Symplocos lucida (Thunb.) Siebold & Zucc.

常绿乔木。小枝粗壮，黄绿色，具棱，无毛。叶革质，长椭圆形，边缘疏生锯齿或波状浅锯齿。短穗状花序或短缩成密伞状，通常基部有分枝；花序轴具短柔毛；花冠白色，5深裂几达基部。核果椭圆形，顶端具直立宿萼，核无棱。花期3~5月，果期5~10月。

产长江流域及以南各地。牯牛降保护区内沟谷旁林下偶见。根可药用，有行水、消肿等功效。

薄叶山矾　山矾科 Symplocaceae　山矾属 *Symplocos*
Symplocos anomala Brand

小乔木。顶芽、嫩枝被褐色柔毛；老枝通常黑褐色。叶革质，狭椭圆形，全缘或具锐锯齿，中脉和侧脉在叶面均凸起。总状花序腋生，被柔毛；花萼5裂，有缘毛；花冠白色，有桂花香。核果褐色，被短柔毛，有明显的纵棱。花果期4~12月，边开花边结果。

产江南各地，东自台湾，西南至西藏。牯牛降保护区内海拔300米以上的沟谷林下偶见。果实可药用，有清热解毒、平肝泻火等功效。

山矾　山矾科 Symplocaceae　山矾属 *Symplocos*
Symplocos sumuntia Buch.-Ham. ex D. Don

别名：尾叶山矾

乔木。嫩枝褐色。叶薄革质，狭倒卵形，先端尾状渐尖，边缘具浅锯齿或波状齿，有时近全缘。总状花序被展开的柔毛；苞片早落，密被柔毛；花冠白色，5深裂几达基部。核果卵状坛形。花期2~3月，果期6~7月。

产长江流域及以南各地，西南山区也有分布。牯牛降保护区内分布于海拔1000米以下的山坡、沟谷、林缘，低海拔地区相对更常见。全株药用，根可清湿热、祛风、凉血；叶有清热、收敛等功效；花可理气化痰；叶可作媒染剂；花朵繁盛，芳香馥郁，适宜庭院栽培供观赏。

老鼠屎
山矾科 Symplocaceae　山矾属 Symplocos
Symplocos stellaris Brand

常绿乔木。小枝粗，髓心中空，具横隔；芽、嫩枝、嫩叶柄、苞片和小苞片均被红褐色绒毛。叶片厚革质，披针状椭圆形。团伞花序着生于去年生枝的叶痕之上；花冠白色，5深裂几达基部。核果长椭圆形或狭卵形，顶端宿存萼裂片直立，核具6~8纵棱。花期4~5月，果期6月。

产长江以南各地。牯牛降保护区内海拔1000米以下的林下、沟谷常见。根可药用，有祛风、解毒等功效。

赤杨叶
安息香科 Styracaceae　赤杨叶属 Alniphyllum
别名：水冬瓜、拟赤杨、豆渣树
Alniphyllum fortunei (Hemsl.) Makino

乔木。树干通直，树皮灰褐色，有不规则细纵皱纹，不开裂。叶椭圆形，边缘具疏离硬质锯齿；叶柄被褐色星状短柔毛至无毛。总状花序或圆锥花序，顶生或腋生，有花10~20余朵；花白色或粉红色。果长椭圆形，疏被白色星状柔毛，成熟时5瓣开裂。花期4~7月，果期8~10月。

产长江以南各地。牯牛降保护区内沟谷、溪流边广泛分布。生长迅速，木材可制火柴杆；可药用，根主治风湿关节痛等症；心材有理气和胃的功效，主治胃脘疼痛等症；花期满树花朵，观赏价值极高。

玉铃花 安息香科 Styracaceae 安息香属 *Styrax*
Styrax obassia Siebold & Zucc.

乔木。树皮灰褐色，平滑；嫩枝略扁，常被褐色星状长柔毛，圆柱形，紫红色。叶纸质，宽椭圆形；叶柄被黄棕色星状长柔毛，基部膨大成鞘状包围冬芽。花白色或粉红色，芳香，总状花序顶生或腋生，有花10~20余朵；花梗密被灰黄色星状短绒毛。果实卵形，顶端具短尖头，密被黄褐色星状短绒毛。花期5~7月，果期8~9月。

产辽宁、山东、安徽、浙江、湖北、江西等地。牯牛降保护区内见于海拔1000米以上的近山顶阔叶林中。果实药用，可消肿止痛、驱虫；木材可作器具、雕刻等细工用材；花美丽、芳香，可提取芳香油，也可供观赏；种子油可制肥皂及润滑油。

栓叶安息香 安息香科 Styracaceae 安息香属 *Styrax*
Styrax suberifolius Hook. & Arn.

别名：红皮树

乔木。树皮红褐色或灰褐色，条状纵裂；嫩枝稍扁，被锈褐色星状绒毛。叶互生，革质，椭圆形，下面密被黄褐色至灰褐色星状绒毛。总状花序或圆锥花序，顶生或腋生，花序梗和花梗均密被灰褐色或锈色星状柔毛；花白色，萼齿三角形。果球形。花期3~5月，果期9~11月。

产长江流域以南各地。牯牛降保护区内偶见于海拔200米以上的杂木林中。根、叶可入药，有祛风、除湿、理气止痛的功效。

野茉莉 安息香科 Styracaceae 安息香属 *Styrax*
Styrax japonicus Siebold & Zucc.

小乔木。树皮灰褐色，平滑；嫩枝稍扁，开始时被淡黄色星状柔毛。叶互生，纸质，椭圆形，顶端急尖，常稍弯。总状花序顶生，有花 5~8 朵；花序梗无毛；花白色，花梗长达 3 厘米以上，纤细下垂，无毛。果卵形，顶端具短尖头，外面密被灰色星状绒毛。花期 4~7 月，果期 9~11 月。

产秦岭和黄河以南各地。牯牛降保护区内偶见于海拔 900 米以上的林下。种子油可制肥皂或作机器润滑油；油粕可作肥料；花美丽、芳香，可作庭园观赏植物；全株可药用，有祛风除湿的功效；花有清火的功效。

芬芳安息香 安息香科 Styracaceae 安息香属 *Styrax*
Styrax odoratissimus Champ. ex Benth.

别名：郁香野茉莉

小乔木。树皮灰褐色，不开裂；嫩枝稍扁，疏被黄褐色星状短柔毛。叶互生，卵形，边全缘或上部有疏锯齿。总状或圆锥花序，顶生，花白色；花梗长 1.5~1.8 厘米。果近球形，顶端骤缩而具弯喙，密被灰黄色星状绒毛。花期 3~4 月，果期 6~9 月。

产长江以南各地。牯牛降保护区内广布于山坡、林缘、沟谷等生境。叶可药用，有祛风除湿、理气止痛、润肺止咳等功效。

赛山梅 安息香科 Styracaceae 安息香属 Styrax
Styrax confusus Hemsl.

小乔木。树皮灰褐色，平滑。叶近革质，椭圆形，边缘有细锯齿。总状花序顶生，有花 3~8 朵，花序梗、花梗和小苞片均密被灰黄色星状柔毛；花白色；花梗长 1~1.5 厘米。果近球形，外面密被灰黄色星状绒毛和星状长柔毛。花期 4~6 月，果期 9~11 月。

产长江流域及以南各地。牯牛降保护区内偶见于沟谷、林缘灌木丛中。叶、果实有祛风除湿的功效。

垂珠花 安息香科 Styracaceae 安息香属 Styrax
Styrax dasyanthus Perk.

乔木。树皮暗灰色或灰褐色；嫩枝圆柱形，密被灰黄色星状微柔毛。叶近革质，倒卵形，顶端急尖或钝渐尖，尖头常稍弯，边缘上部有稍内弯角质细锯齿，两面疏被星状柔毛。圆锥花序或总状花序顶生或腋生，具多花；花序梗和花梗均密被灰黄色星状细柔毛。果卵球形，密被灰黄色星状短绒毛。花期 3~5 月，果期 9~12 月。

产山东、河南及以南各地。牯牛降保护区内偶见于向阳山坡。叶可药用，有润肺止咳的功效；种子榨油，可制油漆及肥皂。

白花龙
安息香科 Styracaceae 安息香属 *Styrax*
Styrax faberi Perk.

灌木，高 1~2 米。嫩枝纤弱，具沟槽，老枝圆柱形，紫红色。叶互生，纸质，边缘具细锯齿，嫩叶两面均无毛。总状花序顶生，有花 3~5 朵，下部常单花腋生；花序梗和花梗均密被灰黄色星状短柔毛；花白色。果近球形，外面密被灰色星状短柔毛，果皮平滑。花期 4~6 月，果期 8~10 月。

产长江流域及以南各地。牯牛降保护区内偶见于沟谷、林缘灌木丛中。根有和胃止痛的功效；叶有凉血止血、祛风止痛等功效；果实有宣肺解表的功效。

小叶白辛树
安息香科 Styracaceae 白辛树属 *Pterostyrax*
Pterostyrax corymbosus Siebold & Zucc.

别名：小果白辛树

乔木。嫩枝密被星状短柔毛，老枝无毛，灰褐色。叶纸质，宽倒卵形，顶端急尖，边缘有锐尖的锯齿，嫩叶两面均被星状柔毛。圆锥花序伞房状，花白色，花梗极短，密被星状柔毛；花萼钟状，萼齿披针形。果倒卵形，密被星状绒毛，顶端具长喙，喙圆锥状。花期 3~4 月，果期 5~9 月。

产长江流域及以南各地。牯牛降保护区内广布于沟谷、溪流旁。花序繁密芳香，可供观赏。

软枣猕猴桃　猕猴桃科 Actinidiaceae　猕猴桃属 Actinidia

Actinidia arguta (Siebold & Zucc.) Planch. ex Miq.

别名：软枣子

大型落叶藤本。小枝基本无毛；髓白色至淡褐色，片层状。叶纸质，卵形，顶端急短尖，基部圆形至浅心形，边缘具繁密的锐锯齿，下面绿色，侧脉腋上有髯毛。花序腋生或腋外生，1~7 花；花绿白色或黄绿色，芳香；花瓣 4~6 片，花药黑色或暗紫色。果柱状长圆形，无毛、无斑点，不具宿存萼片。花期 5 月下旬至 6 月，果期 8~10 月。

产华东、华中、西南、华北、东北及台湾、广西、陕西、甘肃。牯牛降保护区内罕见于海拔 600 米以上的林下。果可食，可作酿酒及加工蜜饯、果脯的原料。

对萼猕猴桃　猕猴桃科 Actinidiaceae　猕猴桃属 Actinidia

Actinidia valvata Dunn

别名：镊合猕猴桃、麻叶猕猴桃

中型落叶藤本。着花小枝淡绿色；髓白色，实心。叶近阔卵形至长卵形，边缘有细锯齿，上面绿色，下面稍淡，两面均无毛；叶柄水红色，无毛。花序 2~3 花或 1 花单生；花白色，萼 2~3 片，卵形至长方卵形；花瓣 7~9 片，花药橙黄色。果成熟时橙黄色，卵珠状，稍偏肿，无斑点，顶端有尖喙，基部有反折的宿存萼片。花期 5 月，果期 10 月。

产华东及湖南、湖北、广东。牯牛降保护区内常见于林缘灌丛中。果可食用。

葛枣猕猴桃

猕猴桃科 Actinidiaceae　猕猴桃属 Actinidia

别名：木天蓼、葛枣子

Actinidia polygama (Siebold & Zucc.) Maxim.

落叶藤本。花枝细长，基本无毛，皮孔不显著；髓白色，实心。叶薄纸质，卵形，顶端渐尖，基部圆形，边缘有细锯齿，下面绿色，散生少数小刺毛，沿中脉和侧脉多少有一些卷曲的微柔毛。花序1~3花；花白色，芳香，直径2~2.5厘米；萼片5，花药黄色，卵形箭头状；子房瓶状。果成熟时淡橘色，卵形，无毛，无斑点，顶端有喙，基部有宿存萼片。花期6月中旬至7月上旬，果熟期9~10月。

产除内蒙古、新疆、西藏、青海以外的大部分地区。牯牛降保护区内偶见于山地林下。果可食用；虫瘿入药，治疝气及腰痛；从果实中提取新药Polygamol为强心利尿的注射药。

大籽猕猴桃

猕猴桃科 Actinidiaceae　猕猴桃属 Actinidia

别名：猫人参

Actinidia macrosperma C. F. Liang

中小型落叶藤本或灌木状藤本。着花小枝淡绿色，叶腋上偶见花柄萎断后残存的刺状遗体；髓白色，实心。叶幼时膜质，老时近革质，边缘有斜锯齿；下面脉腋上或有髯毛，中脉上或有短小软刺；叶柄水红色，无毛。花常单生，白色，芳香；萼片2~3片；花瓣5~12片。果成熟时橘黄色，卵圆形，基部有或无宿存萼片，果皮上无斑点。花期5月，果期9~10月。

产江苏、安徽、江西、湖北、广东。牯牛降保护区内见于奇峰等地的林缘灌丛中。根皮可药用，有清热解毒、消肿等功效。

异色猕猴桃   猕猴桃科 Actinidiaceae   猕猴桃属 Actinidia
Actinidia callosa var. *discolor* C. F. Liang

落叶藤本。小枝坚硬，洁净无毛。叶坚纸质，矩状椭圆形至倒卵形，顶端急尖，基部阔楔形或钝形，边缘有粗钝的或波状的锯齿。花序和萼片两面均无毛。果较小，卵球形，有斑点，顶端无喙。花期5~6月上旬，果期10~11月。

产长江以南各地。牯牛降保护区内广布于沟谷溪边、山坡林缘及乱石堆中。果实可鲜食，但口感较差。

小叶猕猴桃   猕猴桃科 Actinidiaceae   猕猴桃属 Actinidia
Actinidia lanceolata Dunn

小型落叶藤本。小枝密被锈褐色短茸毛，皮孔可见；髓褐色，片层状。叶纸质，卵状椭圆形，边缘的上半部有小锯齿，叶下面粉绿色，密被短小的灰白色星状茸毛。聚伞花序2回分歧，有花7朵或少于7朵，密被锈褐色茸毛；花淡绿色。果小，绿色，卵形，秃净，有显著的浅褐色斑点，宿存萼片反折。花期5~6月。果熟期11月。

产华东及湖南、广东。牯牛降保护区内常见于山坡路边、沟谷疏林下以及沟谷林缘。11月以后，果实可鲜食，口感尚可。

中华猕猴桃 猕猴桃科 Actinidiaceae 猕猴桃属 Actinidia
Actinidia chinensis Planch.

别名：阳桃

大型落叶藤本。幼枝或厚或薄地被有灰白色茸毛或褐色长硬毛；髓白色至淡褐色，片层状。叶纸质，倒阔卵形，顶端凹入或具突尖，边缘具脉出且直伸的睫状小齿。聚伞花序 1~3 花；花初放时白色，后变黄色，有香气。果黄褐色，近球形，被茸毛或长硬毛。花期 5 月，果期 9 月。

产华东、华中及广东、广西、云南、陕西。牯牛降保护区内广布于山坡灌丛、林缘、林下。果形大，果实营养价值高；根可入药，有清热解毒、化湿健脾、活血散瘀等功效；花可提取香精，也是优良的蜜源和观赏植物。

羊踯躅 杜鹃花科 Ericaceae 杜鹃花属 Rhododendron
Rhododendron molle (Blume) G. Don

别名：闹羊花

落叶灌木。分枝稀疏，枝条直立，幼时密被灰白色柔毛及疏刚毛。叶纸质，长圆形；总状伞形花序顶生，花多达 13 朵，先花后叶开放；花冠阔漏斗形，黄色，内有深红色斑点。蒴果圆锥状长圆形，具 5 条纵肋，被微柔毛和疏刚毛。花期 3~5 月，果期 7~8 月。

产长江流域及以南地区。牯牛降保护区内偶见于海拔 800 米以下的山坡灌丛中或林下。花色艳丽，可用于园林观赏；根、花、果可药用，有祛风除湿、散瘀止痛、化痰止咳等功效，但全株有毒，应慎用。

丁香杜鹃花　杜鹃花科 Ericaceae　杜鹃花属 Rhododendron
Rhododendron farrerae Sweet

别名：满山红

落叶灌木。多分枝，树皮灰褐色。幼枝伏生长柔毛，后变无毛。叶3枚集生于枝顶；叶片纸质，卵状菱形，具小尖头，全缘。花1或2朵簇生于枝顶；花冠丁香紫色，辐射漏斗状；雄蕊8~10。蒴果卵球形，密被毛。花期3~4月，果期8~9月。

产长江流域及以南各地。牯牛降保护区内广泛分布于海拔500米以上的山坡灌丛及林下。花色鲜艳，观赏价值极高。

杜鹃花　杜鹃花科 Ericaceae　杜鹃花属 Rhododendron
Rhododendron simsii Planch.

别名：映山红

落叶灌木。分枝多而纤细，密被亮棕褐色扁平糙伏毛。叶革质，常集生枝端，卵形，边缘微反卷，具细齿，两面密被褐色糙伏毛。花2~3朵簇生枝顶；花冠阔漏斗形，玫瑰色、鲜红色或暗红色，上部裂片具深红色斑点；雄蕊10，长约与花冠相等。蒴果卵球形，密被糙伏毛；花萼宿存。花期4~5月，果期6~8月。

产长江流域及其以南各地。牯牛降保护区内广泛分布于山坡灌丛及疏林中，山脊至山顶也有分布。根、叶、花可药用，有活血止血、调经止痛、祛风湿、解疮毒等功效；常栽培供观赏。

马银花 杜鹃花科 Ericaceae 杜鹃花属 *Rhododendron*
Rhododendron ovatum (Lindl.) Planch. ex Maxim.

常绿小乔木。叶革质，卵形，上面深绿色有光泽。花单生枝顶叶腋；花萼5深裂，裂片卵形，外面基部密被灰褐色短柔毛和疏腺毛；花冠淡紫色、紫色或粉红色，辐状，5深裂，内面具粉红色斑点；雄蕊5，不等长，稍比花冠短。蒴果阔卵球形，为增大而宿存的花萼所包围。花期4~5月，果期7~10月。

产长江以南各地。牯牛降保护区内广泛分布于偏酸性土壤的山坡、沟谷及林下。根可药用，有清湿热、解毒疗疮等功效；也可供观赏；适宜营造防火林。

黄山杜鹃 杜鹃花科 Ericaceae 杜鹃花属 *Rhododendron*
Rhododendron maculiferum subsp. *anwheiense* (E. H. Wilson) D. F. Chamb.

别名：安徽杜鹃

常绿灌木。幼枝与叶柄、叶片上面中脉均被短柔毛，有时疏生腺毛。叶常集生于枝顶端；叶革质，椭圆形，全缘。花单生于枝顶叶腋；花梗密被短柔毛，常有腺毛；花冠淡紫色至粉白色，宽漏斗状；雄蕊5。蒴果卵球形。花期4~5月，果期8~9月。

产长江流域及其以南各地。系安徽省省花。牯牛降保护区内在主峰区附近山脊及近山顶的山坡成片分布。根可药用，有清湿热、解毒、疗疮等功效；也可供观赏。

云锦杜鹃 杜鹃花科 Ericaceae 杜鹃花属 *Rhododendron*
Rhododendron fortunei Lindl.

常绿小乔木。幼枝黄绿色，初具腺体。顶生冬芽阔卵形，长约1厘米，无毛。叶厚革质，长圆状椭圆形。顶生总状伞形花序疏松，有花6~12朵，有香味；总梗疏被短柄腺体；花萼小，稍肥厚，具腺体；花冠漏斗状钟形，粉红色；雄蕊14，不等长。蒴果长圆状卵形，直或微弯曲。花期4~5月，果期8~10月。

产秦岭—淮河以南各地。牯牛降保护区内偶见于海拔400米以上的沟谷、林下、灌丛等生境。根、叶、花可入药，有清热解毒、生肌敛疮等功效；花大艳丽，可用于营造生态旅游景观。

毛果珍珠花 杜鹃花科 Ericaceae 珍珠花属 *Lyonia*
Lyonia ovalifolia var. *hebecarpa* (Franch. ex F. B. Forbes & Hemsl.) Chun

别名：毛果南烛

落叶小乔木。嫩枝常带红褐色，无毛或疏生短柔毛；老枝灰褐色。叶片纸质，先端渐尖，全缘，叶片幼时被紧贴的毛，老叶上面近无毛，叶下面脉上被柔毛。总状花序生于叶腋，无毛或疏生短柔毛，基部具2或3叶状苞片；花冠圆筒状，白色，顶端5浅裂，外面被柔毛。蒴果近球形，常密被短柔毛。花期6月，果期9~10月。

产秦岭—淮河以南各地。牯牛降保护区内常见于沟谷、林缘、灌丛等生境。根、叶、果实可药用，有补脾益肾、活血强筋等功效。

小果珍珠花

杜鹃花科 Ericaceae　珍珠花属 Lyonia

Lyonia ovalifolia var. *elliptica* (Siebold & Zucc.) Hand.-Mazz.

别名：小果南烛

与毛果珍珠花的区别在于子房表面光滑无毛或子房下部仅具极稀疏柔毛；果实表面无毛或近无毛。

产台湾、浙江、安徽。牯牛降保护区内常见于沟谷、林缘、灌丛等生境。用途同毛果珍珠花。

灯笼树

杜鹃花科 Ericaceae　吊钟花属 Enkianthus

Enkianthus chinensis Franch.

别名：灯笼花

落叶小乔木。幼枝灰绿色，无毛。叶常聚生枝顶，纸质，长圆形，先端具短凸尖头，边缘具钝锯齿，两面无毛；叶柄粗壮，具槽，无毛。花多数组成伞形花序状总状花序；花下垂；花萼5裂；花冠阔钟形，肉红色，口部5浅裂；雄蕊10枚。蒴果卵圆形，室背开裂为5果瓣。花期5月，果期6~10月。

产安徽、浙江、江西、福建、湖北、湖南、广西、四川、贵州、云南。牯牛降保护区内见于海拔800米以上的近山顶灌丛及林缘。花美色艳，有较高的观赏价值。

马醉木　杜鹃花科 Ericaceae　马醉木属 *Pieris*
Pieris japonica (Thunb.) D. Don ex G. Don

别名：梫木

小乔木。树皮棕褐色，小枝开展，无毛。叶革质，密生于枝顶，椭圆状披针形，边缘在 2/3 以上具细圆齿。总状花序或圆锥花序顶生或腋生，直立或俯垂，花序轴有柔毛；花冠白色，坛状，上部 5 浅裂，裂片近圆形；雄蕊 10。蒴果扁球形。花期 4~5 月，果期 7~9 月。

产安徽、浙江、福建、台湾等地。牯牛降保护区内常见于沟谷林下及林缘。叶可药用，有杀虫治癣的功效；全株有毒，禁止内服；树形优美，干枯枝条用于室内造景。

南烛　杜鹃花科 Ericaceae　越橘属 *Vaccinium*
Vaccinium bracteatum Thunb.

别名：乌饭树

常绿小乔木。分枝多，幼枝被短柔毛或无毛，老枝紫褐色，无毛。叶片薄革质，椭圆形，边缘有细锯齿。总状花序有多数花，序轴密被短柔毛稀无毛；苞片叶状，两面沿脉被微毛或两面近无毛，边缘有锯齿，宿存或脱落；花梗短，密被短毛或近无毛；花冠白色，筒状，外面密被短柔毛。浆果熟时紫黑色，外面通常被短柔毛。花期 6~7 月，果期 8~10 月。

产华东、华中、华南至西南地区，台湾也有分布。牯牛降保护区内常见于沟谷林下。叶、果可药用，有补肝肾、强筋骨、益脾胃等功效；成熟果实也可食用。

江南越橘　杜鹃花科 Ericaceae　越橘属 Vaccinium

Vaccinium mandarinorum Diels

别名：米饭花

常绿灌木或乔木。幼枝通常无毛。叶片厚革质，长圆状披针形，边缘有细锯齿，两面无毛。总状花序有多数花，序轴无毛或被短柔毛；萼齿三角形；花冠白色，有时带淡红色，微香，筒状或筒状坛形，口部稍缢缩或开放。浆果熟时紫黑色，无毛。花期4~6月，果期6~10月。

产长江以南各地。牯牛降保护区内常见于沟谷旁、林缘等生境。果可药用，有消肿散瘀的功效；成熟果实也可生食。

刺毛越橘　杜鹃花科 Ericaceae　越橘属 Vaccinium

Vaccinium trichocladum Merr. & F. P. Metcalf

常绿灌木或乔木。枝密被开展的红棕色刺毛。叶片革质，卵状椭圆形，边缘密生细锯齿，齿尖常呈刺芒状，上面中脉有短柔毛，其余无毛；叶柄有刺毛。总状花序被刺毛；苞片早落；花冠坛状或坛状筒形。浆果球形，淡红棕色。花期5~6月，果期8~9月。

产长江流域及以南各地。牯牛降保护区内偶见于山地林下。用途同江南越橘。

无梗越橘 杜鹃花科 Ericaceae 越橘属 Vaccinium
Vaccinium henryi Hemsl.

落叶灌木。茎多分枝，幼枝密被短柔毛，花枝条细而短，"之"字形曲折。花枝叶较小，向上愈加变小，营养枝叶向上部变大，叶明显具小短尖头，基部楔形，边缘全缘，通常被短纤毛，两面沿中脉有时连同侧脉密被短柔毛。花单生叶腋，有时在枝端形成假总状花序；花梗极短，近无梗，密被毛；萼齿5，宽三角形；花冠黄绿色，偶见红色，钟状，5浅裂，顶端反折；雄蕊10枚，短于花冠。浆果球形，略呈扁压状，熟时紫黑色。花期6~7月，果期9~10月。

产秦岭—淮河以南、五岭以北地区。牯牛降保护区内见于牯牛降主峰。

黄背越橘 杜鹃花科 Ericaceae 越橘属 Vaccinium
Vaccinium iteophyllum Hance

常绿灌木或乔木。幼枝密被锈黄色短柔毛；老枝被灰黄色短柔毛或无毛。叶片革质，卵状长椭圆形，边缘具细锯齿，两面中脉被锈黄色短柔毛；叶柄密被锈黄色短柔毛。总状花序轴和花梗均被锈黄色短柔毛；花萼钟形，5浅裂，多少被锈黄色短柔毛；花冠白色，坛状。浆果球形，疏生毛。花期5月，果期9~10月。

产长江流域及以南各地。牯牛降保护区内见于公信河附近沟谷。用途同江南越橘。

扁枝越橘 杜鹃花科 Ericaceae 越橘属 *Vaccinium*
Vaccinium japonicum var. *sinicum* (Nakai) Rehder

落叶灌木。茎直立，多分枝，枝条扁平，绿色，无毛，有时有沟棱。叶散生枝上，幼叶有时带红色，叶片纸质，卵形，顶端渐尖，边缘有细锯齿。花单生叶腋，下垂；花梗纤细，小苞片2，着生花梗基部，披针形；花冠白色带淡红色。浆果熟后红色。花期6月，果期9~10月。

产长江以南各地。牯牛降保护区内偶见于海拔700米以上的山坡林下或近山顶灌丛。枝条扁平，较为奇特，花色艳丽，树形优美，观赏价值较高。

杜仲 杜仲科 Eucommiaceae 杜仲属 *Eucommia*
Eucommia ulmoides Oliv.

落叶乔木。树皮灰褐色，粗糙，内含杜仲橡胶，折断拉开有多数细丝。叶椭圆形；基部圆形，先端渐尖；边缘有锯齿。花生于当年枝基部，雄花无花被；雄蕊长约1厘米；雌花单生。翅果扁平，长椭圆形，先端2裂，周围具薄翅；坚果位于中央，稍突起。花期3月，果期9~11月。

产华中、西南地区及陕西、甘肃。黄河流域以南广泛栽培，野生个体已不得见。牯牛降保护区内偶见于石灰岩山地沟谷旁，周边村庄附近广泛栽培。树皮为名贵中药材，有补肝肾、强筋骨、降血压等功效；叶、树皮及果实含硬橡胶，绝缘性能好，耐酸、碱、油及化学试剂的腐蚀，为制造海底电缆和耐酸、碱容器及管道的重要材料；木材可作家具、建筑用材；嫩叶、幼果可蔬食。

细叶水团花 茜草科 Rubiaceae 水团花属 Adina
Adina rubella Hance

别名：水杨梅

落叶小灌木。小枝延长，具赤褐色微毛。叶对生，近无柄，薄革质，卵状披针形，全缘，顶端渐尖。头状花序单生；花冠5裂，三角状，紫红色。果序直径约1厘米；小蒴果长卵状楔形。花果期5~12月。

产秦岭—淮河以南地区。牯牛降保护区内广泛分布于溪流中。全株可入药，有清热解毒、散瘀止痛等功效。

水团花 茜草科 Rubiaceae 水团花属 Adina
Adina pilulifera (Lam.) Franch. ex Drake

常绿小乔木。叶对生，厚纸质，椭圆形。头状花序明显腋生，花序轴单生，不分枝；小苞片线形至线状棒形；花冠白色，窄漏斗状，花冠管被微柔毛，花冠裂片卵状长圆形；雄蕊5枚，花柱伸出，柱头小，球形或卵圆球形。果序约1厘米；小蒴果楔形；种子长圆形，两端有狭翅。花期6~7月，果期9~11月。

产长江以南各地。牯牛降保护区内常见于沟谷旁。全株可治家畜瘰疬热症；木材供雕刻用。

茜树
茜草科 Rubiaceae 茜树属 *Aidia*
Aidia cochinchinensis Lour.

常绿小乔木。小枝灰褐色，稍坚硬，无刺，具皮孔。叶对生；叶片长椭圆形，革质，先端渐尖，全缘，上面具光泽，下面脉腋内具簇毛。聚伞花序与叶对生，或生于无叶的节上；花序梗粗壮；花萼筒杯形，萼檐 4 裂；花冠黄白色，内面喉部具白色柔毛，4 裂；花药全部露出；花柱长，柱头 2 浅裂。浆果近球形，紫黑色。花期 4~5 月，果期 10~11 月。

产华东、华南地区及湖北、湖南、四川、贵州、云南。牯牛降保护区内见于观音堂沟谷悬崖上。

钩藤
茜草科 Rubiaceae 钩藤属 *Uncaria*
Uncaria rhynchophylla (Miq.) Miq. ex Havil.

藤本。嫩枝方柱形或略有 4 棱角，枝条有发达的钩刺。叶纸质，椭圆形；托叶狭三角形，深 2 裂达全长 2/3。头状花序单生叶腋；花萼管疏被毛，花冠管外面无毛或具疏散的毛，花冠裂片卵圆形；花柱伸出冠喉外，柱头棒形。果序直径约 1 厘米。花期 6~7 月，果期 8~10 月。

产广东、广西、云南、贵州、福建、湖南、湖北及江西。牯牛降保护区内广泛分布于沟谷旁林下。本种带钩藤茎为著名中药（钩藤），用于治疗风热头痛、感冒夹惊、惊痛抽搐等症。

大叶白纸扇　茜草科 Rubiaceae　玉叶金花属 Mussaenda
Mussaenda shikokiana Makino

别名：糯花、玉叶金花

直立灌木。嫩枝密被短柔毛。叶对生，薄纸质，广卵形；托叶卵状披针形，常2深裂或浅裂。聚伞花序顶生；花萼管陀螺形，被贴伏的短柔毛，萼裂片近叶状，白色，披针形，长达1厘米；花瓣状花萼倒卵形，长3~4厘米，近无毛；花冠黄色，花冠管上部略膨大，外面密被贴伏短柔毛。浆果近球形。花期5~7月，果期7~10月。

产长江流域及以南地区。牯牛降保护区内广泛分布于林缘山坡灌丛中。植物含胶液，可粘鸟，故称粘鸟胶；观赏价值较高。

香果树　茜草科 Rubiaceae　香果树属 Emmenopterys
Emmenopterys henryi Oliv.

落叶大乔木。小枝有皮孔，粗壮，扩展。叶纸质，阔椭圆形，顶端短尖；托叶大，三角状卵形，早落。圆锥状聚伞花序顶生；花芳香；变态的叶状萼裂片白色、淡红色或淡黄色，纸质或革质，匙状卵形，有纵平行脉数条；花冠漏斗形，白色或黄色。蒴果近纺锤形，有纵细棱。花期6~8月，果期8~11月。

产秦岭—淮河以南大部分地区。牯牛降保护区内常见于沟谷阔叶林中。树干高耸，花美丽，可作庭园观赏树；树皮纤维柔细，是制蜡纸及人造棉的原料；木材无边材和心材的明显区别，可作特种木材用。

流苏子 茜草科 Rubiaceae 流苏子属 *Coptosapelta*
Coptosapelta diffusa (Champ. ex Benth.) Steenis

藤本或攀缘灌木。枝圆柱形,节明显,被柔毛或无毛。叶坚纸质至革质,卵形,顶端尾状渐尖,基部圆形。花单生于叶腋,常对生;花梗纤细,无毛或有柔毛,萼管卵形,檐部 5 裂,裂片卵状三角形;花冠白色或黄色,高脚碟状,外面被绢毛。蒴果扁球形,中间有 1 浅沟,淡黄色。花期 5~7 月,果期 5~12 月。

产长江流域及以南地区。牯牛降保护区内常见于沟谷林下。根辛辣,可治皮炎。

栀子 茜草科 Rubiaceae 栀子属 *Gardenia*
Gardenia jasminoides J. Ellis

别名:山栀

灌木。嫩枝常被短毛,枝圆柱形。叶对生,革质。花芳香,单朵生于枝顶;萼管倒圆锥形或卵形,有纵棱,萼檐管形,膨大,顶部 5~8 裂,宿存;花冠白色或乳黄色,高脚碟状,喉部有疏柔毛,冠管狭圆筒形。果卵形或近球形,橙黄色。花期 3~7 月,果期 5 月至翌年 2 月。

产长江流域及以南地区。牯牛降保护区内偶见于山坡、沟谷旁。果实可入药,有清热解毒、凉血止血等功效;也可制黄色染料;为园林观赏植物。

羊角藤 茜草科 Rubiaceae 巴戟天属 Morinda
Morinda umbellata subsp. *obovata* Y. Z. Ruan

攀缘或缠绕藤本。叶纸质或革质，顶端渐尖，基部渐狭，全缘，上面常具蜡质，光亮，下面淡棕黄色；托叶筒状，干膜质，顶截平。花序 3~11 伞状排列于枝顶；头状花序具花 6~12 朵；无花梗；各花萼下部彼此合生；花冠白色，稍呈钟状。聚花核果由 3~7 花发育而成，成熟时红色，近球形或扁球形。花期 6~7 月，果熟期 10~11 月。

产长江流域及以南地区。牯牛降保护区内偶见于沟谷旁近山顶林下。根及根皮可入药，有治风湿痹痛、肾虚腰痛等功效。

日本粗叶木 茜草科 Rubiaceae 粗叶木属 Lasianthus
Lasianthus japonicus Miq.

别名：榄绿粗叶木

灌木。枝和小枝无毛或嫩部被柔毛。叶近革质或纸质，长圆形或披针状长圆形，顶端骤尖，上面无毛或近无毛，下面脉上被贴伏的硬毛；托叶小，被硬毛。花无梗，常 2~3 朵簇生在一腋生总梗上，有时无总梗；苞片小；萼钟状，萼齿三角形，短于萼管；花冠白色，管状漏斗形，外面无毛，里面被长柔毛，裂片 5，近卵形。核果球形。花期 5~6 月，果期 10~11 月。

产长江流域及以南地区。牯牛降保护区内常见于沟谷旁林下。满树白花，果实纯蓝且宿存，观赏价值较高。

虎刺 茜草科 Rubiaceae 虎刺属 Damnacanthus
Damnacanthus indicus C. F. Gaertn.

灌木。具肉质链珠状根；茎下部少分枝，上部密集多回2叉分枝，节上托叶腋常生1针状刺，长0.4~2厘米。叶常大小成对相间排列，卵形，边全缘，基部常歪斜。花两性，1~2朵生于叶腋；花萼钟状，绿色或具紫红色斑纹；花冠白色，管状漏斗形，檐部4裂。核果红色，近球形。花期3~5月，果熟期冬季至翌年春季。

产长江流域及以南各地，西藏也有分布。牯牛降保护区内偶见于山坡林下。根可入药，有清热利湿、舒筋活血、祛风止痛等功效；叶小而常绿，果实鲜红且宿存，适宜作盆景。

浙皖虎刺 茜草科 Rubiaceae 虎刺属 Damnacanthus
Damnacanthus macrophyllus Siebold ex Miq.

小灌木。根通常肥厚而有时呈念珠状。小枝被开展短粗毛，上部常内弯，针状刺对生于叶柄间，长2~8毫米。叶片卵形，薄革质，先端急尖至短渐尖，基部圆形或宽楔形，全缘，两面均无毛；叶柄短，被短粗毛。花萼裂片三角形；花冠檐部4裂，裂片卵状三角形。果1~3枚腋生，红色。花期6月，果期11月至翌年1月。

产安徽、福建、广东、贵州、云南。牯牛降保护区内偶见于山坡林下或沟谷旁。根可入药，功效同虎刺。

短刺虎刺 茜草科 Rubiaceae 虎刺属 *Damnacanthus*
Damnacanthus giganteus (Mak.) Nakai

灌木。根肉质，链珠状；幼枝常具4棱，初时深绿色，疏被微毛，后变灰黄色，无毛，刺极短，长1~2毫米，通常仅见于顶节托叶腋，其余节无刺。叶革质，披针形或长圆状披针形；托叶生叶柄间，早落。花成对腋生于短总梗上；花萼钟状，檐部4裂，裂齿三角形；花冠白色，革质，管状漏斗形。核果红色，近球形。花期3~5月，果熟期11月至翌年1月。

产安徽、浙江、江西、福建、湖南、广东、广西、贵州、云南等地。牯牛降保护区内偶见于山坡林下或沟谷旁。根可入药，有补养气血、收敛止血等功效。

六月雪 茜草科 Rubiaceae 白马骨属 *Serissa*
Serissa japonica (Thunb.) Thunb.

小灌木。小枝灰白色，幼枝被短柔毛。叶片狭椭圆形，基部长楔形，全缘，具缘毛，后渐脱落。花单生或数朵簇生、腋生或顶生；无梗；萼裂片三角形；花冠筒长约为萼片2倍以上，花冠白色，有时带红紫色。花期5~6月，果期7~8月。与白马骨的区别在于本种萼片三角形，明显短于花冠筒。

产华东及华南地区，台湾也有分布。全国各地常作盆景栽培。牯牛降保护区内偶见于沟谷旁林下，周边村庄常作盆景栽培。

白马骨

茜草科 Rubiaceae　白马骨属 *Serissa*

Serissa serissoides (DC.) Druce

别名：山地六月雪

小灌木。叶通常丛生，薄纸质，倒卵形，顶端短尖或近短尖，基部收狭成一短柄；托叶具锥形裂片，膜质，被疏毛。花无梗，生于小枝顶部，有苞片；萼檐裂片 5，具缘毛；花冠管外面无毛，喉部被毛，裂片 5，长圆状披针形。核果小，干燥。花期 4~6 月。

产长江流域及以南地区。牯牛降保护区内常见于山坡林下或灌丛中。全株可入药，有平肝利湿、健脾止泻等功效。

白花苦灯笼

茜草科 Rubiaceae　乌口树属 *Tarenna*

Tarenna mollissima (Hook. & Arn.) B. L. Rob.

灌木。全株密被灰色或褐色柔毛或短绒毛。叶纸质，披针形；托叶卵状三角形，顶端尖。聚伞花序伞房状，顶生，多花；苞片和小苞片线形；萼管近钟形；花冠白色，喉部密被长柔毛，裂片 4 或 5。果近球形，被柔毛，黑色。花期 5~7 月，果期 5 月至翌年 2 月。

产长江以南各地。牯牛降保护区内偶见于沟谷旁林下。根和叶入药，有清热解毒、消肿止痛的功效，可治肺结核咯血、感冒发热、咳嗽、热性胃痛、急性扁桃体炎等。

狗骨柴 茜草科 Rubiaceae 狗骨柴属 *Diplospora*
Diplospora dubia (Lindl.) Masam.

灌木。叶革质，卵状长圆形或披针形，顶端短渐尖，基部楔形，全缘，常稍背卷，两面无毛。花腋生密集成束或组成具总花梗的聚伞花序；总花梗短，有短柔毛；花冠白色或黄色，花冠裂片长圆形，约与冠管等长，向外反卷；雄蕊 4，花丝与花药近等长；柱头 2 分枝，线形。浆果近球形，有疏短柔毛或无毛，熟时红色，顶部有萼檐残迹；果柄纤细，有短柔毛。花期 4~8 月，果期 5 月至翌年 2 月。

产长江以南各地。牯牛降保护区内罕见于海拔 800 米以下的山坡谷地、溪边路旁或林下灌丛中。本材致密强韧，加工容易，可为器具及雕刻细工用材；可药用，据称在江西井冈山地区居民用其根治黄疸病。

鸡仔木 茜草科 Rubiaceae 鸡仔木属 *Sinoadina*
Sinoadina racemosa (Sieb. et Zucc.) Ridsdale.

别名：水冬瓜

落叶乔木。叶对生，薄革质，宽卵形，顶端短尖至渐尖，基部心形或钝；托叶 2 裂，近圆形，早落。约 10 朵小花排成聚伞状圆锥花序；花具小苞片；花萼管密被苍白色长柔毛，萼裂片密被长柔毛；花冠淡黄色。果序直径 1 厘米；小蒴果倒卵状楔形。花果期 5~12 月。

产长江以南各地。牯牛降保护区内偶见于沟谷旁阔叶林中。木材褐色，供制家具、农具、火柴杆、乐器等；树皮纤维可制麻袋、绳索及人造棉等。

蓬莱葛　马钱科 Loganiaceae　蓬莱葛属 Gardneria

Gardneria multiflora Makino

别名：多花蓬莱葛

木质藤本。枝条圆柱形，有明显的叶痕；除花萼裂片边缘有睫毛外，全株均无毛。叶片纸质至薄革质。花很多而组成腋生的 2~3 歧聚伞花序；花 5 数；花萼裂片半圆形；花冠辐状，黄色或黄白色，花冠管短。浆果圆球状，果成熟时红色；种子圆球形，黑色。花期 3~7 月，果期 7~11 月。

产秦岭—淮河以南，南岭以北。牯牛降保护区内偶见于山地密林下、山坡灌木丛中、岩石旁。根、叶可供药用，有祛风活血之效，主治关节炎、坐骨神经痛等。

线叶蓬莱葛　马钱科 Loganiaceae　蓬莱葛属 Gardneria

Gardneria nutans Siebold & Zucc.

别名：少花蓬莱葛、俯垂蓬莱葛

木质藤本。枝条圆柱形，灰棕色，有明显的托叶痕；除花萼裂片边缘被疏睫毛外，全株均无毛。叶片线状披针形，顶端长渐尖，基部楔形；中脉两面均凸起，网脉不明显。花单生于叶腋内，5 数；花梗中部以下有 2 枚钻形的苞片；花萼裂片三角形；花冠白色，稍肥厚。浆果圆球形，红色。花期 7 月，果期 10 月。

产安徽、浙江、广西、四川、贵州和云南等地。牯牛降保护区内偶见于山坡林下或灌丛中。根可供药用，主治风湿骨痛。

亚洲络石

夹竹桃科 Apocynaceae　络石属 *Trachelospermum*

Trachelospermum asiaticum (Siebold & Zucc.) Nakai

别名：细梗络石

常绿木质藤本。具白色乳汁。幼茎被黄褐色短柔毛，老时无毛。叶片椭圆形，先端急尖，基部楔形。聚伞花序顶生；花白色，芳香；花蕾顶端渐尖；花萼裂片5，紧贴于花冠筒上，内有10枚齿状腺体；花冠高脚碟状，喉部膨大；雄蕊着生于花冠喉部，花药箭头形，顶端伸出花冠喉部外。蓇葖果双生，叉开，条状圆柱形。花期4~7月，果期8~10月。

产长江以南各地。牯牛降保护区内偶见于公信河谷附近石缝中。

络石

夹竹桃科 Apocynaceae　络石属 *Trachelospermum*

Trachelospermum jasminoides (Lindl.) Lem.

常绿木质藤本，具乳汁。与亚洲络石区别在于，本种雄蕊着生于冠筒中部，花药顶端隐藏在花冠喉部内。花期3~7月，果期7~12月。

产秦岭—淮河以南地区。牯牛降保护区内广泛分布于沟谷路旁的石壁、悬崖上。根、茎、叶均可药用，有祛风活络、利关节、止血、止痛消肿、清热解毒等功效；乳汁有毒，对心脏有毒害作用；为纤维植物，茎皮纤维拉力强，可制绳索、造纸及人造棉；花芳香，可提取络石浸膏。

紫花络石
夹竹桃科 Apocynaceae　络石属 *Trachelospermum*
Trachelospermum axillare Hook. f.

粗壮木质藤本。叶厚纸质，倒披针形，先端尖尾状，基部楔形。聚伞花序近伞形；花紫色；花蕾顶端钝；花萼裂片紧贴于花冠筒上；花冠高脚碟状，花药隐藏于花冠筒内。蓇葖长圆柱状，平行，黏生，略似镰刀状，通常端部合生。花期5~6月，果期8~10月。

产长江以南各地。牯牛降保护区内常见于沟谷边林下。植株可提取树脂及橡胶；茎皮纤维拉力强，可代麻制绳和织麻袋；种毛可作填充料。

毛药藤
夹竹桃科 Apocynaceae　毛药藤属 *Sindechites*
Sindechites henryi Oliv.

木质藤本，具乳汁。叶薄纸质，长圆状披针形，顶端尾状渐尖，叶柄间及叶腋内具线状腺体。总状式聚伞花序顶生；花白色，花萼内面有10~15枚腺体，腺体顶端2裂；花冠筒圆筒形，长7毫米，喉部膨大；雄蕊着生在花冠筒近喉部；子房2，离生，柱头顶端2裂。蓇葖双生，一长一短。花期5~7月，果期7~10月。

产长江流域以南各地。牯牛降保护区内偶见于海拔600米以上的山地疏林下或山坡路旁灌木丛中。民间常作补药用，称之为"土牛党七"，孕妇忌用。

祛风藤 夹竹桃科 Apocynaceae 秦岭藤属 *Biondia*
Biondia microcentra (Tsiang) P. T. Li

别名：浙江乳突果

缠绕藤本。茎纤细，被疏短柔毛。叶薄纸质，窄椭圆状长圆形，顶端渐尖，基部楔形至钝，羽状脉。聚伞花序假伞形状，比叶短，着花4~6朵；花冠黄色，近坛状，花冠筒中部以下膨大；副花冠无。蓇葖单生，长圆状披针形。花期5~7月，果期7~10月。

产江苏、安徽、四川、云南等地。牯牛降保护区内常见于山坡竹林下、灌木丛中及岩石边阴处。全株可药用，煎煮汤剂有解热作用，可治风湿与内热。

贵州娃儿藤 夹竹桃科 Apocynaceae 娃儿藤属 *Tylophora*
Tylophora silvestris Tsiang

木质藤本。茎灰褐色；节间长8~9厘米。叶近革质，长圆状披针形；基生三出脉，侧脉每边1~2条，网脉不明显，边缘外卷；叶柄被微毛。聚伞花序假伞形，腋生，比叶为短，不规则两歧，着花10余朵；花蕾卵圆状；花紫色；花萼5深裂，花冠辐状，裂片卵形，钝头；副花冠裂片卵形，肉质肿胀。蓇葖披针形，长7厘米。花期3~5月，果期6~9月。《安徽植物志》记录的青龙藤（*Biondia henryi*）为本种误认。

产长江流域及以南各地。牯牛降保护区内常见于林缘或路旁灌丛中。根部可入药，所含的娃儿藤碱、异娃儿藤碱、娃儿藤宁碱等均有抗肿瘤的功效。

厚壳树　紫草科 Boraginaceae　厚壳树属 Ehretia
Ehretia acuminata R. Br.

落叶乔木。具条裂的黑灰色树皮。叶椭圆形、倒卵形，宽大，边缘有整齐的内弯锯齿。圆锥花序顶生；花多数，密集，小形，芳香；花冠钟状，白色。核果黄色或橘黄色。

产华东、华中、华南、西南地区。牯牛降保护区内偶见于沟谷边山坡上。木材质地坚硬，可作建筑用材；树皮可作染料。

粗糠树　紫草科 Boraginaceae　厚壳树属 Ehretia
Ehretia dicksonii Hance

落叶乔木。树皮灰褐色，纵裂；枝条褐色，小枝淡褐色，均被柔毛。叶宽椭圆形，先端尖，基部宽楔形或近圆形，边缘具开展的锯齿，上面密生具基盘的短硬毛，极粗糙，下面密生短柔毛。聚伞花序顶生，伞房状或圆锥状；花冠筒状钟形，白色至淡黄色，芳香；雄蕊伸出花冠外。核果黄色，近球形。花期3~5月，果期6~7月。

产秦岭—淮河以南各地。牯牛降保护区内罕见于沟谷边山坡上。可栽培供观赏。

枸杞 茄科 Solanaceae 枸杞属 *Lycium*
Lycium chinense Mill.

灌木。枝条细弱，弓状弯曲或俯垂，淡灰色，有纵条纹，有棘刺。叶纸质，单叶互生或 2~4 片簇生，卵形。花冠漏斗状，淡紫色，筒部向上骤然扩大，稍短于或近等于檐部裂片，5 深裂。浆果红色，卵状。花果期 6~11 月。

产南北各地，除普遍野生外，各地也有作药材、蔬菜栽培。牯牛降保护区内常见于低海拔地区路旁或溪边灌丛。果实入药，中药名"枸杞子"，有滋肝补肾、益精明目的功效；根皮中药名"地骨皮"有解热止咳的功效；嫩叶可作蔬菜；种子油可制润滑油或食用油。

雪柳 木樨科 Oleaceae 雪柳属 *Fontanesia*
Fontanesia philliraeoides var. *fortunei* (Carrière) Koehne

落叶灌木。冬芽卵球形，具 2~3 对鳞片；小枝淡黄色或淡绿色，微呈四棱形，无毛。叶纸质，卵状披针形至披针形，全缘，偶有锯齿，两面无毛。圆锥花序顶生或腋生，无毛；花两性或杂性同株；花梗无毛；花萼杯状，深裂；花冠白色或带淡红色，4 深裂。翅果倒卵形至倒卵状椭圆形，扁平，花柱宿存，边缘具窄翅。花期 4~5 月，果期 10~11 月。

产河北、山东、江苏、安徽、河南、湖北及陕西等地。牯牛降保护区内偶见于山坡灌丛。枝条可编筐，茎皮可制人造棉；花期满树白花，观赏价值高，枝干茂密，可栽培作绿篱。

尖萼梣 木樨科 Oleaceae 梣属 Fraxinus
Fraxinus odontocalyx Hand.-Mazz. ex E. Peter

落叶乔木。小枝灰黄色，无毛，皮纵裂。羽状复叶，小叶 5；小叶柄长约 5 毫米。雄花与两性花异株；花萼阔杯状，齿三角形，长大于宽；花冠黄绿色，裂片线形，长约 1.5 毫米，两端均狭尖；雄花具雄蕊 2 枚。翅果倒披针形，紫色甚美丽；花萼宿存。花期 5 月，果期 9 月。本种主要识别特征为花萼及宿存萼深裂，长大于宽。

产安徽、福建、湖北、广东、广西、四川、贵州、陕西。牯牛降保护区内偶见于山顶灌丛。枝繁叶茂，花朵繁盛，适宜观赏。

苦枥木 木樨科 Oleaceae 梣属 Fraxinus
Fraxinus insularis Hemsl.

落叶乔木。芽狭三角状圆锥形，密被黑褐色绒毛。嫩枝扁平，细长而直。羽状复叶；小叶 5~7；小叶柄纤细，长 1~1.5 厘米。圆锥花序生于当年生枝端，分枝细长，多花，叶后开放；花萼钟状，齿截平，上方膜质；花冠白色。翅果红色至褐色，长匙形；花萼宿存。花期 4~5 月，果期 7~9 月。本种主要识别特征为侧小叶叶柄长，宿存萼钟状形成萼筒，顶端啮齿状或近平截。

产长江以南，台湾至西南各地。牯牛降保护区内常见于沟谷两旁至山顶灌丛。枝繁叶茂，花朵繁盛，适宜观赏。

白蜡树

木樨科 Oleaceae 梣属 *Fraxinus*

Fraxinus chinensis Roxb.

落叶乔木。羽状复叶，小叶 3~7 片，硬纸质或近革质，卵形、长圆状卵形或椭圆形，边缘有锯齿。圆锥花序顶生，无毛或初有长柔毛后脱落；雌雄异株或雄花与两性花异株，与叶同时开放，无花冠。翅果匙形。花期 3~5 月，果期 8~9 月。本种主要识别特征为花无花瓣。

产全国各地。牯牛降保护区内偶见于沟谷旁光照较好的山坡。放养白蜡虫生产白蜡，可供工业及医药用；树皮药用，名"秦皮"，有清热燥湿、清肝明目等功效；木材可制各种用具；还可用作园林树种。

庐山梣

木樨科 Oleaceae 梣属 *Fraxinus*

Fraxinus sieboldiana Blume

别名：黄山梣

落叶小乔木。羽状复叶，小叶 3~5 片，近全缘或中下部以上具锯齿，叶缘略反卷；小叶近无柄。圆锥花序顶生或腋生枝梢，分枝挺直，多花，密集；杂性花；雄花具短花梗，花萼甚小，萼齿三角形，被短柔毛，花冠白色至淡黄色，雄蕊 2 枚，与花冠裂片近等长；两性花的花冠裂片短，花药尖头。翅果线状匙形；宿存萼小，齿裂几达基部。花期 5~6 月，果期 9 月。本种主要识别特征为宿存萼宽大于长或近相等。

产安徽、江苏、浙江、江西、福建等地。牯牛降保护区偶内见于近山顶灌丛或悬崖上。本种树姿与花果都很美丽，生长缓慢，适宜于小型庭园作观赏树种。

金钟花
木樨科 Oleaceae　连翘属 *Forsythia*
Forsythia viridissima Lindl.

别名：黄金条

落叶灌木。枝棕褐色，呈四棱形，皮孔明显，具片状髓。叶片长椭圆形至披针形，通常上半部具不规则锐锯齿或粗锯齿，稀近全缘。花1~3朵着生于叶腋，先叶开放；花冠黄色，裂片长圆形，内面基部具橘黄色条纹，反卷。果卵形，先端喙状渐尖。花期3~4月，果期8~11月。

产江苏、安徽、浙江、江西、福建、湖北、湖南、云南（西北部）。牯牛降保护区内偶见于溪边林缘或山坡路旁灌丛。为重要园林植物，栽培供观赏；根、叶及果壳可入药，有清热解毒、祛湿泻火等功效；种子榨油，可用于制皂和生产化妆品。

木樨
木樨科 Oleaceae　木樨属 *Osmanthus*
Osmanthus fragrans Lour.

别名：桂花

常绿乔木。树皮灰褐色。叶革质，椭圆形，全缘或上半部具细锯齿，两面无毛，腺点在两面连成小水泡状突起。聚伞花序簇生于叶腋，或近于帚状；花梗细弱，花极芳香，裂片稍不整齐；花冠黄白色、淡黄色、黄色或橘红色。果歪斜，椭圆形，紫黑色。花期9~10月上旬，果期翌年4~5月。

产西南部地区，现各地广泛栽培。牯牛降保护区及周边地区广泛栽培，低山山坡偶见逸生。花可用于提取香精，熏茶、制糕点等，入药有散寒破结、化痰生津等功效；果可榨油食用，入药有暖胃平肝、散寒止痛等功效；根也可入药。

宁波木樨　木樨科 Oleaceae　木樨属 Osmanthus
Osmanthus cooperi Hemsl.

别名：华东木樨

常绿小乔木。小枝灰白色。叶片革质，椭圆形或倒卵形，全缘，腺点在两面呈针尖状突起，中脉在上面凹入，被短柔毛，近叶柄处尤密。花序簇生于叶腋，每腋内有花 4~12 朵；花冠白色，长约 4 毫米，花冠管与裂片几等长。果蓝黑色。花期 9~10 月，果期翌年 5~6 月。

产江苏（南部）、安徽、浙江、江西、福建等地。牯牛降保护区内偶见于沟谷边林下。

女贞　木樨科 Oleaceae　女贞属 Ligustrum
Ligustrum lucidum W.T.Aiton.

常绿乔木，高可达 25 米。枝黄褐色、灰色或紫红色，圆柱形。叶革质，卵形。圆锥花序顶生，花序轴及分枝轴无毛，紫色或黄棕色，果时具棱。果肾形，深蓝黑色，成熟时红黑色，被白粉。花期 5~7 月，果期 7 月至翌年 5 月。

产秦岭—淮河及以南各地。牯牛降保护区内偶见于沟谷边林下，常见作绿化树种栽培。为优良绿化树种，可作行道树和丁香、桂花的砧木；枝、叶上放养白蜡虫获取白蜡，供工业及医药用；花可提取芳香油；果可入药，有补肝肾、强腰膝、明目等功效；树皮和叶也可入药。

扩展女贞

木樨科 Oleaceae　女贞属 Ligustrum

Ligustrum expansum Rehder

别名：鄂皖女贞

灌木或小乔木。小枝淡灰棕色，疏被短柔毛或无毛，疏生皮孔。叶厚纸质，长圆状椭圆形、长圆状披针形或倒卵状椭圆形至倒卵形，上面无毛，下面被柔毛，通常脉上较密。圆锥花序宽大，顶生，下部常具叶状苞片；花序轴被短柔毛；花冠高脚碟状，略呈兜状，后反折；雄蕊不伸出花冠裂片外，花丝较花冠管长。果长圆状椭圆形。花期 5 月，果期 9 月，宿存至翌年 3 月。

产华东、华中、西南及广西等地。牯牛降保护区内偶见于观音堂等地的沟谷旁林下。常绿，花果观赏效果较好，适宜作绿篱。

小蜡

木樨科 Oleaceae　女贞属 Ligustrum

Ligustrum sinense Lour.

落叶灌木或小乔木。小枝圆柱形，幼时被淡黄色短柔毛或柔毛，老时近无毛。叶片纸质或薄革质，卵形或近圆形。圆锥花序顶生或腋生，花序轴被较密淡黄色短柔毛；花萼无毛，先端呈截形或呈浅波状齿；花丝与裂片近等长或长于裂片。果近球形。花期 3~6 月，果期 9~12 月。

产长江流域及以南各地。牯牛降保护区内偶见于沟谷旁林下及灌丛中。果实可酿酒；种子榨油供制肥皂；树皮和叶入药，具清热降火等功效，治吐血、牙痛、口疮、咽喉痛等；各地普遍栽培作绿篱。

蜡子树 木樨科 Oleaceae 女贞属 Ligustrum
Ligustrum leucanthum (S. Moore) P. S. Green

别名：长筒女贞

落叶灌木。小枝水平开展，被硬毛、柔毛、短柔毛至无毛。叶片纸质，椭圆形，上面疏被短柔毛至无毛。圆锥花序着生于小枝顶端；花序轴被硬毛；花萼被微柔毛或无毛，截形或萼齿呈宽三角形，达花冠裂片1/2~2/3处。果长圆形，蓝黑色。花期6~7月，果期8~11月。

产秦岭—淮河以南、五岭以北区域。牯牛降保护区内偶见于山顶灌丛。种子榨油可供制皂等工业用；可栽培作绿篱。

长筒女贞 木樨科 Oleaceae 女贞属 Ligustrum
Ligustrum longitubum (P. S. Hsu) P. S. Hsu

半常绿灌木。当年生小枝密被棕色短硬毛。叶片薄革质，卵形，先端锐尖、渐尖或钝，常具小尖头，基部阔楔形或近圆形，上面深绿色，光亮，无毛，全缘，在上面明显凹入，下面明显突起。圆锥花序顶生，花序轴被棕色柔毛；花萼杯形，萼齿三角形；花冠长1~1.6厘米，花冠筒长0.9~1.1厘米，裂片长约0.3厘米；花柱线形，柱头2浅裂。果长圆形。花期6月，果期9~10月。

产安徽南部、江西东部。牯牛降保护区内偶见于低海拔地区溪流旁灌丛中。可栽培作绿篱。

牛屎果
木樨科 Oleaceae　万钧木属 *Chengiodendron*　　别名：牛矢果
Chengiodendron matsumuranum (Hayata) C. B. Shang, X. R. Wang, Yi F. Duan & Yong F. Li

常绿灌木。小枝无毛。叶片厚纸质，倒披针形，基部楔形，下延至叶柄，全缘或上半部有锯齿，两面无毛。圆锥花序腋生，花序排列疏松；花萼杯形，先端4裂，边缘具纤毛；花冠淡绿色或淡黄绿色，4裂，花冠筒与裂片近等长。果椭圆形，成熟时呈紫黑色。花期5~6月，果期10~11月。

产华东、华南及贵州、云南等地。牯牛降保护区内罕见于瀑布水潭旁石壁上及沟谷边灌丛中。

流苏树
木樨科 Oleaceae　流苏树属 *Chionanthus*
Chionanthus retusus Lindl. & Paxton

落叶小乔木。小枝灰褐色或黑灰色，圆柱形。叶薄革质，长圆形，全缘或有小锯齿，叶缘稍反卷。聚伞状圆锥花序，生于枝顶端，近无毛；苞片线形，单性而雌雄异株或为两性花；花冠白色，4深裂，裂片线状倒披针形；花冠管短；雄蕊藏于管内或稍伸出。果椭圆形，被白粉，蓝黑色。花期3~6月，果期6~11月。

产秦岭—淮河以南各地。牯牛降保护区内偶见于沟谷旁及林缘灌丛中。花、嫩叶晒干可代茶，味香；果可提取芳香油；花繁多艳丽，观赏价值高。

华素馨　木樨科 Oleaceae　素馨属 Jasminum
Jasminum sinense Hemsl.

别名：华清香藤

缠绕藤本。小枝圆柱形，密被锈色长柔毛。叶对生，3出复叶；叶缘反卷，两面被锈色柔毛，下面脉上尤密。聚伞花序圆锥状排列，顶生或腋生，花多数，稍密集；花芳香；花萼被柔毛，裂片尖三角形；花冠白色，高脚碟状，花冠管细长；花柱异长。果长圆形或近球形，黑色。花期6~10月，果期9月至翌年5月。

产台湾和海南以外的长江以南各地。牯牛降保护区内多见于降上、历溪坞等地的沟边灌丛及路旁山坡。适宜观赏。

醉鱼草　玄参科 Scrophulariaceae　醉鱼草属 Buddleja
Buddleja lindleyana Fortune

灌木。小枝四棱，略成翅状；幼枝、叶片下面、叶柄、花序、苞片及小苞片均密被星状短绒毛和腺毛。叶对生，卵形，顶端渐尖，下面灰黄绿色。穗状聚伞花序顶生；花紫色，芳香。果序穗状；蒴果长圆状。花期4~10月，果期8月至翌年4月。

产长江流域及以南各地。牯牛降保护区内广泛分布于沟谷水边及路旁灌丛中。全株有小毒，捣碎投入河中能使活鱼麻醉，便于捕捉，故有"醉鱼草"之称。花芳香而美丽，可作观赏植物栽培。

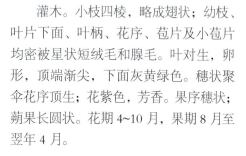

黄荆

马鞭草科 Verbenaceae　牡荆属 *Vitex*

Vitex negundo L.

别名：牡荆

灌木或小乔木；小枝四棱形，密生灰白色绒毛。掌状复叶，小叶 5，少有 3；小叶全缘或每边有少数粗锯齿，下面密生灰白色绒毛。聚伞花序排成圆锥花序，顶生，花序梗密生灰白色绒毛；花萼钟状，顶端有 5 裂齿；花冠淡紫色；雄蕊伸出花冠管外。核果近球形；宿萼接近果实的长度。花期 4~6 月，果期 7~10 月。变种牡荆（*V. negundo* var. *cannabifolia*）小叶边缘粗锯齿，二者分布区重叠，存在形态上的过渡，本书不作区分。

产秦岭—淮河及以南各地。牯牛降保护区内广泛分布于村庄周边的山坡、路旁。根、茎、叶均可入药；干燥果实为药材"黄荆子"。

兰香草

唇形科 Lamiaceae　莸属 *Caryopteris*

Caryopteris incana (Thunb.) Miq.

灌木。枝圆柱形，略带紫色，被向上弯曲的灰白色短柔毛。叶卵状披针形，边缘有粗齿，两面密被稍弯曲的短柔毛。聚伞花序密集，腋生和顶生；无苞片和具小苞片；花萼杯状，宿存；花冠淡紫色或紫蓝色，二唇形。果实倒卵状球形，上半部被粗毛。花果期 8~11 月。

产长江流域及以南各地。牯牛降保护区内偶见于山坡及沟谷旁开阔地。全株含黄酮类，对金黄色葡萄球菌、白喉杆菌有抑制作用，有祛痰止咳、散瘀止痛等功效。

臭牡丹 唇形科 Lamiaceae 大青属 Clerodendrum
Clerodendrum bungei Steud.

小灌木。植株有臭味；花序轴、叶柄密被黄褐色柔毛；小枝近圆形，皮孔显著。叶纸质，宽卵形，边缘具粗或细锯齿，侧脉4~6对，叶上面散生短柔毛，下面疏生短柔毛和散生腺点或无毛。伞房状聚伞花序顶生，密集；苞片叶状，披针形或卵状披针形；花萼钟状，萼齿三角形或狭三角形；花冠紫红色。核果近球形，成熟时蓝黑色。花果期5~11月。

产华北、西北、西南、华东以及华南地区。牯牛降保护区内常见于林缘灌丛或村庄周围。全株入药，有清热利湿、祛风解毒、消肿止痛等功效；花朵优美，花期长，用于观赏。

大青 唇形科 Lamiaceae 大青属 Clerodendrum
Clerodendrum cyrtophyllum Turcz.

灌木或小乔木。幼枝被短柔毛，枝黄褐色，髓坚实。叶纸质，长圆状披针形，全缘，两面无毛，叶下面常有腺点。伞房状聚伞花序；苞片线形，萼杯状；花冠白色，花冠管细长；雄蕊4，花丝与花柱同伸出花冠外。果球形，成熟时蓝紫色，宿萼红色。花果期6月至翌年2月。

产华东、中南、西南（四川除外）各地。牯牛降保护区内广泛分布于山坡及沟谷旁林下。叶和根可入药，有清热解毒、凉血等功效；嫩叶可作蔬菜。

浙江大青　唇形科 Lamiaceae　大青属 *Clerodendrum*
Clerodendrum kaichianum P. S. Hsu

别名：黄山大青

落叶灌木或小乔木。嫩枝略四棱形，密生黄褐色、褐色或红褐色短柔毛；老枝褐色，髓白色，有淡黄色薄片状横隔。叶厚纸质，卵形，全缘，叶上面疏被短糙毛，下面仅沿脉疏被短糙毛，基部脉腋常有几个盘状腺体。伞房状聚伞花序顶生，常自花序基部分出 4~5 枝；花萼钟状，淡红色；花冠乳白色或淡红色。核果蓝绿色，球形。花果期 7~10 月。

产浙江、安徽、江西、福建。牯牛降保护区内偶见于沟谷旁林下。

海州常山　唇形科 Lamiaceae　大青属 *Clerodendrum*
Clerodendrum trichotomum Thunb.

灌木或小乔木。幼枝、叶柄、花序轴等多少被黄褐色柔毛或近于无毛，老枝灰白色，具皮孔，髓白色，有淡黄色薄片状横隔。叶纸质，卵状椭圆形，全缘或有时边缘具波状齿。伞房状聚伞花序顶生或腋生，通常 2 歧分枝；花香，花冠白色或带粉红色，花冠管细。核果近球形，包藏于增大的宿萼内，外果皮蓝黑色。花果期 6~11 月。

产辽宁、甘肃、陕西以及华北、中南、西南各地。牯牛降保护区内常见于林下或林缘灌丛。叶、根或全株可供药用，有祛风湿的功效；花白色，果蓝黑色，果萼紫色，可用于景观绿化或观赏。

白棠子树
唇形科 Lamiaceae　紫珠属 *Callicarpa*
Callicarpa dichotoma (Lour.) K. Koch

灌木。小枝细长，略呈四棱形，淡紫红色，嫩梢略有星状毛。叶纸质，倒卵形，基部楔形，边缘上半部疏生锯齿，两面近无毛，下面密生下凹的黄色腺点；叶柄长 2~5 毫米。聚伞花序，2 或 3 次分歧；花冠淡紫红色，花丝长约是花冠的 2 倍。果球形，紫色。花期 6~7 月，果期 9~11 月。

产山东、河北、河南一线以南各地。牯牛降保护区内常见于沟谷旁灌丛中或低海拔地区溪流边。叶、根、果可药用，有清热、凉血、止血等功效；叶也可提取芳香油；花淡紫红色，入秋后果紫红鲜亮，可供观赏。

紫珠
唇形科 Lamiaceae　紫珠属 *Callicarpa*
Callicarpa bodinieri H. Lév.

别名：珍珠枫

灌木。小枝、叶柄和花序均被粗糠状星状毛。叶基部楔形，下面灰棕色，密被星状柔毛，两面密生暗红色或红色细粒状腺点，边缘有细锯齿。聚伞花序，4~5 次分歧，花序梗长不超过 1 厘米；花冠紫色，花丝长为花冠的 2 倍，药室纵裂。果球形，熟时紫色。花期 6~7 月，果期 8~11 月。

产长江流域及以南各地。牯牛降保护区内常见于林缘灌丛中。叶可入药，有清热凉血、止血等功效；花果艳丽，可供观赏。

红紫珠　唇形科 Lamiaceae　紫珠属 *Callicarpa*
Callicarpa rubella Lindl.

灌木。小枝被黄褐色星状毛并杂有多细胞的腺毛。叶片倒卵形，基部心形，两侧耳垂状，叶下面被星状毛，有黄色腺点，近于无柄。聚伞花序；花序梗长1.5~3厘米；花冠紫红色、黄绿色或白色；雄蕊长为花冠的2倍。果紫红色。花期5~7月，果期7~11月。

产长江流域及以南各地。牯牛降保护区内常见于沟谷旁灌丛中。用途与紫珠相同。

华紫珠　唇形科 Lamiaceae　紫珠属 *Callicarpa*
Callicarpa cathayana H. T. Chang

灌木。小枝纤细，幼嫩时稍有星状毛，老后脱落。叶片椭圆形或卵形，基部楔形，两面近于无毛，而有显著的红色腺点。聚伞花序细弱；花冠紫色，疏生星状毛，有红色腺点，花丝等于或稍长于花冠，花药长圆形，药室孔裂。花期5~7月，果期8~11月。

产长江流域及以南各地。牯牛降保护区内常见于沟谷旁或林缘灌丛中。用途与紫珠相同。

老鸦糊 唇形科 Lamiaceae 紫珠属 *Callicarpa*
Callicarpa giraldii Hesse ex Rehder

灌木。小枝灰黄色，被星状毛。叶片纸质，较同属其他种宽大；基部楔形、下延，边缘有锯齿或小齿，下面疏生星状毛，密被黄色腺点；叶柄长1~2厘米。聚伞花序4或5次分歧，被星状毛；花冠紫红色，稍被星状毛，药室纵裂。果实球形，紫色。花期5月中旬至6月底，果期10~11月。

产黄河流域以南各地。牯牛降保护区内常见于沟谷旁或林缘灌丛中。用途与紫珠相同。

日本紫珠 唇形科 Lamiaceae 紫珠属 *Callicarpa*
Callicarpa japonica Thunb.

灌木。除嫩枝和幼叶略有星状毛外全体无毛。小枝圆柱形。叶片纸质，倒卵状椭圆形，先端急尖至尾尖，基部楔形，边缘上半部有锯齿，下面无腺点或有不明显的黄色腺点。聚伞花序2或3次分歧；花序梗与叶柄等长或稍比叶柄短；花萼杯状；花冠淡红色；花丝与花冠近等长，药室孔裂。果球形，紫红色。花期6~7月，果期10~11月。变种窄叶紫珠（*C. japonica* var. *angustata*）以及膜叶紫珠（*C. membranacea*）与本种区别在于叶形狭窄，考虑到日本紫珠为广布种，且不同居群叶形变化大，故本书不作区分。

产华东、华中及辽宁、河北、山东、四川、贵州等地。牯牛降保护区内常见于沟谷旁或林缘灌丛中。用途同紫珠。

全缘叶紫珠　唇形科 Lamiaceae　紫珠属 Callicarpa
Callicarpa integerrima Champ. ex Benth.

蔓性灌木。小枝棕褐色，圆柱形，嫩枝、叶柄和花序密生黄褐色茸毛。叶宽卵形，下面密生灰黄色厚茸毛。聚伞花序，7~9 次分歧；花冠紫色，雄蕊长于花冠约 2 倍，药室纵裂。果球形，紫色。花期 6~7 月，果期 8~11 月。

产安徽（南部）、浙江（南部）、江西、福建、广东、广西。牯牛降保护区内偶见于九龙池、大历山等地的山坡矮林中。用途同紫珠。

豆腐柴　唇形科 Lamiaceae　豆腐柴属 Premna
Premna microphylla Turcz.

别名：腐婢

直立灌木。幼枝有柔毛，老枝变无毛。叶揉之有臭味，卵状披针形，基部渐狭窄下延至叶柄两侧，全缘至有不规则粗齿。聚伞花序；花萼杯状，绿色，有时带紫色；花冠淡黄色，外有柔毛和腺点，花冠内部有柔毛。核果紫色。花果期 5~10 月。

产华东、中南、华南以及四川、贵州等地。牯牛降保护区内广泛分布于林下或林缘灌丛中。叶可制豆腐，供食用；叶也可提取果胶；嫩枝和叶可作饲料；根、叶可入药。

白花泡桐 泡桐科 Paulowniaceae 泡桐属 *Paulownia*
Paulownia fortunei (Seem.) Hemsl.

乔木。主干直,树皮灰褐色;幼枝、叶、花序各部和幼果均被黄褐色星状绒毛。叶长卵状心脏形,成熟叶片下面密被绒毛。花序枝几无或仅有短侧枝,故花序狭长几成圆柱形,小聚伞花序有花3~8朵;花冠管状漏斗形,白色仅背面稍带紫色或浅紫色,管部在基部以上不突然膨大,而逐渐向上扩大,稍向前曲。蒴果长圆形或长圆状椭圆形。花期3~4月,果期7~8月。

产长江流域及以南各地。牯牛降保护区内常见于村庄周围的荒山或路旁。对二氧化硫、氯气等有毒气体有较强的抗性;生长快,花大而美丽,适合作园林绿化树种。

毛泡桐 泡桐科 Paulowniaceae 泡桐属 *Paulownia*
Paulownia tomentosa (Thunb.) Steud.

乔木。树冠宽大伞形,树皮灰褐色。叶片心脏形,全缘或波状浅裂,老叶下面具灰褐色毛。花序枝的侧枝不发达,故花序为金字塔形或狭圆锥形,小聚伞花序的总花梗,几与花梗等长,具花3~5朵;萼浅钟形,分裂至中部或裂过中部;花冠紫色,漏斗状钟形,在离管基部向上突然膨大。蒴果卵圆形。花期4~5月,果期8~9月。

产辽宁(南部)、河北、河南、山东、江苏、安徽、湖北、江西等地。牯牛降保护区内常见于村庄周围的荒山或路旁。根皮、花、叶均可药用;较耐干旱与贫瘠,耐盐碱,可作绿化树种。

青荚叶

青荚叶科 Helwingiaceae 青荚叶属 *Helwingia*

Helwingia japonica (Thunb.) Dietr.

别名：叶上珠

落叶灌木。幼枝绿色，无毛，叶痕显著。叶纸质，卵形，先端渐尖，基部阔楔形或近于圆形，边缘具刺状细锯齿；叶上面亮绿色，下面淡绿色。花淡绿色，3~5朵；雄花4~12，呈伞形或密伞花序，常着生于叶上面中脉的1/2~1/3处；雌花1~3，着生于叶上面中脉的1/2~1/3处。浆果熟后黑色。花期4~5月，果期8~9月。

产黄河流域以南各地。牯牛降保护区内偶见于沟谷旁的林下灌丛中。花、果着生方式奇特，可用于园林绿化观赏；叶、果可药用，有清热解毒、消肿止痛的功效。

冬青

冬青科 Aquifoliaceae 冬青属 *Ilex*

Ilex chinensis Sims

常绿乔木。树皮灰黑色。叶片薄革质，椭圆状披针形，边缘具圆齿。复聚伞花序单生于叶腋；花淡紫色；雄花花萼裂片宽三角形，花瓣卵圆形，雄蕊短于花瓣；雌花花萼、花瓣与雄花相似。果椭球形，成熟时呈鲜红色。花期4~6月，果期10~12月，可宿存于树上至翌年3月。

产华东、华中、华南及云南。牯牛降保护区内常见于山坡阔叶林中。冠形优美，红果宿存，适宜绿化栽培；材质致密，可作家具、细木工用材；根皮、叶可入药，用于治疗上呼吸道感染、慢性支气管炎、痢疾，外治烧伤烫伤、冻疮、乳腺炎；树皮含鞣质，可提制栲胶。

香冬青　冬青科 Aquifoliaceae　冬青属 *Ilex*
Ilex suaveolens (H. Lév.) Loes.

常绿乔木。当年生小枝褐色，具棱角，秃净，二年生枝近圆柱形，皮孔椭圆形，隆起。叶革质，卵形或椭圆形，先端渐尖，具三角状的尖头，基部宽楔形，下延，叶缘疏生小圆齿，略内卷；叶柄长约1.5~2厘米，具翅。伞形或聚伞花序单生于叶腋；花序梗纤细，无毛；花紫色或白色，4或5数；子房卵球形，柱头厚盘状。果椭球形，成熟时呈鲜红色。花期5~7月，果期10~12月。

产长江以南各地。牯牛降保护区内偶见于沟谷旁阔叶林中。

绿冬青　冬青科 Aquifoliaceae　冬青属 *Ilex*
Ilex viridis Champ. ex Benth.

别名：亮叶冬青

常绿小乔木。小枝绿色，有棱或条纹，无毛。叶革质，卵形、倒卵形或椭圆形，先端渐尖，基部楔形，稀近圆形，边缘有钝锯齿，下面有褐色腺点，中脉在上面深凹陷，疏被短柔毛，下面隆起，无毛。雄花组成聚伞花序，雄蕊短于花冠；雌花单生，萼裂片近圆形。果球形，成熟时呈紫黑色；分核4，近球形。花期4~5月，果期10~12月。

产长江以南各地。牯牛降保护区内偶见于沟谷旁林下。

铁冬青 冬青科 Aquifoliaceae 冬青属 *Ilex*
Ilex rotunda Thunb.

常绿乔木。树皮灰色至灰黑色。叶片薄革质，卵形，先端短渐尖，基部楔形或钝，全缘，稍反卷；叶柄常为紫色。聚伞花序单生叶于腋；花白色或淡紫色；雄花花萼裂片三角形，花瓣长圆形，开放时反折，雄蕊明显露出；雌花花萼裂片三角形，花瓣倒卵状长圆形，子房卵状圆锥形。果近球形，鲜红色。花期4~5月，果期9~12月，可宿存于树上至翌年3月。

产华东、华南及湖北、湖南、贵州、云南。牯牛降保护区内常见于沟谷旁或阔叶林中。为优美的庭园观赏树种；材质致密，适作家具；树皮、根、叶、果可入药，有清热解毒、消肿止痛、止血等功效。

木姜冬青 冬青科 Aquifoliaceae 冬青属 *Ilex*
Ilex litseifolia Hu & Tang

常绿小乔木。叶革质，卵状椭圆形，先端渐尖，基部楔形略下延，全缘，中脉两面隆起，在上面密被黄褐色短糙毛。聚伞花序单生于叶腋；花白色，5数。果球形，鲜红色。花期5~6月，果期10~11月。

产安徽（南部）、浙江、江西、福建、湖南、广东、广西、贵州。牯牛降保护区内偶见于桶坑等地的沟谷中。秋季满树鲜红果实，可供观赏。

枸骨 冬青科 Aquifoliaceae 冬青属 *Ilex*
Ilex cornuta Lindl. & Paxton

别名：枸骨冬青

常绿小乔木。幼枝具纵脊及沟。叶厚革质，二型，四角状长圆形或卵形，先端具3枚尖硬刺齿，中央刺齿常反曲，基部圆形或近截形，两侧各具1~2刺齿，有时全缘。花序簇生于二年生枝的叶腋内，淡黄色。果球形，鲜红色。花期4~5月，果期10~12月。

产江苏、上海、安徽、浙江、江西、湖北、湖南等地。牯牛降保护区内常见于低海拔地区的林下或山坡。叶形奇特，果实鲜红，适宜观赏；经揉搓干燥后的嫩叶名"枸骨茶"，干燥的老叶名"枸骨叶"，可养阴清热、补益肝肾；干燥成熟的果实名"枸骨子"或"功劳子"，有补肝肾、止泻的功效；根可入药，有祛风、止痛、解毒的功效。

猫儿刺 冬青科 Aquifoliaceae 冬青属 *Ilex*
Ilex pernyi Franch.

常绿灌木。树皮银灰色，纵裂。叶革质，先端三角形渐尖，渐尖头形成粗刺，叶边缘具深波状刺齿1~3对。花序簇生于二年生枝的叶腋内，多为2~3花聚生成簇，每分枝仅具1花；花淡黄色，全部4基数。果球形，红色。花期4~5月，果期10~11月。

产秦岭—淮河以南、五岭以北的广大区域。牯牛降保护区内偶见于高海拔地区沟谷疏林中。树皮含小檗碱，可作黄连制剂的代用品；叶和果可入药，有补肝肾、清风热的功效，根可治肺热咳嗽、咯血、咽喉肿痛、角膜薄翳等症；叶刺繁密，四季常绿，可作树篱。

毛冬青 冬青科 Aquifoliaceae 冬青属 *Ilex*
Ilex pubescens Hook. & Arn.

别名：落霜红

常绿灌木。小枝密被开展粗毛。叶厚纸质，椭圆形，先端急尖或短渐尖，基部钝，边缘具短芒状细齿。花序簇生，密被长硬毛；雄花组成聚伞花序，簇生，花淡紫色；雌花单花簇生，稀3花，花萼裂片宽卵形，花瓣长圆形。果球形，红色，密被长硬毛。花期4~5月，果期10~12月。

产华东、华南及湖北、湖南、贵州。牯牛降保护区内偶见于林缘或路旁的灌丛中。根、叶可入药，有清热解毒、活血止痛等功效；红果累累，艳丽夺目，可供观赏。

矮冬青 冬青科 Aquifoliaceae 冬青属 *Ilex*
Ilex lohfauensis Merr.

常绿灌木。小枝密被毛。叶薄革质，椭圆形至长圆形，先端微凹，基部楔形；叶柄有毛。花粉红色或白色；雄花组成聚伞花序，簇生，花萼裂片圆形，啮蚀状，花瓣椭圆形，雄蕊长为花瓣的1/2；雌花单朵簇生，花萼与花冠同雄花，退化雄蕊长为花瓣的3/4。果球形，红色。花期6~7月，果期10~12月。

产华东及湖南、广东、广西、贵州。牯牛降保护区内偶见于沟谷旁灌丛中。

三花冬青　冬青科 Aquifoliaceae　冬青属 Ilex
Ilex triflora Blume

常绿灌木或小乔木。小枝无毛。叶片薄革质，椭圆形至卵状椭圆形，先端急尖，基部圆形，边缘具浅锯齿。花序簇生，具 1~3 花；雄花花萼裂片卵圆形，花瓣阔卵形，雄蕊略长于花冠；雌花花萼同雄花，花瓣阔卵形或近圆形。果近球形，紫黑色。花期 4~5 月，果期 7~12 月。

产华东、华中、华南、西南地区。牯牛降保护区内偶见于沟谷旁密林下。

厚叶冬青　冬青科 Aquifoliaceae　冬青属 Ilex
Ilex elmerrilliana S. Y. Hu

常绿小乔木。当年生幼枝红褐色，具纵棱脊，无毛。叶厚革质，椭圆形，先端渐尖，基部楔形或钝，全缘。花序簇生，苞片卵形，无毛。雄花序具花 5~8，白色；雌花序由具单花的分枝簇生，花冠直立，花瓣长圆形。果球形，红色。花期 4~5 月，果期 7~11 月。

产华东及湖北、湖南、广东、广西、四川、贵州。牯牛降保护区内偶见于沟谷旁密林下。

尾叶冬青　冬青科 Aquifoliaceae　冬青属 *Ilex*
Ilex wilsonii Loes.

常绿乔木。树皮灰白色，光滑。小枝圆柱形，灰褐色，平滑，无皮孔，叶痕半圆形，稍凸起。叶厚革质，卵形，先端尾状渐尖，常偏向一侧，基部钝，全缘。花序簇生；花4基数，白色；雄花序簇生3~5花，雌花序单花簇生。果球形，红色，平滑。花期5~6月，果期8~10月。

产华东、华南、西南及湖北、湖南。牯牛降保护区内常见于沟谷旁密林下。枝叶茂密，叶片清秀，果色艳丽，可供园林观赏或制作观果盆景。

短梗冬青　冬青科 Aquifoliaceae　冬青属 *Ilex*
Ilex buergeri Miq.

别名：华东冬青、毛枝冬青

常绿乔木。树皮光滑，黑褐色。小枝圆柱形，具纵棱脊和槽，密被短柔毛，叶痕新月形，稍突起。叶革质，卵形，先端渐尖，基部圆形，边缘稍反卷，具疏而不规则的浅锯齿。花序簇生4~10花；花梗短，长2~3毫米，被短柔毛；雄花花萼盘状，淡黄绿色，雄蕊较花瓣长；雌花花瓣分离，与子房等长或稍短。果球形，红色，表面具小瘤点。花期4~6月，果期10~11月。

产安徽、江西、福建、湖北、湖南、广东、广西等地。牯牛降保护区内常见于沟谷旁密林下。

大叶冬青 冬青科 Aquifoliaceae 冬青属 *Ilex*
Ilex latifolia Thunb.

别名：苦丁茶

常绿乔木。树皮灰黑色；分枝粗壮，具纵棱及槽。叶厚革质，长圆形，边缘具疏锯齿，齿尖黑色。由聚伞花序组成的假圆锥花序生于二年生枝的叶腋内，无总梗。花淡黄绿色，4 基数。果球形，红色，宿存柱头薄盘状。花期 4 月，果期 9~10 月。

产长江流域及以南各地。牯牛降保护区内常见于低海拔地区山坡、林下或沟谷旁。为优美的庭园观赏树种；材质细致，可作家具、细木工用材；嫩叶是制作"苦丁茶"的原料之一；嫩叶、树皮可入药，有清热解毒、平肝等功效。

具柄冬青 冬青科 Aquifoliaceae 冬青属 *Ilex*
Ilex pedunculosa Miq.

常绿小乔木。叶薄革质，长圆状椭圆形，基部钝或圆，全缘或近顶端常具少数疏而不明显的锯齿。聚伞花序单生于当年生枝的叶腋内，花 4 或 5 基数，白色或黄白色。果球形，熟时红色，宿存花萼裂片三角形，具缘毛，宿存柱头厚盘状，突起。花期 6 月，果期 7~11 月。

产秦岭—淮河以南各地。牯牛降保护区内偶见于高海拔地区的沟谷旁灌丛中。四季常绿，栽培可供观叶、观果。

大柄冬青 冬青科 Aquifoliaceae 冬青属 *Ilex*
Ilex macropoda Miq.

落叶乔木。枝有长枝和缩短枝，短枝多皱，具宿存芽鳞及突起的叶痕和果柄痕。叶在长枝上互生，在短枝上3~5叶簇生于枝顶部，叶纸质，卵形，边缘具锐锯齿。雄花序簇生于短枝顶部，每束2~5花，雌花序单生于短枝的芽鳞腋内。果球形，红色。花期5~6月，果期10~11月。

产安徽、江西、福建、河南、湖北、湖南。牯牛降保护区内偶见于高海拔地区沟谷旁至山顶灌丛。果实观赏价值高。

大果冬青 冬青科 Aquifoliaceae 冬青属 *Ilex*
Ilex macrocarpa Oliv.

落叶乔木。小枝栗褐色，具长枝和短枝，长枝皮孔圆形，明显，无毛。叶在长枝上互生，在短枝上为1~4片簇生，叶片纸质，卵状椭圆形。雄花序单花或2~5花组成聚伞花序，单生或簇生，花白色；雌花单生于叶腋或鳞片腋内，花梗长6~18毫米。果球形，直径10~14毫米，黑色。花期4~5月，果期10~11月。

产秦岭—淮河以南各地。牯牛降保护区内偶见于沟谷旁或林缘灌丛及矮林中。

心叶帚菊 菊科 Asteraceae 帚菊属 *Pertya*
Pertya cordifolia Mattf.

亚灌木。小枝纤弱，圆柱形，常呈紫红色。叶互生，疏离，纸质，阔卵形，顶端渐尖，基部心形；基生三出脉。头状花序无梗，通常3~8个在上部叶腋内聚集成团伞花序，每一头状花序有花4~5朵。瘦果近纺锤形，密被白色粗毛，上部尤甚。花果期9~10月。

产安徽（南部）、江西、湖南等。牯牛降保护区内常见于沟谷旁至山脊灌丛及疏林下。

接骨木 荚蒾科 Viburnaceae 接骨木属 *Sambucus*
Sambucus williamsii Hance

落叶灌木。老枝淡红褐色，髓部淡褐色。羽状复叶有小叶2~3对，顶端尖，边缘具不整齐锯齿，有时基部或中部以下具1至数枚腺齿，叶搓揉后有臭气；托叶狭带形或退化成带蓝色的突起。花与叶同出，圆锥形聚伞花序顶生；花小而密；花冠蕾时带粉红色，开后白色或淡黄色，筒短。果红色。花期4月，果熟期9~10月。

产东北、华北、华东、华中、西南地区及广东、广西、陕西、甘肃。牯牛降保护区内偶见于向阳山坡或沟谷边疏林下。全株可药用，有活血消肿、接骨止痛、祛风利湿等功效，外用可治创伤出血。

合轴荚蒾 荚蒾科 Viburnaceae 荚蒾属 Viburnum
Viburnum sympodiale Graebn.

落叶小乔木。幼枝、叶下面脉上、叶柄、花序及萼齿均被灰黄褐色鳞片状或糠秕状簇状毛。叶纸质,阔卵形,基部圆形,边缘有不规则牙齿状尖锯齿。聚伞花序周围有大型、白色的不孕花,无总花梗,第一级辐射枝常5条,芳香。果红色,后变紫黑色,卵圆形。花期4~5月,果熟期8~9月。

产秦岭—淮河以南各地。牯牛降保护区内广布于海拔800米以上的山坡疏林下至近山顶灌丛中。花果观赏价值均高。

壮大荚蒾 荚蒾科 Viburnaceae 荚蒾属 Viburnum
Viburnum glomeratum subsp. ***magnificum*** (P. Hsu) S. Hsu

别名:壮大聚花荚蒾

落叶或半常绿灌木。一年生小枝基部无芽鳞痕。冬芽裸露,连同芽、幼叶下面、叶柄及花序均被黄色或黄白色星状毛。叶片厚纸质,卵状长圆形或长卵形,顶端渐尖或短渐尖,基部微心形。聚伞花序第一级辐射枝7出;花萼筒密被星状毛;花冠白色,裂片略长于筒部,雄蕊略高出花冠裂片或近等长。果实长椭球形,成熟时由红色转为黑色。花期4~5月,果期8~10月。

产安徽、江西、浙江。牯牛降保护区内偶见于海拔300~1000米的石灰岩山地林缘或灌丛中。

蝴蝶戏珠花 忍冬科 Viburnaceae 荚蒾属 *Viburnum*
Viburnum plicatum f. *tomentosum* (Miq.) Rehder

别名：蝴蝶荚蒾

落叶灌木。一年生小枝具纵棱，连同叶柄、叶片两面（至少沿脉）及花序被星状毛，基部具 1 对芽鳞痕。叶纸质，宽卵形，先端圆形或急尖，基部宽楔形或圆形，边缘具不整齐锯齿。复伞形花序第一级辐射枝 6~8 出；外围不孕花 4~6 朵，花冠白色；孕性花小，黄白色。果实宽卵球形或倒卵球形，成熟时由红色转为黑色。花期 4~5 月，果期 8~9 月。

产秦岭—淮河以南各地。牯牛降保护区内常见于山坡、沟谷阔叶林内及林缘灌丛中。根及茎可药用，有清热解毒、健脾消积等功效；花果观赏价值均高。

具毛常绿荚蒾 忍冬科 Viburnaceae 荚蒾属 *Viburnum*
Viburnum sempervirens var. *trichophorum* Hand.-Mazz.

别名：毛枝常绿荚蒾

常绿灌木。一年生小枝具 4 棱，连同叶柄、花序均密被短星状毛，基部具环状芽鳞痕。叶革质，椭圆形，先端钝尖，基部渐狭，近先端常具少数浅齿或全缘，两面无毛，下面被细小褐色腺点，侧脉 4 或 5 对。复伞形花序，第一级辐射枝 4~5 出；花冠辐状，白色。果实近球形或卵球形，红色，稀黄色。花期 5~6 月，果熟期 10~12 月。

产安徽、江西、福建、湖南、广东、广西、云南、贵州、四川。牯牛降保护区内偶见于海拔 900 米以下的沟谷溪边灌丛中。

茶荚蒾　荚蒾科 Viburnaceae　荚蒾属 Viburnum
Viburnum setigerum Hance

别名：饭汤子

落叶灌木。当年生小枝浅灰黄色，多少有棱角，无毛。叶纸质，卵状矩圆形，除边缘基部外疏生尖锯齿，上面初时中脉被长纤毛，后变无毛，下面仅中脉及侧脉被浅黄色贴生长纤毛。复伞形聚伞花序无毛或稍被长伏毛，常弯垂，第一级辐射枝通常5条。果序弯垂，果实红色，卵圆形。花期4~5月，果熟期9~10月。

产长江流域及以南各地。牯牛降保护区内广泛分布于山坡、沟谷溪边、林缘或灌丛中。根及果实可药用，根有破血、通经、止血等功效，果有健脾的功效；果实可鲜食或榨汁酿酒；叶可代茶；花序洁白，果实红艳，经久不凋，可供观赏；为鸟嗜树种。

宜昌荚蒾　荚蒾科 Viburnaceae　荚蒾属 Viburnum
Viburnum erosum Thunb.

别名：蚀齿荚蒾

落叶灌木。一年生小枝基部具环状芽鳞痕，连同芽、叶柄、花序和花萼均密被星状毛和长柔毛。叶纸质，卵形或倒卵形，先端急尖或渐尖，基部微心形至宽楔形，边缘具尖齿，上面多少被叉状或星状毛，下面密被星状绒毛；托叶条状钻形，宿存。复伞形花序第一级辐射枝5出；花冠辐状，白色。果实卵球形至球形，红色；果序梗不下弯。花期4~5月，果熟期8~11月。

产华东、华中、华南、西南地区及陕西、山东。牯牛降保护区内常见于海拔1400米以下的山坡林下、林缘或灌丛中。根、叶、果可药用，有清热、祛风、除湿、止痒等功效；果可鲜食或酿酒；种子油可供工业用；为观果及鸟嗜树种。

荚蒾 荚蒾科 Viburnaceae 荚蒾属 *Viburnum*
Viburnum dilatatum Thunb.

落叶灌木。一年生小枝基部具环状芽鳞痕，连同芽、叶柄、花序均被开展的小刚毛状糙毛和星状毛。叶纸质，宽倒卵形，边缘具锐齿，两面多少被毛，下面脉腋有簇聚毛，全面被金黄色至淡黄色或几无色的透亮腺点；无托叶。复伞形花序第一级辐射枝5出；花冠辐状，白色，外面通常被簇状糙毛。果卵球形，红色；果序梗不下弯。花期5~6月，果期9~11月。

产华东、华中、华南、西南地区及河北、陕西。牯牛降保护区内偶见于海拔1000米以下的山坡、沟谷疏林下、林缘及灌丛中。枝、叶有清热解毒、疏风解表等功效；果可鲜食或酿酒；花、果俱美，为优良的园林观赏植物；为鸟嗜树种。

浙皖荚蒾 荚蒾科 Viburnaceae 荚蒾属 *Viburnum*
Viburnum wrightii Miq.

落叶灌木。一年生小枝无毛或几无毛，光滑，连同叶柄常带紫红色，基部具芽鳞痕。叶片倒卵形至卵形，边缘具锐齿；无托叶。花序第一级辐射枝5出；雄蕊长不及花冠的2倍。果红色；果序梗不下弯。花期5~6月，果期9月。

产安徽、江西、浙江。牯牛降保护区内偶见于山坡、沟谷溪边林缘、林下。

鸡树条 忍冬科 Viburnaceae 荚蒾属 Viburnum
Viburnum opulus subsp. *calvescens* (Rehder) Sugim.

别名：天目琼花

落叶灌木。树皮多少呈木栓质，具浅纵裂纹。叶坚纸质，卵圆形至宽卵圆形，3裂，小枝上部的叶片不裂或3微裂，具掌状三出脉，基部楔形、圆形或浅心形，各裂片边缘常具不整齐的粗牙齿，下面脉腋有簇聚毛；托叶2，钻形。复伞形花序第一级辐射枝7出；花序梗长1.5~7厘米；大型不孕花位于周边，白色；孕性花辐状，花冠乳白色，花药带紫红色。果实近球形，红色。花期5~6月，果期9~10月。

产除江苏以外的长江中下游各地至四川东部，及除青海以外的黄河流域至东北地区。牯牛降保护区内偶见于海拔1000米以上的山坡阔叶矮林、沟谷溪边灌丛中。花序大且艳丽，观赏价值高。

猬实 忍冬科 Caprifoliaceae 猬实属 Kolkwitzia
Kolkwitzia amabilis Graebn.

别名：美人木、蝟实

落叶灌木。幼枝红褐色，被短柔毛及糙毛，老枝光滑，茎皮剥落。叶椭圆形，顶端尖或渐尖，基部圆或阔楔形，全缘，少有浅齿状，两面散生短毛。伞房状聚伞花序；披针形苞片紧贴子房基部；萼筒外面密生长刚毛，上部缢缩似颈；花冠淡红色，内面具黄色斑纹。果实密被黄色刺刚毛，顶端伸长如角，冠以宿存的萼齿。花期5~6月，果熟期8~9月。

产山西、陕西、甘肃、河南、湖北及安徽等地。牯牛降保护区内偶见于低海拔地区沟谷旁灌丛中。花量大，花型、花色俱美，果实奇特，适作公园、庭园绿化观赏。

下江忍冬 忍冬科 Caprifoliaceae 忍冬属 *Lonicera*
Lonicera modesta Rehder

别名：吉利子、庐山忍冬

落叶灌木。幼枝、叶柄和花序梗密被短柔毛；小枝髓部白色而实心。叶片厚纸质，菱形，下面被短柔毛。花成对腋生；苞片钻形，具缘毛；杯状小苞片的长约为花萼筒的 1/3；相邻 2 萼筒合生至 1/2 以上；花芳香；花冠白色而基部呈微红色，冠筒外面有短柔毛，基部具浅囊。果实圆球形，几全部合生，鲜红色，半透明状。花期 4~5 月，果期 9~10 月。

产安徽、江西、湖南、湖北。牯牛降保护区内常见于山坡林下或灌丛中。花芳香，果红艳，可供观赏。

郁香忍冬 忍冬科 Caprifoliaceae 忍冬属 *Lonicera*
Lonicera fragrantissima Lindl. ex Paxton

半常绿或落叶灌木。小枝髓部白色而实心。叶片厚纸质，倒卵状椭圆形，下面基部及中脉间疏生刚伏毛。花成对腋生于一年生小枝基部；花序梗长 2~5 毫米；苞片条状披针形，较花萼筒长 2~3 倍；相邻 2 萼筒连合至中部，无毛，萼齿环状；花芳香；花冠白色或略带红晕，冠筒内面密生柔毛，基部具浅囊。果实近椭球形，部分连合，鲜红色。花期 2~4 月，果期 4~5 月。

产安徽、江西、湖北、河南、陕西、山西、河北。牯牛降保护区内常见于海拔 500 米以下的山坡灌丛中，石灰岩地区较多见。花芳香，果红艳，可供观赏；果成熟时可食。

金银忍冬 忍冬科 Caprifoliaceae 忍冬属 Lonicera
Lonicera maackii (Rupr.) Maxim.

别名：金银木

灌木。幼枝、叶两面脉上、叶柄、苞片、小苞片及萼檐外面都被短柔毛和微腺毛。叶纸质，形状变化较大，通常卵状椭圆形。花芳香，生于幼枝叶腋；苞片条形，小苞片多少连合成对，长为萼筒的1/2至几相等；相邻两萼筒分离；花冠先白色后变黄色，筒长约为唇瓣的1/2。果暗红色，圆形。花期5~6月，果熟期8~10月。

产华中、西南、华北、东北地区及江苏、安徽、陕西、甘肃。牯牛降保护区内偶见于海拔1500米以下的山坡、沟谷阔叶林、林缘灌丛中。可供观赏；花可提取芳香油。

忍冬 忍冬科 Caprifoliaceae 忍冬属 Lonicera
Lonicera japonica Thunb.

别名：金银花

半常绿藤本。幼枝红褐色，密被黄褐色、开展的硬直糙毛、腺毛和短柔毛，下部常无毛。叶纸质，卵形至矩圆状卵形。总花梗通常单生于小枝上部叶腋；苞片大，叶状，卵形至椭圆形，长2~3厘米；花冠白色，有时基部向阳面呈微红色，后变黄色；雄蕊和花柱均高出花冠。果实圆形，熟时蓝黑色，有光泽。花期4~6月，果熟期10~11月。

产除黑龙江、内蒙古、宁夏、青海、新疆、海南、西藏之外的全国各地。牯牛降保护区内广泛分布于山坡灌丛、低山或沟谷旁疏林中，亦常见栽培。花、茎、叶可入药，有清热解毒、消炎退肿等功效；花可提取芳香油；枝叶繁茂，花清香，适用作垂直绿化。

菰腺忍冬 忍冬科 Caprifoliaceae 忍冬属 *Lonicera*
Lonicera hypoglauca Miq.

落叶藤本。幼枝、叶柄、叶下面和上面中脉及总花梗均密被上端弯曲的淡黄褐色短柔毛。叶纸质，卵形至卵状矩圆形，下面有黄色至橘红色蘑菇形腺体。双花单生至多朵集生于侧生短枝上，或于小枝顶集合成总状，总花梗比叶柄短；苞片条状披针形，与萼筒几等长；小苞片圆卵形或卵形，长约为萼筒的 1/3；花冠白色，有时有淡红晕，后变黄色。果实熟时黑色，有时具白粉。花期 4~5 月，果熟期 10~11 月。

产长江流域及以南各地，台湾也有分布。牯牛降保护区内广布于沟谷林缘、灌丛或疏林中。花蕾可入药，各地常见栽培并作"金银花"入药。

盘叶忍冬 忍冬科 Caprifoliaceae 忍冬属 *Lonicera*
Lonicera tragophylla Hemsl.

落叶藤本。幼枝无毛。叶纸质，矩圆形，花序下方 1~2 对叶连合成近圆形或圆卵形的盘，盘两端通常钝形或具短尖头；叶柄很短或不存在。由 3 朵花组成的聚伞花序密集成头状花序生于小枝顶端，共有 6~9 花；萼筒壶形，花冠黄色至橙黄色，上部外面略带红色。果实成熟时由黄色转红黄色，最后变深红色，近圆形。花期 6~7 月，果熟期 9~10 月。

产安徽、湖北、河南、贵州、四川、陕西、甘肃、宁夏、山西、河北。牯牛降保护区内偶见于海拔 700 米以上的山坡、沟谷林缘及路旁灌丛中。花蕾和带叶嫩枝可药用，有清热解毒的功效。

大盘山忍冬　忍冬科 Caprifoliaceae　忍冬属 Lonicera
Lonicera gynochlamydea subsp. *dapanshanensis* Z. H. Chen, G. Y. Li & Jian S. Wang

落叶灌木。髓白色实心，冬芽具数对外鳞片。叶卵状披针形，上面中脉有毛，散生暗紫色微小腺体，下面中脉及基部两侧具白色长柔毛，边缘有短糙毛。花序梗短于或稍长于叶柄；苞片钻形，等长或稍长于萼齿；小苞片杯状，完全包围合生花萼筒；花冠白色带淡红色或紫红色。果近球形，淡紫色。花期4月下旬至5月上旬，果期8~9月。

产安徽、浙江、湖南等地。牯牛降保护区内见于大演坑附近沟谷旁落叶阔叶林林下乱石堆中。果实淡紫色透明，观赏价值高。

淡红忍冬　忍冬科 Caprifoliaceae　忍冬属 Lonicera
Lonicera acuminata Wall.

别名：巴东忍冬

落叶或半常绿藤本。幼枝、叶柄和总花梗均被疏或密且通常卷曲的棕黄色糙毛或糙伏毛。叶薄革质，卵状矩圆形，顶端长渐尖至短尖，基部圆形至近心形，两面被疏或密的糙毛或至少上面中脉有棕黄色短糙伏毛，有缘毛。双花在小枝顶集合成近伞房状花序或单生于小枝上部叶腋；萼筒椭圆形或倒壶形，萼齿卵形；花冠黄白色而有红晕，漏斗状，筒与唇瓣等长或略较长，内有短糙毛，基部有囊。果实蓝黑色，卵圆形。花期6月，果熟期10~11月。

产秦岭—淮河以南各地。牯牛降保护区内罕见于海拔500米以上的近山顶山坡上和沟谷溪边林间的空旷地、岩石上或灌丛中。花、茎、叶可入药，有清热解毒、消炎退肿等功效。

半边月

忍冬科 Caprifoliaceae　锦带花属 *Weigela*

Weigela japonica var. *sinica* (Rehder) L. H. Bailey

别名：水马桑

落叶灌木。叶长卵形至卵状椭圆形，边缘具锯齿，下面浅绿色，密生短柔毛。单花或具3朵花的聚伞花序生于短枝的叶腋或顶端；花冠白色或淡红色，花开后逐渐变红色，漏斗状钟形；花柱细长，柱头盘形，伸出花冠外。果顶端有短柄状喙，疏生柔毛，果宿存；种子具狭翅。花期4~5月。

产安徽、江西、福建、湖南、湖北、广东、广西、贵州、四川。牯牛降保护区内常见于海拔1200米以下的沟谷溪边、山坡林下、山顶灌丛中。花色艳丽，适宜观赏。

南方六道木

忍冬科 Caprifoliaceae　六道木属 *Abelia*

Zabelia dielsii (Graebn.) Makino

别名：太白六道木、伞花六道木

落叶灌木。枝开展，幼枝红褐色，被疏柔毛，节上留有暗棕色芽鳞而膨大。叶对生，卵状披针形，全缘或中部以上具疏牙齿。由4~8朵花组成的复聚伞花序生于侧枝顶端；苞片2枚，狭披针形；萼筒长柱形，萼檐4裂；花冠黄色，高脚碟形，4裂；雄蕊4枚，二强。果实稍弯曲，压扁，具1~2条槽，冠以4枚宿存萼裂片。花期5~6月，果熟期8~9月。

产黄河以南至长江流域以南各地。牯牛降保护区内常见于海拔1200米以下的近山顶灌丛及疏林中。可供观赏。

海金子

海桐科 Pittosporaceae　海桐属 Pittosporum
Pittosporum illicioides Makino

别名：崖花海桐

常绿灌木。叶生于枝顶，3~8 片簇生呈假轮生状，薄革质，倒卵状披针形，先端渐尖，基部窄楔形，常向下延。伞形花序顶生，有花 2~10 朵，花梗长 1.5~3.5 厘米，纤细，下弯。蒴果近圆形，多少三角形，或有纵沟 3 条，3 片裂开，果片薄木质；种子红色。花期 4~5 月，果期 6~10 月。

产华东及湖南、湖北、台湾、四川、贵州、云南等地。牯牛降保护区内常见于沟谷旁山坡及林缘灌丛中。根可治毒蛇咬伤；叶可治疗疮痈疖；种子可治咽痛；种子含油脂可制皂；茎皮纤维可造纸。

树参

五加科 Araliaceae　树参属 Dendropanax
Dendropanax dentiger (Harms) Merr.

小乔木。叶革质，密生粗大半透明红棕色腺点，叶形变异很大，不分裂或掌状 2~3 深裂或浅裂，稀 5 裂，两面均无毛，边缘全缘，基生三出脉。伞形花序顶生，总花梗粗壮；花瓣 5，三角形或卵状三角形。果实长圆状球形。花期 8~10 月，果期 10~12 月。

产华南及安徽、江西、福建、湖南、湖北、云南、贵州、四川等地。牯牛降保护区内常见于沟谷旁密林中。根及枝、皮、叶可入药，有祛风除湿、舒筋活血、强筋壮骨等功效；嫩叶可作野菜。

常春藤 五加科 Araliaceae 常春藤属 Hedera
Hedera nepalensis var. *sinensis* (Tobl.) Rehder

别名：中华常春藤

常绿藤本。茎有气生根。叶革质，叶形变化极大，三角状卵形、三角形、箭形、椭圆状卵形、菱形均有，上面深绿色，有光泽，下面淡绿色或淡黄绿色。伞形花序单个顶生，有花5~40朵；花淡黄白色或淡绿白色，芳香。果球形，红色或黄色。花期9~11月，果期翌年3~5月。

产华东、华南、西南、华北各地。牯牛降保护区内常见于阔叶林下及沟谷旁石壁上。全株可药用，有祛风活血、消肿等功效；可供垂直绿化和园林观赏。

刺楸 五加科 Araliaceae 刺楸属 Kalopanax
Kalopanax septemlobus (Thunb.) Koidz.

落叶乔木。小枝淡黄棕色，散生粗刺；刺基部宽阔扁平。叶纸质，在长枝上互生，在短枝上簇生，掌状5~7浅裂。圆锥花序大，伞形花序有花多数；花白色或淡黄绿色；花瓣5，三角状卵形。果球形，蓝黑色。花期7~10月，果期9~12月。

北自东北起，南至广东、广西、云南，西自四川西部，东至海滨的广大区域内均有分布。牯牛降保护区内偶见于石灰岩地貌的阔叶林中。木材纹理美观，材质硬，有光泽；根皮可入药，有清热凉血、祛风除湿、消肿止痛等功效；嫩叶可作野菜食用。

匍匐五加　五加科 Araliaceae　五加属 Eleutherococcus
Eleutherococcus scandens (G. Hoo) H. Ohashi

匍匐灌木。小枝灰棕色无刺，新枝淡黄色，无毛无刺。小叶 3，稀 2；中央小叶卵状椭圆形，无小叶柄。伞形花序 1~3 个，顶生或近顶生，中央者较大；子房 2 室；花柱 2，合生至中部，先端反曲。果扁球形，黑色。花期 6~7 月，果期 9~10 月。

产安徽、浙江。牯牛降保护区内偶见于沟谷及山坡路旁林下。似白簕，但本种植株无刺、无小叶柄。

白簕　五加科 Araliaceae　五加属 Eleutherococcus
Eleutherococcus trifoliatus (L.) S. Y. Hu

别名：三叶五加

攀缘状灌木。小枝疏生向下的宽扁钩刺。小叶 3；叶柄常有刺；小叶片椭圆状卵形，先端尖至渐尖，基部宽楔形，具细锯齿或钝齿，两面无毛或沿脉疏生刺毛。伞形花序 3~10 个或更多，组成顶生复伞形或圆锥花序；花黄绿色；花萼具 5 齿；花瓣 5，三角状卵形，花时反曲；花柱 2，合生至中部。果扁球形，黑色。花期 9~10 月，果期 11~12 月。

产中国中部和南部。牯牛降保护区内偶见于海拔较低的山坡林下、林缘或山谷溪边。根、叶可入药，有祛风除湿、通络、解毒等功效。

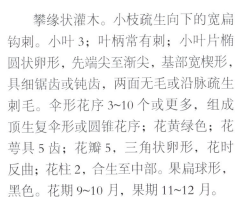

细柱五加

五加科 Araliaceae 五加属 *Eleutherococcus*

Eleutherococcus nodiflorus (Dunn) S. Y. Hu var. *nodiflorus*

别名：五加

落叶灌木。枝无毛，节上常疏生反曲扁刺，小枝较粗。小叶常5，在长枝上互生，在短枝上簇生；叶柄常有细刺；小叶片先端尖，基部楔形，具细钝齿，侧脉4或5对，下面脉腋具淡棕色簇毛；小叶柄近无。伞形花序常单生，花黄绿色；花柱2~3，离生而开展。果扁球形，紫黑色，宿存花柱反曲。花期4~8月，果期6~10月。

产秦岭—淮河以南地区。牯牛降保护区内偶见于林缘或路旁灌丛中。根皮作"五加皮"入药，有祛风除湿、补益肝肾、利水消肿等功效；嫩茎叶可作野菜。

三叶五加

五加科 Araliaceae 五加属 *Eleutherococcus*

Eleutherococcus nodiflorus var. *trifoliolatus* (C. B. Shang) Shui L. Zhang & Z. H. Chen

别名：三叶细柱五加

本种为细柱五加变种，区别在于本变种小枝较细，无刺或极少刺；小叶常3，偶5。

产安徽、江西、湖南等地。牯牛降保护区内偶见于沟谷旁林下或灌丛中。用途同细柱五加。

藤五加

五加科 Araliaceae　五加属 Eleutherococcus

Eleutherococcus leucorrhizus Oliv.

别名：刚毛五加

落叶灌木，攀缘状。小枝无毛，节上具锥形刺，不下弯，稀节间散生多数倒刺。小叶 5，偶 3 或 4；叶柄长 3~10 厘米；小叶片长圆形至披针形，边缘具尖锐重锯齿；小叶柄长 2~6 毫米，无毛。伞形花序单生于枝顶或数个组成伞房状，花序梗长 2~14 厘米；花黄绿色；花萼无毛，具 5 小齿；花瓣 5，卵形，花时反曲；花柱全部合生成柱状。果卵球形，具 5 棱，成熟时呈黑色，宿存花柱短。花期 6~8 月，果期 8~10 月。

产秦岭—淮河以南大部分地区。牯牛降保护区内偶见于稀疏阔叶林下。根皮和树皮可入药，有祛风除湿、强筋壮骨等功效。

黄山五加

五加科 Araliaceae　五加属 Eleutherococcus

Eleutherococcus huangshanensis C. H. Kim & B. Y. Sun

灌木，高可达 5 米。茎直立，无毛，有零星向下弯曲的钩刺，有时在叶柄下的节或节上有一个刺。5 小叶复叶，叶片宽椭圆形或卵形，两面无毛或微被糙伏毛，侧脉 7~9 对，先端锐尖至渐尖，边缘有双锯齿，基部楔形。伞形花序在当年生的长枝末端排列成简单的聚伞花序，无毛；花梗长 1 厘米，无毛。花 5 基数，雌蕊，花柱联合成单列，柱头隐约 5 裂，有时 3~4 裂。果球形，幼时 5 棱。花期 8 月，果期 10 月。Flora of China 将该种并入毛梗糙叶五加（*E. henryi* var. *faberi*），从叶型、柱头、花序梗等来看，区别较为明显。

产安徽南部及大别山区。牯牛降保护区内偶见于沟谷、溪边林下阴湿处。

吴茱萸五加

忍冬科 Caprifoliaceae　萸叶五加属 *Gamblea*

Gamblea ciliata var. *evodiifolia* (Franch.) C. B. Shang, Lowry & Frodin

别名：萸叶五加

灌木或小乔木。枝暗色，无刺。3小叶，在长枝上互生，在短枝上簇生；叶柄先端和小叶柄相连处有锈色簇毛；小叶片纸质至革质，边缘全缘或有锯齿，齿有或长或短的刺尖。伞形花序有多数或少数花；花瓣5，长卵形，开花时反曲；花柱2~4，基部合生，反曲。果实球形或略长，黑色，有2~4浅棱。花期5~7月，果期8~10月。

产西南地区及安徽、江西、湖南、湖北、广西、陕西。牯牛降保护区内常见于沟谷旁灌丛和矮林中。根皮可入药，有祛风除湿、强筋壮骨等功效；叶色秋季变黄，可供观赏。

棘茎楤木

五加科 Araliaceae　楤木属 *Aralia*

Aralia echinocaulis Hand.-Mazz.

别名：鸟不休

小乔木。小枝密生细长直刺。二回羽状复叶，叶柄疏生短刺；托叶和叶柄基部合生，栗色；羽片有小叶5~9，基部有小叶1对，边缘疏生细锯齿；小叶无柄或几无柄。圆锥花序顶生，总花梗长1~5厘米；花梗长8~30毫米；花白色；花瓣5，卵状三角形；花柱5，离生。果球形，有5棱。花期6~8月，果期9~11月。

产台湾、海南以外的秦岭—淮河以南各地。牯牛降保护区内常见于山坡疏林下、林缘或沟谷旁乱石中。根及根皮可入药，有祛风除湿、行气活血、解毒消肿等功效。

楤木
五加科 Araliaceae　楤木属 *Aralia*
Aralia elata (Miq.) Seem.

别名：辽东楤木、安徽楤木

小乔木。树皮灰色，疏生粗壮直刺；小枝通常淡灰棕色，有黄棕色绒毛，疏生细刺。叶为二回或三回羽状复叶；托叶与叶柄基部合生；羽片有小叶 5~11；小叶上面粗糙，疏生糙毛，下面有淡黄色或灰色短柔毛，边缘有锯齿。圆锥花序大，密生淡黄棕色或灰色短柔毛；总花梗长 1~4 厘米，密生短柔毛；花梗长 4~6 毫米，密生短柔毛，花白色。果球形，黑色。花期 7~9 月，果期 9~12 月。

产华东、华南、西南、华北地区。牯牛降保护区内广泛分布于近山顶的山坡疏林下、低海拔地区林缘及路旁灌丛中。根皮和茎皮可入药，有祛风除湿、利尿消肿、活血止痛等功效；嫩芽叶可作野菜。

头序楤木
五加科 Araliaceae　楤木属 *Aralia*
Aralia dasyphylla Miq.

别名：毛叶楤木

灌木或小乔木。小枝有刺；刺短而直，基部粗壮；新枝密生淡黄棕色绒毛。二回羽状复叶，有刺或无刺；叶轴和羽片轴密生黄棕色绒毛，有刺或无刺；羽片有小叶 7~9；小叶上面粗糙，下面密生棕色绒毛，边缘有细锯齿。圆锥花序密生黄棕色绒毛；花无梗，聚生为直径约 5 毫米的头状花序。果球形，紫黑色。花期 8~10 月，果期 10~12 月。

产安徽、江西、福建、湖南、湖北、广东、广西、云南、贵州、四川等地。牯牛降保护区内常见于山坡疏林下或沟谷林缘。根皮可入药，有祛风除湿、杀虫等功效。

参考文献

安徽植被协作组, 1981. 安徽植被 [M]. 合肥：安徽科学技术出版社.
安徽植物志协作组, 1985-1992. 安徽植物志 [M]. 北京：中国展望出版社.
毕淑峰, 倪昧咏, 李键, 等, 2006. 祁门牯牛降自然保护区永瓣藤的调查研究 [J]. 中国农学通报, 22(4): 147-148.
陈黎, 吴刚, 2003. 牯牛降自然保护区观赏植物资源调查 [J]. 江苏林业科技, 30(1):4. DOI: 10.3969/j.issn.1001-7380.2003.01.007.
陈林, 甄双龙, 谢文远, 等, 2020. 浙江种子植物资料增补（V）[J]. 温州大学学报（自然科学版）, 41(4): 33-38.
陈文豪, 舒舍, 沈能祥, 2005. 牯牛降国家级自然保护区被子植物新记录 [J]. 现代农业科技, 13:68. DOI: 10.3969/j.issn.1007-5739.2005.13.083.
陈征海, 陈贤兴, 李根有, 等, 2020. 浙江山矾属的分类修订 [J]. 温州大学学报：自然科学版, 41(1): 47-55. DOI:CNKI:SUN:WZSF.0.2020-01-007.
戴启培, 2010. 牯牛降野生观赏植物资源调查与评价研究 [D]. 南京：南京林业大学.
方宏明, 2017. 牯牛降国家级自然保护区珍稀野生植物资源现状及保护对策 [J]. 农业灾害研究, 7(6):16-20.
谷粹芝, 1990. 中国蔷薇科植物分类之研究（六）[J]. 植物研究, 10(1):1-15.
韩也良, 1990. 牯牛降科学考察集 [M]. 北京：中国展望出版社.
黄璐琦, 2024. 中国中药资源大典. 安徽卷. 13 [M]. 北京：科学技术出版社.
金孝锋, 鲁益飞, 丁炳扬, 等, 2022. 浙江种子植物物种编目 [J]. 生物多样性, 30(6): 9. DOI:10.17520/biods.2021408.
李根有, 2021. 浙江植物志（新编）[M]. 杭州：浙江科学技术出版社.
刘彬彬, 2016. 蔷薇科落叶石楠属的分类修订 [D]. 北京：中国科学院植物研究所.
罗汉, 梅桂林, 孙煜铮, 等, 2017. 牯牛降国家自然保护区珍稀濒危药用植物资源调查 [J]. 安徽中医药大学学报, 36(4): 4. DOI: 10.3969/j.issn. 2095-7246.2017.04.025.
倪娜, 刘向前, 2006. 五加科五加属植物的研究进展 [J]. 中草药, 37(12): 6. DOI: 10.7501/j. issn. 0253-2670.2006.12.2006012823.
倪昧咏, 2004. 牯牛降的珍奇植物 [J]. 中国野生植物资源, 23(1): 38-39.
倪昧咏, 2011. 安徽牯牛降国家级自然保护区木本植物的补充调查 [J]. 北京林业大学学报, S2: 84-87. DOI:CNKI:SUN:BJLY.0.2011-S2-019.
倪昧咏, 2018. 牯牛降发现 2 种植物安徽新分布记录 [J]. 安徽林业科技, 44(4): 15. DOI: CNKI:SUN:AHLY.0.2018-04-005.
倪昧咏, 2018. 牯牛降发现安徽地理新分布种——堇叶紫金牛 [J]. 安徽林业科技, 44(6): 45.
彭代银, 2020. 安徽省重点中药资源图志 [M]. 福州：福建科学技术出版社.
秦祥堃, 2009. 女贞属的新系统 [J]. 植物分类与资源学报, 31(2): 97-116. DOI: 10.3724/SP.J.1143.2009.08131.
裘宝林, 叶立新, 陈锋, 等, 2020. 浙江荚蒾属植物资料增补 [J]. 杭州师范大学学报：自然科学版, 19(3):6. DOI:CNKI:SUN:HSFZ.0.2020-03-008.
沈泽昊, 胡志伟, 赵俊, 等, 2007. 安徽牯牛降的植物多样性垂直分布特征——兼论山顶效应的影响 [J]. 山地学报, 25(2): 160-168.
汪诗德, 2011. 牯牛降野生观花植物资源调查与评价研究 [D]. 合肥：安徽农业大学.
王四川, 2009. 安徽牯牛降常绿阔叶林种子生态学研究 [D]. 南京：南京林业大学.
王挺, 2009. 安徽牯牛降保护区常绿阔叶林繁育系统的研究 [D]. 南京：南京林业大学.
王文采, 2006. 铁线莲属研究随记（Ⅵ）[J]. 植物分类学报, 44(3):327-339. DOI: JournalArticle/5ae3ededc095d70bd8177e27.
王希华, 钱士心, 2000. 安徽植物增补（二）[J]. 华东师范大学学报（自然科学版）, 4:104-105.

王育鹏，洪欣，刘坤，等，2018. 安徽牯牛降北坡种子植物区系特征及其多样性的海拔梯度变化[J]. 林业科学, 54(4):9. DOI: 10.11707/j.1001-7488.20180419.

吴成妹，2017. 牯牛降国家级自然保护区珍稀植物调查状况及保护对策[J]. 现代园艺, 23:2. DOI:CNKI:SUN:JXYA.0.2017-23-033.

吴孝兵，陈文豪，吴建中，2020. 安徽牯牛降国家级自然保护区生物多样性及其保护策略[M]. 芜湖：安徽师范大学出版社．

吴征镒，1991. 中国种子植物属的分布区类型[J]. 云南植物研究, S4: 1-139. .DOI: http://ir.kib.ac.cn:8080/handle/151853/8489.

吴征镒，孙航，周浙昆，等，2011. 中国种子植物区系地理[J]. 生物多样性, 19(1):1-152. .DOI:10.3969/j.issn.2095-0837.2002.01.006.

薛兆文，王学文，1986. 安徽铁线莲属一新种[J]. 植物分类学报, 24(5): 406-407.

叶康，朱鑫鑫，2020. 安徽省种子植物分布新记录及新变型（Ⅰ）[J]. 植物资源与环境学报, 29(6):3. DOI: 10.3969/j.issn.1674-7895.2020.06.10.

张丁来，2020. 安徽牯牛降国家级自然保护区常绿阔叶林的群落特征[J]. 安徽林业科技, 46(3):4. DOI:10.3969/j.issn.2095-0152.2020.03.004.

郑子洪，刘菊莲，谢文远，等，2022. 浙江种子植物资料增补（ⅩⅤ）[J]. 浙江林业科技, 5:42. DOI:10.3969/j.issn.1001-3776.2022.05.010.

中国植物志编辑委员会，1961-2003. 中国植物志(7-80卷). 北京：科学出版社．

周守标，郭新弧，秦卫华，2004. 安徽紫薇属（千屈菜科）一新种[J]. 植物研究, 24(4):2. DOI:10.3969/j.issn.1673-5102.2004.04.004.

朱德云，2015. 安徽牯牛降国家级自然保护区长序榆的分布状况及保护对策[J]. 现代园艺, 2:204. DOI:10.3969/j.issn.1006-4958.2015.04.170.

訾兴中，李书春，2015. 安徽树木志[M]. 北京：中国林业出版社．

ANGIOSPERM PHYLOGENY GROUP, 2016. An update of the Angiosperm Phylogeny Group classification for the orders And families of flowering plants: APG IV, Botanical Journal of the Linnean Society [J]. 2016, 181(1): 1-20.

CHRISTENHUSZ M, REVEAL J, FARJON A, et al., 2011. A new classification and linearsequence of extant gymnosperms [J]. Phytotaxa, 19(1), 55-70.

GENTRY A H, 1988. Changes in plant community diversity and floristic composition on environmental and geographical gradients[J]. Annals of the Missouri Botanical Garden, 75: 1-34.

HURLBERT S H. 1971. The non-concept of species diversity: a critique and alternative parameters[J]. Ecology, 52: 577-586.

KIM C H, SUN B Y, 2000. New taxa and combinations in Eleutherococcus (Araliacaea) from eastern Asia[J]. Novon, 10(3): 209-214.

LEATHWICK J R, BURNS B R, CLARKSON B D. 1998. Environmental correlates of tree alpha-diversity in New Zealand primary forests[J]. Ecography, 21: 235-246.

MESSIER C, PARENT S, BERGERON Y, 1998. Effects of overstory and understory vegetation on the understory light environment in mixed boreal forests[J]. Journal of Vegetation Science, 9(4): 511-520.

PAUSAS J, AUSTIN M P, 2001. Patterns of plant species richness in relation to different environments:an appraisal [J]. Journal of Vegetation Science, 12: 153-166.

LIN H Y, YANG Y, LI W H, et al., 2023. Species boundaries and conservation implications of Cinnamomum japonicum, an endangered plant in China[J]. Journal of Systematics and Evolution. https://doi/10.1111/jse.12950.

WANG R B, NI W Y, XU W J, et al., 2019. Clematisguniuensis (Ranunculaceae), a new species from Eastern China [J]. PhytoKeys, 128. DOI: 10.3897/phytokeys. 128.33891.

牯牛降木本植物

附 录

附录 1 牯牛降木本植物名录

科	属	种名	别名	学名	保护级别	IUCN等级	备注	用途
银杏科 Ginkgoaceae	银杏属 Ginkgo	银杏	白果树	Ginkgo biloba L.	国一	EN		YLSD
松科 Pinaceae	雪松属 Cedrus	雪松		Cedrus deodara (Roxb. ex D. Don) G. Don		VU	栽培	CL
	松属 Pinus	马尾松	枞树	Pinus massoniana Lamb.		LC		CYZG
		黄山松		Pinus hwangshanensis W. Y. Hsia		LC		CY
	杉木属 Cunninghamia	杉木	杉树	Cunninghamia lanceolata (Lamb.) Hook.		LC		C
柏科 Cupressaceae	侧柏属 Platycladus	侧柏		Platycladus orientalis (L.) Franco		LC	栽培	CYLZ
	圆柏属 Juniperus	圆柏	桧柏	Juniperus chinensis L.		LC		CYLZ
		高山柏	大香柏	Juniperus squamata Buch.-Ham. ex D. Don	省	LC		CL
		刺柏	山刺柏、刺松	Juniperus formosana Hayata		LC		
	三尖杉属 Cephalotaxus	三尖杉		Cephalotaxus fortunei Hook.	省	LC		CYLZ
		粗榧		Cephalotaxus sinensis (Rehder & E. H. Wilson) H. L. Li	省	NT		CYLZ
红豆杉科 Taxaceae	红豆杉属 Taxus	红豆杉		Taxus wallichiana var. chinensis (Pilg.) Florin	国一	VU		CYL
		南方红豆杉	美丽红豆杉	Taxus wallichiana var. mairei (Lemée & H. Lév.) L. K. Fu & Nan Li	国一	NT		CYL
	榧树属 Torreya	榧	香榧	Torreya grandis Fort. ex Lindl.	国二	LC		CYLSZ
		巴山榧		Torreya fargesii Franch.	国二	VU	地区新记录	CLZ
罗汉松科 Podocarpaceae	罗汉松属 Podocarpus	罗汉松		Podocarpus macrophyllus (Thunb.) Sweet	国二	VU	栽培	CL
	八角属 Illicium	大屿八角	陶院八角	Illicium angustisepalum A. C. Smith		LC		LH
		红茴香	披针叶茴香、莽草	Illicium henryi Diels		LC	地区新记录	LFH
五味子科 Schisandraceae	南五味子属 Kadsura	南五味子		Kadsura longipedunculata Finet et Gagnep.	省	LC		YSF
	五味子属 Schisandra	华中五味子		Schisandra sphenanthera Rehder & E. H. Wilson		LC		YS
		二色五味子	翎枝五味子	Schisandra bicolor W. C. Cheng	省	LC		YS
		翼梗五味子		Schisandra henryi C. B. Clarke		LC		YS
金粟兰科 Chloranthaceae	草珊瑚属 Sarcandra	草珊瑚		Sarcandra glabra (Thunb.) Nakai	省	LC		C
胡椒科 Piperaceae	胡椒属 Piper	山蒟	海风藤	Piper hancei Maxim.	省	LC		C
	鹅掌楸属 Liriodendron	鹅掌楸	马褂木	Liriodendron chinense (Hemsl.) Sarg.	国二	LC		CYL
	玉兰属 Yulania	玉兰	白玉兰、望春花	Yulania denudata (Desr.) D. L. Fu		LC		CYLF
		紫玉兰	辛夷	Yulania liliiflora (Desr.) D. L. Fu		VU	栽培	YLF
		黄山玉兰	黄山木兰	Yulania cylindrica (E. H. Wilson) D. L. Fu	省	LC		L
		望春玉兰		Yulania biondii (Pamp.) D. L. Fu		LC	栽培	YLF
木兰科 Magnoliaceae	厚朴属 Houpoea	凹叶厚朴		Houpoea officinalis var. biloba Rehder & E.H.Wilson	国二	LC		YL
	天女花属 Oyama	天女花	小花木兰、天女玉兰	Oyama sieboldii (K. Koch) N. H. Xia & C. Y. Wu	省	NT		YLF
	木莲属 Manglietia	木莲	乳源木莲	Manglietia fordiana Oliv.		LC		CYLH
	含笑属 Michelia	含笑		Michelia figo (Lour.) Spreng.		DD	栽培	YLF
		野含笑		Michelia skinneriana Dunn	省	LC		LH
蜡梅科 Calycanthaceae	蜡梅属 Chimonanthus	蜡梅		Chimonanthus praecox (L.) Link		LC		YLF

（续）

科	属	种名	别名	学名	保护级别	IUCN等级	备注	用途
樟科 Lauraceae	新木姜子属 Neolitsea	浙江新木姜子		Neolitsea aurata var. chekiangensis (Nakai) Yen C. Yang & P. H. Huang		LC		YFZH
	木姜子属 Litsea	天目木姜子		Litsea auriculata Chien et Cheng	省	LC		CYL
		山鸡椒	山苍子	Litsea cubeba (Lour.) Pers.		LC		YLF
		豹皮樟		Litsea coreana var. sinensis (C. K. Allen) Yen C. Yang & P. H. Huang		LC		YH
		黄丹木姜子	长叶木姜子	Litsea elongata (Wall. ex Ness) Benth. & Hook. f.		LC		CZH
		黑壳楠		Lindera megaphylla Hemsl.		DD		CZGH
		红果山胡椒	红果钓樟	Lindera erythrocarpa Makino		LC		LZ
		山橿	木姜子	Lindera reflexa Hemsl.		LC		Y
		山胡椒	假死柴	Lindera glauca (Siebold & Zucc.) Blume		LC		YFZ
	山胡椒属 Lindera	狭叶山胡椒		Lindera angustifolia W. C. Cheng		LC	地区新记录	FZ
		大果山胡椒		Lindera praecox (Siebold & Zucc.) Blume		LC	地区新记录	L
		乌药		Lindera aggregata (Sims) Kosterm.		LC		YFD
		三桠乌药		Lindera obtusiloba Blume		LC		CYZ
		绿叶甘橿		Lindera neesiana (Wall. ex Ness) Kurz.		LC		L
		红脉钓樟		Lindera rubronervia Gamble		LC		F
	檫木属 Sassafras	檫木		Sassafras tzumu (Hemsl.) Hemsl.		LC		CYL
	樟属 Camphora	樟		Camphora officinarum Nees		LC		CYLFD
	桂属 Cinnamomum	浙江桂		Cinnamomum chekiangense Nakai		DD	考证新记录，天竺桂的误认	CYSH
		香桂	细叶香桂、长果桂	Cinnamomum subavenium Miq.		LC		CYSH
	楠属 Phoebe	紫楠		Phoebe sheareri (Hemsl.) Gamble		LC		CH
		薄叶润楠	华东楠、大叶楠、薄叶楠	Machilus leptophylla Hand.-Mazz.		LC		FZH
	润楠属 Machilus	刨花润楠		Machilus pauhoi Kanehira	省	LC		CXZ
		红楠		Machilus thunbergii Siebold & Zucc.		LC		CYLFH
		浙南菝葜		Smilax austrozhejiangensis Q. Lin		LC	安徽新记录	
		托柄菝葜		Smilax discotis Warb.		LC	地区新记录	
		华东菝葜		Smilax sieboldii Miq.		LC		
		短梗菝葜		Smilax scobinicaulis C. H. Wright		LC	地区新记录	
菝葜科 Smilacaceae	菝葜属 Smilax	菝葜		Smilax china L.		LC		YS
		小果菝葜		Smilax davidiana A. DC.		LC		YS
		黑果菝葜	粉菝葜	Smilax glaucochina Warb.		LC	安徽新记录	YS
		三脉菝葜		Smilax trinervula Miq.		LC		
		土茯苓		Smilax glabra Roxb.		LC		YS
		缘脉菝葜		Smilax nervomarginata Hayata		LC	地区新记录	
		鞘柄菝葜		Smilax stans Maxim.		LC	地区新记录	
棕榈科 Arecaceae	棕榈属 Trachycarpus	棕榈		Trachycarpus fortunei (Hook.) H. Wendl.		LC		YLSX
木通科 Lardizabalaceae	大血藤属 Sargentodoxa	大血藤		Sargentodoxa cuneata (Oliv.) Rehder & E. H. Wilson		LC		YXD

（续）

科	属	种名	别名	学名	保护级别	IUCN等级	备注	用途
木通科 Lardizabalaceae	木通属 Akebia	三叶木通	八月炸	Akebia trifoliata (Thunb.) Koidz.		LC		YSZ
		木通	五叶木通	Akebia quinata (Houtt.) Decne.		LC		YSZ
	八月瓜属 Holboellia	鹰爪枫		Holboellia coriacea Diels		LC		YS
		五月瓜藤		Holboellia angustifolia Wall.		LC		YSZ
	野木瓜属 Stauntonia	尾叶那藤	小黄蜡果、五指那藤	Stauntonia obovatifoliola subsp. urophylla (Hand.-Mazz.) H. N. Qin		LC	考证新记录，野木瓜的误认	YS
		倒卵叶野木瓜	钝药野木瓜、牛姆瓜	Stauntonia obovata Hemsl.		LC	考证新记录，牛姆瓜的误认	YL
	猫儿屎属 Decaisnea	猫儿屎		Decaisnea insignis (Griff.) Hook. f. & Thomson		LC		YSZG
	千斤藤属 Stephania	千金藤		Stephania japonica (Thunb.) Miers		LC		Y
防己科 Menispermaceae	蝙蝠葛属 Menispermum	蝙蝠葛		Menispermum dauricum DC.		LC		Y
	称钩风属 Diploclisia	秤钩风		Diploclisia affinis (Oliv.) Diels		LC		YL
	木防己属 Cocculus	木防己		Cocculus orbiculatus (L.) DC.		LC		Y
	风龙属 Sinomenium	风龙	汉防己	Sinomenium acutum (Thunb.) Rehder & E. H. Wilson		LC		YX
小檗科 Berberidaceae	小檗属 Berberis	豪猪刺		Berberis julianae C. K. Schneid.		LC		L
		安徽小檗		Berberis anhweiensis Ahrendt		LC		L
		庐山小檗		Berberis virgetorum C. K. Schneid.		LC		L
	十大功劳属 Mahonia	阔叶十大功劳		Mahonia bealei (Fortune) Carrière		LC		YL
	南天竹属 Nandina	南天竹	南天烛	Nandina domestica Thunb.		LC		YL
毛茛科 Ranunculaceae	铁线莲属 Clematis	绣球藤		Clematis montana Buch.-Ham. ex DC.		LC		Y
		单叶铁线莲	雪里开	Clematis henryi Oliv.		LC		YL
		大花威灵仙	大花铁线莲	Clematis courtoisii Hand.-Mazz.		LC		YL
		钝牛铁线莲		Clematis guniuensis W. Y. Ni, R. B. Wang & S. B. Zhou		DD	新种	
		女萎		Clematis apiifolia DC.		LC		Y
		毛果铁线莲		Clematis peterae var. trichocarpa W. T. Wang		LC	地区新记录	Y
		扬子铁线莲		Clematis puberula var. ganpiniana H. Lév. & Vaniot W. T. Wang		LC		
		山木通		Clematis finetiana H. Lév. & Vaniot		LC		Y
		威灵仙		Clematis chinensis Osbeck		LC		Y
		圆锥铁线莲		Clematis terniflora DC.		LC	地区新记录	Y
		柱果铁线莲		Clematis uncinata Champ.		LC		Y
清风藤科 Sabiaceae	清风藤属 Sabia	清风藤		Sabia japonica Maxim.		LC		YL
		鄂西清风藤		Sabia campanulata subsp. ritchieae (Rehder & E. H. Wilson) Y. F. Wu		LC		
		凹萼清风藤		Sabia emarginata Lecomte		LC	地区新记录	
		尖叶清风藤		Sabia swinhoei Hemsl.		LC	地区新记录	
	泡花树属 Meliosma	垂枝泡花树		Meliosma flexuosa Pamp.		LC		
		多花泡花树		Meliosma myriantha Siebold & Zucc.		DD		
		暖木		Meliosma veitchiorum Hemsl.		DD		CG
		红柴枝	红柴枝、羽叶泡花树	Meliosma oldhamii Miq. & Maxim.		LC	考证新记录，羽叶泡花树的误认	CZ
		笔罗子	野枇杷	Meliosma rigida Siebold & Zucc.		LC		CZG

科	属	种名	别名	学名	保护级别	IUCN等级	备注	用途
黄杨科 Buxaceae	黄杨属 Buxus	黄杨	瓜子黄杨	Buxus sinica (Rehder & E. H. Wilson) M. Cheng		LC		L
		小叶黄杨	珍珠黄杨、鱼鳞木	Buxus sinica var. parvifolia M. Cheng	省	LC		L
		尖叶黄杨	石柳、长叶黄杨	Buxus sinica var. aemulans (Rehder & E. H. Wilson) P. Brückn. & T. L. Ming		LC	地区新记录	L
蕈树科 Altingiaceae	枫香树属 Liquidambar	缺萼枫香		Liquidambar acalycina Hung T. Chang		LC		CLH
		枫香		Liquidambar formosana Hance		LC		CYLH
金缕梅科 Hamamelidaceae	蜡瓣花属 Corylopsis	蜡瓣花		Corylopsis sinensis Hemsl.		NT		YL
		腺蜡瓣花		Corylopsis glandulifera Hemsl.		NT		YL
		灰白蜡瓣花		Corylopsis glandulifera var. hypoglauca (W. C. Cheng) Hung T. Chang		LC		YL
	牛鼻栓属 Fortunearia	牛鼻栓		Fortunearia sinensis Rehder & E. H. Wilson		VU		CZ
	金缕梅属 Hamamelis	金缕梅		Hamamelis mollis Oliv.		LC		YL
	檵木属 Loropetalum	檵木		Loropetalum chinense (R. Br.) Oliv.		LC		YL
	蚊母树属 Distylium	杨梅叶蚊母树	亮叶蚊母树	Distylium myricoides Hemsl.		LC		CYL
虎皮楠科 Daphniphyllaceae	虎皮楠属 Daphniphyllum	交让木		Daphniphyllum macropodum Miq.		LC		CYLZ
		虎皮楠		Daphniphyllum oldhamii (Hemsl.) K. Rosenthal	省	LC		
鼠刺科 Iteaceae	鼠刺属 Itea	峨眉鼠刺	矩形叶鼠刺	Itea omeiensis C. K. Schneid.		LC		Y
茶藨子科 Grossulariaceae	茶藨子属 Ribes	细枝茶藨子		Ribes tenue Jancz.		LC	考证新记录, 冰川茶藨子误认	S
葡萄科 Vitaceae	葡萄属 Vitis	刺葡萄		Vitis davidii (Rom. Caill.) Föex		LC		Y
		腺枝毛葡萄		Vitis heyneana var. adenoclada (Hand.-Mazz.) Z. H. Chen, Feng Chen & W. Y. Xie		LC		S
		华东葡萄		Vitis pseudoreticulata W. T. Wang		LC	地区新记录	S
		菱叶葡萄	菱状葡萄	Vitis hancockii Hance		LC	地区新记录	S
		葛藟葡萄		Vitis flexuosa Thunb.		DD		YZ
		开化葡萄		Vitis kaihuaica Z. H. Chen, Feng Chen & W. Y. Xie		LC	安徽新记录	
		蘡薁		Vitis bryoniifolia Bunge		LC	地区新记录	YS
	蛇葡萄属 Ampelopsis	蛇葡萄	广东蛇葡萄、粤蛇葡萄	Ampelopsis glandulosa (Wall.) Momiy		LC		
		三裂蛇葡萄		Ampelopsis delavayana Planch. ex Franch.		LC	地区新记录	
		牯岭蛇葡萄	羽叶蛇葡萄	Ampelopsis glandulosa var. kulingensis (Rehder) Momiy.		LC	地区新记录	
		异叶蛇葡萄		Ampelopsis glandulosa var. heterophylla (Thunb.) Momiy.		LC	地区新记录	
		白蔹		Ampelopsis japonica (Thunb.) Makino		LC		Y
	牛果藤属 Nekemias	牛果藤		Nekemias cantoniensis (Hook. & Arn.) J. Wen & Z. L. Nie		LC		
		羽叶牛果藤	爬山虎	Nekemias chaffanjonii (H. Lév. & Vaniot) J. Wen & Z. L. Nie		LC	考证新记录, 大叶蛇葡萄误认	
	地锦属 Parthenocissus	地锦	爬山虎	Parthenocissus tricuspidata (Siebold & Zucc.) Planch.		LC	地区新记录	YL
		异叶地锦	异叶爬山虎	Parthenocissus dalzielii Gagnep.		LC		L
		绿叶地锦	青龙藤、绿叶爬山虎	Parthenocissus laetevirens Rehder		LC		L
崖爬藤属 Tetrastigma	三叶崖爬藤	三叶青	Tetrastigma hemsleyanum Diels & Gilg	省	LC		Y
俞藤属 Yua	俞藤	粉叶爬山虎	Yua thomsonii (M. A. Lawson) C. L. Li		LC		Y

(续)

科	属	种名	别名	学名	保护级别	IUCN等级	备注	用途
	合欢属 *Albizia*	合欢	合欢	*Albizia julibrissin* Durazz.		LC		YLS
		山槐	山合欢	*Albizia kalkora* (Roxb.) Prain		LC		CL
	云实属 *Caesalpinia*	云实		*Caesalpinia decapetala* (Roth) Alston		LC		YLZG
	肥皂荚属 *Gymnocladus*	肥皂荚		*Gymnocladus chinensis* Baill.		LC		YZ
	皂荚属 *Gleditsia*	皂荚		*Gleditsia sinensis* Lam.		LC		CYLSD
	紫荆属 *Cercis*	紫荆		*Cercis chinensis* Bunge		LC	栽培	YL
	红豆属 *Ormosia*	花榈木	花梨木、烂锅柴	*Ormosia henryi* Prain	国二	VU		CYLH
	翅荚香槐属 *Platyosprion*	翅荚香槐		*Platyosprion platycarpum* (Maxim.) Maxim.		LC		CL
	香槐属 *Cladrastis*	香槐		*Cladrastis wilsonii* Takeda		LC		CYL
	马鞍树属 *Maackia*	光叶马鞍树		*Maackia tenuifolia* (Hemsl.) Hand.-Mazz.		LC		Y
		马鞍树		*Maackia hupehensis* Takeda		LC		CL
	槐属 *Sophora*	槐	国槐、中槐	*Styphnolobium japonicum* (L.) Schott		LC	栽培	CYLSM
	刺槐属 *Robinia*	刺槐	洋槐	*Robinia pseudoacacia* L.		DD		SM
	黧豆属 *Mucuna*	油麻藤	常春油麻藤	*Mucuna sempervirens* Hemsl.		LC		YSX
	葛属 *Pueraria*	葛麻姆	野葛、山葛、葛藤、葛根	*Pueraria montana* var. *lobata* (Ohwi) Maesen & S. M. Almeida		LC		YSX
	木蓝属 *Indigofera*	庭藤		*Indigofera decora* Lindl.		LC	地区新记录	YLS
		宁波木蓝		*Indigofera decora* var. *cooperi* (Craib) Y. Y. Fang & C. Z. Zheng		LC	地区新记录	YLS
		华东木蓝	华东槐蓝	*Indigofera fortunei* Craib		LC		YLS
豆科 Fabaceae		河北木蓝	马棘、本氏槐蓝、铁扫帚	*Indigofera bungeana* Walp.		LC		YLS
		多花木蓝	多花槐蓝	*Indigofera amblyantha* Craib		LC		YLS
		苏木蓝		*Indigofera carlesii* Craib		LC		YLS
	紫藤属 *Wisteria*	紫藤	紫藤萝	*Wisteria sinensis* (Sims) Sweet		LC		YLSX
	夏藤属 *Wisteriopsis*	江西夏藤	江西崖豆藤、江西鸡血藤	*Wisteriopsis kiangsiensis* (Z. Wei) J. Compton & Schrire		DD	地区新记录	
		网络夏藤	网络崖豆藤、鸡血藤、昆明鸡血藤	*Wisteriopsis reticulata* (Benth.) J. Compton & Schrire		DD		YL
	鸡血藤属 *Callerya*	香花鸡血藤	香花崖豆藤	*Callerya dielsiana* (Harms ex Diels) L. K. Pham ex Z. wei & Pedley		LC		YL
	锦鸡儿属 *Caragana*	锦鸡儿	金雀花	*Caragana sinica* (Buc'hoz) Rehder		LC		YL
	黄檀属 *Dalbergia*	黄檀	不知春	*Dalbergia hupeana* Hance		NT		CY
		大金刚藤	大金刚黄檀	*Dalbergia dyeriana* Prain ex Harms		LC		
	胡枝子属 *Lespedeza*	宽叶胡枝子	拟绿叶胡枝子	*Lespedeza pseudomaximowiczii* D. P. Jin, Bo Xu bis & B. H. Choi		LC		
		绿叶胡枝子		*Lespedeza buergeri* Miq.		LC		Y
		广东胡枝子		*Lespedeza fordii* Schindl.		LC	地区新记录	
		短梗胡枝子		*Lespedeza cyrtobotrya* Miq.		NT	地区新记录	
		春花胡枝子		*Lespedeza dunnii* Schindl.		LC	地区新记录	L
		胡枝子		*Lespedeza bicolor* Turcz.		LC		YL
		美丽胡枝子		*Lespedeza thunbergii* subsp. *formosa* (Vogel) H. Ohashi		LC		YL
		多花胡枝子	四川胡枝子	*Lespedeza floribunda* Bunge		LC		YL

(续)

科	属	种名	别名	学名	保护级别	IUCN等级	备注	用途
豆科 Fabaceae	胡枝子属 Lespedeza	绒毛胡枝子	山豆花	*Lespedeza tomentosa* (Thunb.) Siebold		LC		Y
		中华胡枝子		*Lespedeza chinensis* G. Don		LC		Y
		截叶铁扫帚	夜关门	*Lespedeza cuneata* (Dum. Cours.) G. Don		LC		Y
		铁马鞭		*Lespedeza pilosa* (Thunb.) Siebold & Zucc.		DD		Y
		大叶胡枝子		*Lespedeza davidii* Franch.		LC		YL
		细梗胡枝子		*Lespedeza virgata* (Thunb.) DC.				
	杭子梢属 *Campylotropis*	杭子梢		*Campylotropis macrocarpa* (Bunge) Rehder		LC		YL
远志科 Polygalaceae	远志属 Polygala	荷包山桂花	黄花远志	*Polygala arillata* Buch.-Ham. ex D. Don		LC		Y
蔷薇科 Rosaceae	绣线菊属 Spiraea	单瓣李叶绣线菊	单瓣笑靥花	*Spiraea prunifolia* var. *simpliciflora* (Nakai) Nakai		LC	地区新记录	L
		粉花绣线菊		*Spiraea japonica* L. f.		LC		L
		绣球绣线菊	珍珠绣线菊、翠兰条	*Spiraea blumei* G. Don		LC		L
		中华绣线菊		*Spiraea chinensis* Maxim.		LC		L
	小米空木属 *Stephanandra*	野珠兰	华空木	*Stephanandra chinensis* Hance		LC		LX
	白鹃梅属 Exochorda	白鹃梅		*Exochorda racemosa* (Lindl.) Rehder		LC		LS
	栒子属 Cotoneaster	西北栒子		*Cotoneaster zabelii* C. K. Schneid.		LC	考证新记录，毛灰栒子的误认	
		华中栒子		*Cotoneaster silvestrii* Pamp.		LC		
		平枝栒子		*Cotoneaster horizontalis* Dene.		LC		L
	火棘属 Pyracantha	火棘		*Pyracantha fortuneana* (Maxim.) H. L. Li		LC		L
	山楂属 Crataegus	野山楂		*Crataegus cuneata* Siebold & Zucc.		LC		S
		湖北山楂		*Crataegus hupehensis* Sarg.		LC		S
	石楠属 Photinia	石楠		*Photinia serratifolia* (Desf.) Kalkman		LC		YL
		光叶石楠		*Photinia glabra* (Thunb.) Maxim.		DD		CYL
		红叶石楠		*Photinia* × *fraseri* Dress		LC	栽培	L
		毛叶石楠	小叶洛叶石楠	*Photinia villosa* (Thunb.) Decne.		LC		
		中华洛叶石楠		*Pourthiaea arguta* (Lindl.) Decne.		LC		
	石斑木属 Raphiolepis	石斑木	车轮梅	*Rhaphiolepis indica* (L.) Lindl.		LC		CYS
	花楸属 Sorbus	黄山花楸		*Sorbus amabilis* W. C. Cheng ex T. T. Yu & K. C. Kuan	省	LC		L
		水榆花楸		*Sorbus alnifolia* (Siebold & Zucc.) C. Koch		LC		CLR
		棕脉花楸		*Sorbus dunnii* Rehder		LC		
		石灰花楸		*Sorbus folgneri* (C. K. Schneid.) Rehder		DD		
	梨属 Pyrus	西洋梨		*Pyrus communis* var. *sativa* (DC.) DC.		LC	栽培	S
		杜梨	棠梨	*Pyrus betulifolia* Bunge		LC	地区新记录	CG
		豆梨		*Pyrus calleryana* Decne.		LC		CY
		毛豆梨		*Pyrus calleryana* f. *tomentella* Rehder		LC	地区新记录	
		楔叶豆梨		*Pyrus calleryana* var. *koehnei* (C. K. Schneid.) T. T. Yu		LC		
		全缘叶豆梨		*Pyrus calleryana* var. *integrifolia* T. T. Yu		LC	地区新记录	
	苹果属 Malus	湖北海棠		*Malus hupehensis* (Pamp.) Rehder		LC		LS
		垂丝海棠		*Malus halliana* Koehne		NT	栽培	L

(续)

科	属	种名	别名	学名	保护级别	IUCN等级	备注	用途
蔷薇科 Rosaceae	苹果属 Malus	三叶海棠		Malus toringo (Siebold) Siebold ex de Vriese		LC	地区新记录	L
		光萼海棠	光萼林檎	Malus leiocalyca S. Z. Huang		LC	地区新记录	
		台湾林檎	尖嘴林檎	Malus doumeri (Bois) A. Chev.	省	LC		S
	唐棣属 Amelanchier	东亚唐棣		Amelanchier asiatica (Siebold & Zucc.) Endl. ex Walp.		DD		
	蔷薇属 Rosa	金樱子		Rosa laevigata Michx.		LC		YSG
		小果蔷薇		Rosa cymosa Tratt.		LC		
		软条七蔷薇	湖北蔷薇	Rosa henryi Boulenger		LC		
		悬钩子蔷薇		Rosa rubus H. Lév. & Vaniot		LC		FG
		商城蔷薇		Rosa shangchengensis T. C. Ku		NT	安徽新记录	
		钝叶蔷薇		Rosa sertata Rolfe		LC		
		粉团蔷薇	野蔷薇、七姐妹	Rosa multiflora var. cathayensis Rehder & E. H. Wilson		LC		YLS
	棣棠花属 Kerria	棣棠		Kerria japonica (L.) DC.		LC		YL
	鸡麻属 Rhodotypos	鸡麻		Rhodotypos scandens (Thunb.) Makino		LC		YL
	悬钩子属 Rubus	太平莓		Rubus pacificus Hance		LC		Y
		寒莓		Rubus buergeri Miq.		LC		YL
		木莓		Rubus swinhoei Hance		LC	地区新记录	G
		山莓		Rubus corchorifolius L. f.		LC		YSG
		掌叶覆盆子		Rubus chingii Hu		LC		YS
		高粱薰	高粱泡	Rubus lambertianus Ser.		LC		YS
		灰白毛莓		Rubus tephrodes Hance		LC		Y
		三花悬钩子	三花莓	Rubus trianthus Focke		LC		YS
		茅莓		Rubus parvifolius L.		LC		YSG
		盾叶莓		Rubus peltatus Maxim.		LC		YSG
		周毛悬钩子	周毛莓	Rubus amphidasys Focke ex Diels		LC		YS
		湖南悬钩子		Rubus hunanensis Hand.-Mazz.		LC		
		白叶悬钩子	白背叶悬钩子	Rubus innominatus S. Moore		LC		YS
		蓬蘽		Rubus hirsutus Thunb.		LC		YS
		铅山悬钩子		Rubus tsangii var. yanshanensis (Z. X. Yu & W. T. Ji) L. T. Lu		LC	安徽新记录	
		红腺悬钩子		Rubus sumatranus Miq.		LC		YS
		插田薰	插田泡、复盆子	Rubus coreanus Miq.		LC		YS
	李属 Prunus	桃		Prunus persica (L.) Batsch		LC		YLSG
		李		Prunus salicina Lindl.		LC		LS
		紫叶李		Prunus cerasifera f. atropurpurea (Jacq.) Rehder		DD	栽培	S
		杏		Prunus armeniaca L.		NT	栽培	YLS
		梅		Prunus mume (Siebold) Siebold & Zucc.		LC		YLSF
		迎春樱		Prunus discoidea (T. T. Yu & C. L. Li) Z. Wei & Y. B. Chang		NT	地区新记录	LS
		大叶早樱		Prunus subhirtella Miq.		LC	地区新记录	L
		山樱花	野樱	Prunus serrulata (Lindl.) G. Don ex London		LC		L
		微毛樱		Prunus clarofolia C. K. Schneid.		LC	地区新记录	L
		钟花樱		Prunus campanulata Maxim.		LC	栽培	L

(续)

科	属	种名	别名	学名	保护级别	IUCN等级	备注	用途
蔷薇科 Rosaceae	李属 Prunus	日本晚樱		*Prunus serrulata* var. *lannesiana* (Carrière) Makino		DD	栽培	L
		樱桃		*Prunus pseudocerasus* Lindl.		LC	栽培	LS
		毛柱郁李	毛柱樱	*Prunus pogonostyla* Maxim.		LC	安徽新记录	L
		细齿稠李		*Prunus obtusata* Koehne		LC		
		绢毛稠李	四川稠李	*Prunus wilsonii* (C. K. Schneid.) Koehne		LC		
		橉木	橉木稠李	*Prunus buergeriana* Miq.		LC		
		刺叶桂樱	刺叶樱、常绿樱	*Prunus spinulosa* Siebold & Zucc.		LC		Y
		臭樱	假稠李、锐齿臭樱	*Prunus hypoleuca* (Koehne) J. Wen		LC		
		佘山羊奶子		*Elaeagnus argyi* H. Lév.		LC	地区新记录	L
胡颓子科 Elaeagnaceae	胡颓子属 *Elaeagnus*	胡颓子		*Elaeagnus pungens* Thunb.		LC		LS
		蔓胡颓子	藤胡颓子	*Elaeagnus glabra* Thunb.		LC		S
		牛奶子		*Elaeagnus umbellata* Thunb.		LC		YLS
		木半夏	羊奶子	*Elaeagnus multiflora* Thunb.		LC		YL
		毛木半夏		*Elaeagnus courtoisii* Belval		LC		S
	雀梅藤属 *Sageretia*	雀梅藤		*Sageretia thea* (Osbeck) M. C. Johnst.		LC	地区新记录	LS
	裸芽鼠李属 *Frangula*	长叶冻绿	长叶鼠李	*Frangula crenata* (Siebold & Zucc.) Miq.		LC		
	鼠李属 *Rhamnus*	薄叶鼠李		*Rhamnus leptophylla* C. K. Schneid.		LC	地区新记录	Y
		圆叶鼠李		*Rhamnus globosa* Bunge		LC		YFR
		刺鼠李		*Rhamnus dumetorum* C. K. Schneid.		LC	地区新记录	Y
		冻绿		*Rhamnus utilis* Decne.		LC		ZR
		山鼠李		*Rhamnus wilsonii* C. K. Schneid.		LC	地区新记录	
		皱叶鼠李		*Rhamnus rugulosa* Hemsl. ex Forbes & Hemsl.		LC		
鼠李科 Rhamnaceae	枳椇属 *Hovenia*	北枳椇	拐枣	*Hovenia dulcis* Thunb.		LC		S
		光叶毛果枳椇		*Hovenia trichocarpa* var. *robusta* (Nakai & Y. Kimura) Y. L. Chou & P. K. Chou		LC		S
	猫乳属 *Rhamnella*	猫乳		*Rhamnella franguloides* (Maxim.) Weberb.		LC		YZR
	勾儿茶属 *Berchemia*	牯岭勾儿茶	大叶铁包金	*Berchemia kulingensis* C. K. Schneid.		LC		Y
		多花勾儿茶		*Berchemia floribunda* (Wall.) Brongn.		LC		CYS
	马甲子属 *Paliurus*	铜钱树	摇钱树、金钱树、钱串	*Paliurus hemsleyanus* Rehder		LC		LG
		马甲子		*Paliurus ramosissimus* (Lour.) Poir.		LC		CYLZ
	枣属 *Ziziphus*	枣树		*Ziziphus jujuba* Mill.		LC	栽培	SM
	榉属 *Zelkova*	榉树	光叶榉	*Zelkova serrata* (Thunb.) Makino	省	LC		CYLX
		大叶榉		*Zelkova schneideriana* Hand.-Mazz.	国二	NT		CYLX
榆科 Ulmaceae	榆属 *Ulmus*	杭州榆	江南榆	*Ulmus changii* W. C. Cheng		LC		C
		红果榆		*Ulmus szechuanica* W. P. Fang	省	LC	地区新记录	CX
		春榆	栗叶榆	*Ulmus davidiana* var. *japonica* (Rehder) Nakai		LC	地区新记录	CX
		榆	白榆、家榆	*Ulmus castaneifolia* Hemsl.		LC		C
		榔榆		*Ulmus pumila* L.		LC		CYSXZ
		长序榆		*Ulmus parvifolia* Jacq.		LC		CLX
				Ulmus elongata L. K. Fu & C. S. Ding	国二	EN		CL
	刺榆属 *Hemiptelea*	刺榆		*Hemiptelea davidii* (Hance) Planch.		LC		CSXZ

（续）

科	属	种名	别名	学名	保护级别	IUCN等级	备注	用途
大麻科 Cannabaceae	朴属 Celtis	紫弹树	紫弹朴	Celtis biondii Pamp.		LC		Y
		朴树		Celtis sinensis Pers.		LC		CYLXZ
		黑弹树	小叶朴、黑弹朴	Celtis bungeana Blume		LC		CYX
		西川朴		Celtis vandervoetiana C. K. Schneid	省	LC		Z
		珊瑚朴		Celtis julianae Schneid.		LC		LSX
	糙叶树属 Aphananthe	糙叶树	糙叶榆	Aphananthe aspera (Thunb.) Planch.		LC		CX
	山黄麻属 Trema	山油麻		Trema cannabina var. dielsiana (Hand.-Mazz.) C. J. Chen		LC		XZ
	青檀属 Pterocelis	青檀		Pteroceltis tatarinowii Maxim.	省	LC		CXZ
桑科 Moraceae	橙桑属 Maclura	构棘	葨芝、穿破石	Maclura cochinchinensis (Lour.) Corner		LC		YLSR
		东部柘藤		Maclura orientalis G.Y. Li, W.Y. Xie & Z.H. Chen		DD	安徽新记录	YLSR
		柘		Maclura tricuspidata Carrière		LC		YSX
	桑属 Morus	桑		Morus alba L.		LC		YSX
		鸡桑		Morus australis Poir.		LC		SX
		蒙桑		Morus mongolica (Bur.) C. K. Schneid.		LC	地区新记录	YX
		华桑		Morus cathayana Hemsl.		LC		S
	构属 Broussonetia	构		Broussonetia papyrifera (L.) L'Hér. ex Vent.		LC		YSX
		楮树	小构	Broussonetia kazinoki Siebold & Zucc.		LC		X
		藤构	藤葡蟠、葡蟠	Broussonetia kaempferi Siebold		LC		X
	榕属 Ficus	琴叶榕	条叶榕	Ficus pandurata Hance		LC		YX
		薜荔	凉粉果	Ficus pumila L.		LC		S
		珍珠莲		Ficus sarmentosa var. henryi (King ex Oliv.) Corner		LC		S
		爬藤榕		Ficus sarmentosa var. impressa (Champ. ex Benth.) Corner		LC		YX
荨麻科 Urticaceae	紫麻属 Oreocnide	紫麻		Oreocnide frutescens (Thunb.) Miq.		LC		YSX
壳斗科 Fagaceae	水青冈属 Fagus	米心水青冈		Fagus engleriana Seemen		LC		C
		光叶水青冈	亮叶水青冈	Fagus lucida Rehder & E. H. Wilson		LC		C
	栗属 Castanea	栗	板栗	Castanea mollissima Blume		LC		CSG
		茅栗	毛栗	Castanea seguinii Dode		LC		CSG
		锥栗		Castanea henryi (Skan) Rehder & E. H. Wilson		LC		CSG
	锥属 Castanopsis	甜槠		Castanopsis eyrei (Champ. ex Benth.) Tutcher		LC		CLSH
		米槠		Castanopsis carlesii (Hemsl.) Hayata		LC		CLSH
		苦槠		Castanopsis sclerophylla (Lindl.) Schottky		LC		CLS
		钩锥	钩栲、大叶锥	Castanopsis tibetana Hance	省	LC		CH
		罗浮锥	罗浮栲	Castanopsis fabri Hance	省	LC	地区新记录	CH
		栲	红栲、丝栗栲	Castanopsis fargesii Franch.		LC		CH
		秀丽锥	乌稠栲、东南栲、秀丽栲	Castanopsis jucunda Hance	省	LC		C
	柯属 Lithocarpus	包果柯	包石栎	Lithocarpus cleistocarpus (Seemen) Rehder & E. H. Wilson		LC		C
		柯	石栎	Lithocarpus glaber (Thunb.) Nakai		LC	考证新记录，绵槠的误认	C
		短尾柯	岭南柯	Lithocarpus brevicaudatus (Skan) Hayata		LC		CH

(续)

科	属	种名	别名	学名	保护级别	IUCN等级	备注	用途
壳斗科 Fagaceae	栎属 Quercus	青冈		Quercus glauca Thunb.		LC		CSH
		褐叶青冈		Quercus stewardiana A. Camus		LC		C
		细叶青冈	神农青冈、小叶青冈	Quercus shennongii C. C. Huang & S. H. Fu		LC		CLS
		小叶青冈	青栲、细叶青冈	Quercus myrsinifolia Blume		LC		CLS
		云山青冈		Quercus sessilifolia Blume	省	LC		CSH
		尖叶栎		Quercus oxyphylla (E. H. Wilson) Hand.-Mazz.	国二	EN	地区新记录	
		乌冈栎		Quercus phillyreoides A. Gray		LC		CLSH
		麻栎		Quercus acutissima Carruth.		LC	地区新记录	CS
		栓皮栎		Quercus variabilis Blume		LC		CS
		小叶栎		Quercus chenii Nakai		LC		CS
		白栎		Quercus fabri Hance		LC		CYS
		槲栎		Quercus aliena Blume		LC	地区新记录	CS
		锐齿槲栎		Quercus aliena var. acutiserrata Maxim. ex Wenz.		LC		CS
		枹栎	短柄枹	Quercus serrata Thunb.		LC		CS
		黄山栎		Quercus stewardii Rehder		LC		CS
杨梅科 Myricaceae	杨梅属 Morella	杨梅		Myrica rubra Lour.		LC		YLSFH
枫杨属 Pterocarya		枫杨		Pterocarya stenoptera C. DC.		LC		LXZG
青钱柳属 Cyclocarya		青钱柳		Cyclocarya paliurus (Batalin) Iljinsk.	省	LC		CYG
胡桃科 Juglandaceae	胡桃属 Juglans	胡桃楸	华东野核桃、野胡桃	Juglans mandshurica Maxim.		LC		CYSX-ZG
化香树属 Platycarya		化香		Platycarya strobilacea Siebold & Zucc.		LC		FZG
山核桃属 Carya		山核桃		Carya cathayensis Sarg.		VU	栽培	CYSG
桦木属 Betula		亮叶桦		Betula luminifera H. Winkl.		LC		CYF
桤木属 Alnus		江南桤木		Alnus trabeculosa Hand.-Mazz.		LC		Y
		桤木		Alnus cremastogyne Burk.		LC	栽培	CY
桦木科 Betulaceae	榛属 Corylus	川榛		Corylus heterophylla var. sutchuanensis Franch.		LC	地区新记录	LSZ
		华榛		Corylus chinensis Franch.	省	LC		CS
鹅耳枥属 Carpinus		华千金榆	毛千金榆	Carpinus cordata var. chinensis Franch.		LC		CL
		雷公鹅耳枥		Carpinus viminea Lindl.		LC		
		湖北鹅耳枥		Carpinus hupeana Hu		LC		
卫矛科 Celastraceae	卫矛属 Euonymus	扶芳藤		Euonymus fortunei (Turcz.) Hand.-Mazz.		LC		YL
		胶州卫矛	胶东卫矛	Euonymus kiautschovicus Loes.		LC	地区新记录	L
		冬青卫矛	正木	Euonymus japonicus Thunb.		DD	栽培	L
		陈谋卫矛		Euonymus chenmoui W. C. Cheng		LC	地区新记录	
		大果卫矛		Euonymus myrianthus Hemsl.		LC		
		中华卫矛	矩圆叶卫矛	Euonymus nitidus Benth.		LC		L
		白杜	丝棉木	Euonymus maackii Rupr.		LC		L
		西南卫矛	鬼见愁	Euonymus hamiltonianus Wall.		LC	地区新记录	
		肉花卫矛	玉山卫矛	Euonymus carnosus Hemsl.		LC		YL
		卫矛	鬼箭羽	Euonymus alatus (Thunb.) Siebold		LC		Y
		裂果卫矛		Euonymus dielsianus Loes. ex Diels		LC	安徽新记录	
		百齿卫矛		Euonymus centidens H. Lév.		LC		
		垂丝卫矛		Euonymus oxyphyllus Miq.		LC		

(续)

科	属	种名	别名	学名	保护级别	IUCN等级	备注	用途
卫矛科 Celastraceae	假卫矛属 Microtropis	福建假卫矛		Microtropis fokienensis Dunn		LC		
	南蛇藤属 Celastrus	大芽南蛇藤	哥兰叶	Celastrus gemmatus Loes.		LC		
		短梗南蛇藤		Celastrus rosthornianus Loes.		LC		YX
		灰叶南蛇藤		Celastrus glaucophyllus Rehder & E. H. Wilson		LC	考证新记录，粉背南蛇藤的误认	
		苦皮藤		Celastrus angulatus Maxim.		LC		YXZD
		东南南蛇藤	腺萼南蛇藤	Celastrus punctatus Thunb.		LC	地区新记录	
		窄叶南蛇藤	倒披针叶南蛇藤	Celastrus oblancifolius C. H. Wang & P. C. Tsoong		DD		
	永瓣藤属 Monimopetalum	永瓣藤		Monimopetalum chinense Rehder	国二	LC		
	雷公藤属 Tripterygium	雷公藤	昆明山海棠	Tripterygium wilfordii Hook. f.	省	NT		Y
杜英科 Elaeocarpaceae	杜英属 Elaeocarpus	秃瓣杜英	圆枝杜英	Elaeocarpus glabripetalus Merr.		LC		L
		日本杜英		Elaeocarpus japonicus Siebold & Zucc.	省	LC		C
	猴欢喜属 Sloanea	猴欢喜	膂豆	Sloanea sinensis (Hance) Hemsl.	省	LC	地区新记录	CLX
金丝桃科 Hypericaceae	金丝桃属 Hypericum	金丝桃		Hypericum monogynum L.		LC		YL
杨柳科 Salicaceae	杨属 Populus	响叶杨		Populus adenopoda Maxim.		LC		CX
	柳属 Salix	垂柳		Salix babylonica L.		LC	栽培	CLMG
		旱柳		Salix matsudana Koidz.		LC	地区新记录	M
		银叶柳		Salix chienii W. C. Cheng		LC		M
		南川柳	紫柳、腺柳	Salix rosthornii Seemen		LC	考证新记录，紫柳和腺柳并入	M
		鄂柳		Salix mesnyi Hance		LC	安徽新记录	M
	柞木属 Xylosma	柞木		Xylosma congesta (Lour.) Merr.		LC		CYLM
	山桐子属 Idesia	山桐子		Idesia polycarpa Maxim.		LC		CLMZ
	山拐枣属 Poliothyrsis	山拐枣		Poliothyrsis sinensis Oliv.		LC		CM
	油桐属 Vernicia	油桐		Vernicia fordii (Hemsl.) Airy Shaw		LC		Z
	山麻秆属 Alchornea	山麻秆		Alchornea davidii Franch.		LC		X
大戟科 Euphorbiaceae	野桐属 Mallotus	野梧桐		Mallotus japonicus (L. f.) Müll. Arg.		LC		CZ
		白背叶	白背叶野桐	Mallotus apelta (Lour.) Müll. Arg.		LC		XZ
		卵叶石岩枫	杠香藤 石岩枫	Mallotus repandus var. scabrifolius (A. Juss.) Müll. Arg.		LC	考证新记录，石岩枫的误认	X
		粗糠柴		Mallotus philippensis (Lamarck) Müll. Arg.		LC		CZGR
	乌桕属 Triadica	山乌桕		Triadica cochinchinensis Lour.		LC		CYZ
		乌桕		Triadica sebifera (L.) Small		LC		CYLZRD
叶下珠科 Phyllanthaceae	白木乌桕属 Neoshirakia	白木乌桕	白乳木	Neoshirakia japonica (Siebold & Zucc.) Esser		LC		Z
	五月茶属 Antidesma	日本五月茶	五月茶	Antidesma japonicum Siebold & Zucc.		LC		YZGD
	算盘子属 Glochidion	算盘子		Glochidion puberum (L.) Hutch.		LC		
		湖北算盘子		Glochidion wilsonii Hutch.		LC		G

(续)

科	属	种名	别名	学名	保护级别	IUCN等级	备注	用途
叶下珠科 Phyllanthaceae	叶下珠属 Phyllanthus	落萼叶下珠	曲折叶下珠	Phyllanthus flexuosus (Siebold & Zucc.) Müll. Arg.		LC	地区新记录	YL
		青灰叶下珠		Phyllanthus glaucus Wall. ex Müll. Arg.		LC		YL
	白饭树属 Flueggea	叶底珠	一叶荻、一叶秋	Flueggea suffruticosa (Pall.) Baill.		LC		YXGD
	秋枫属 Bischofia	重阳木	光皮树、痒痒树	Bischofia polycarpa (H. Lév.) Airy Shaw		LC		YLZ
千屈菜科 Lythraceae	紫薇属 Lagerstroemia	紫薇		Lagerstroemia indica L.		LC	地区新记录	CYL
		南紫薇		Lagerstroemia subcostata Koehne		NT		CYL
桃金娘科 Myrtaceae	蒲桃属 Syzygium	赤楠		Syzygium buxifolium Hook. & Arn.	省	LC		CYLS
		轮叶赤楠	三叶赤楠	Syzygium buxifolium var. verticillatum C. Chen		LC		CYLS
野牡丹科 Melastomataceae	野牡丹属 Melastoma	地稔	地稔、地茄	Melastoma dodecandrum Lour.		LC	地区新记录	YS
	鸭脚茶属 Tashiroea	过路惊	秀丽野海棠、中华野海棠	Tashiroea quadrangularis (Cogn.) R. Zhou & Ying Liu		LC		YL
省沽油科 Staphyleaceae	省沽油属 Staphylea	省沽油		Staphylea bumalda DC.		LC		SXZ
		膀胱果	大果省沽油	Staphylea holocarpa Hemsl.		LC		YL
	野鸦椿属 Euscaphis	野鸦椿		Euscaphis japonica (Thunb. ex Roem. & Schult.) Kanitz		LC		CYLSZ
旌节花科 Stachyuraceae	旌节花属 Stachyurus	中国旌节花	旌节花、宽叶旌节花	Stachyurus chinensis Franch.		DD		YL
樱椒树科 Tapisciaceae	樱椒树属 Tapiscia	樱椒树	银鹊树	Tapiscia sinensis Oliv.	省	LC		
	黄连木属 Pistacia	黄连木		Pistacia chinensis Bunge		LC		CLS-MZR
	南酸枣属 Choerospondias	南酸枣	五眼果	Choerospondias axillaris (Roxb.) B. L. Burtt & A. W. Hill		LC		YLS
漆树科 Anacardiaceae	盐肤木属 Rhus	盐肤木	盐肤木	Rhus chinensis Mill.		LC		YSZ
	漆树属 Toxicodendron	野漆		Toxicodendron succedaneum (L.) Kuntze		LC		CYGD
		木蜡树		Toxicodendron sylvestre (Siebold & Zucc.) Kuntze		LC		
		毛漆树	毛果漆	Toxicodendron trichocarpum (Miq.) Kuntze		LC		
		刺果毒漆藤	野葛	Toxicodendron radicans subsp. hispidum (Engl.) Gillis		LC		
无患子科 Sapindaceae	槭属 Acer	紫果槭		Acer cordatum Pax		LC		L
		青榨槭		Acer davidii Franch. subsp. davidii		NT		CLS
		葛萝槭	小叶青皮槭	Acer davidii subsp. grosseri (Pax) P. C. de Jong		NT		CLS
		苦条槭		Acer tataricum subsp. theiferum (W. P. Fang) Y. S. Chen et P. C. de Jong		LC		YSZR
		三角枫		Acer buergerianum Miq.		LC		CL
		毛脉槭		Acer pubinerve Rehder		LC	考证新记录、鸡爪槭误认	L
		鸡爪槭		Acer palmatum Thunb.		VU	栽培	L
		临安槭	蜡枝槭、昌化槭	Acer linganense W. P. Fang & P. L. Chiu	省	VU	地区新记录	L
		稀花槭		Acer pauciflorum W. P. Fang	省	VU	地区新记录	L
		秀丽槭		Acer elegantulum W. P. Fang & P. L. Chiu		LC		L

(续)

科	属	种名	别名	学名	保护级别	IUCN等级	备注	用途
无患子科 Sapindaceae	槭属 Acer	五角枫	五角枫、色木槭	*Acer pictum* subsp. *mono* (Maxim.) H. Ohashi		LC		CLSZ
		五裂槭		*Acer oliverianum* Pax		LC	安徽新记录	CLSZ
		安徽槭		*Acer anhweiense* W. P. Fang & M. Y. Fang	省	NT		L
		锐角槭	杈叶槭	*Acer acutum* W. P. Fang	省	LC	地区新记录	L
		阔叶槭	天童锐角槭	*Acer amplum* Rehder		NT		L
		建始槭	大叶槭	*Acer henryi* Pax		LC		L
		毛果槭	三叶槭	*Acer nikoense* Maxim.		LC		
		天目槭		*Acer sinopurpurascens* W. C. Cheng		LC		
	无患子属 *Sapindus*	无患子		*Sapindus saponaria* L.		LC		CYLZ
	栾树属 *Koelreuteria*	黄山栾树	全缘叶栾树	*Koelreuteria bipinnata* var. *integrifoliola* (Merr.) T. Chen		LC		L
	吴茱萸属 *Euodia*	楝叶吴萸	臭辣吴萸、臭辣树	*Tetradium glabrifolium* (Champ. ex Benth.) T. G. Hartley		LC		Y
		吴茱萸	少果吴茱萸	*Tetradium ruticarpum* (A. Juss.) T. G. Hartley		LC		Y
	花椒属 *Zanthoxylum*	花椒簕	藤花椒	*Zanthoxylum scandens* Blume		LC	地区新记录	Z
		竹叶花椒	竹叶椒	*Zanthoxylum armatum* DC.		LC		YSFZD
		朵花椒		*Zanthoxylum molle* Rehder		VU	地区新记录	YF
		小花花椒		*Zanthoxylum micranthum* Hemsl.		LC	地区新记录	
芸香科 Rutaceae		野花椒		*Zanthoxylum simulans* Hance		LC		YSFZ
		青花椒	崖椒	*Zanthoxylum schinifolium* Siebold & Zucc.		LC		YSFZ
	臭常山属 *Orixa*	臭常山	日本常山	*Orixa japonica* Thunb.		LC		Y
	茵芋属 *Skimmia*	茵芋	山桂花	*Skimmia reevesiana* (Fortune) Fortune	省	LC		Y
	柑橘属 *Citrus*	枳	枸橘	*Citrus trifoliata* L.		LC		L
		柚		*Citrus maxima* (Burm.) Merr.		DD	栽培	S
		柑橘		*Citrus reticulata* Blanco		DD	栽培	YS
苦木科 Simaroubaceae	苦木属 *Picrasma*	苦木		*Picrasma quassioides* (D. Don) Benn.		LC		CYD
	臭椿属 *Ailanthus*	臭椿	樗	*Ailanthus altissima* (Mill.) Swingle		LC		YLZ
楝科 Meliaceae	香椿属 *Toona*	红毛椿	毛红椿	*Toona ciliata* M. Roem.	国二	NT		CG
		香椿		*Toona sinensis* (Juss.) Roem.		LC		CYSZ
	楝属 *Melia*	楝	苦楝	*Melia azedarach* L.		LC		YLD
锦葵科 Malvaceae	椴树属 *Tilia*	糯米椴	光叶糯米椴、秃糯米椴	*Tilia henryana* var. *subglabra* V. Engl.		LC		SXM
		华东椴	日本椴	*Tilia japonica* (Miq.) Simonk.		LC		M
		粉椴	鄂椴、白背椴	*Tilia oliveri* Szyszył.		LC		M
		白毛椴	浆果椴	*Tilia endochrysea* Hand.-Mazz.		LC		M
		短毛椴	庐山椴	*Tilia chingiana* Hu & W. C. Cheng		LC		M
	扁担杆属 *Grewia*	扁担杆		*Grewia biloba* G. Don		LC		YX
	梧桐属 *Firmiana*	梧桐	中国梧桐	*Firmiana simplex* (L.) W. Wight		LC		CYSXM

(续)

科	属	种名	别名	学名	保护级别	IUCN等级	备注	用途
瑞香科 Thymelaeaceae	荛花属 Wikstroemia	光叶荛花	光洁荛花	Wikstroemia glabra W. C. Cheng		LC		X
		安徽荛花		Wikstroemia anhuiensis D. C. Zhang & X. P. Zhang		LC	地区新记录	YXD
		多毛荛花	毛花荛花	Wikstroemia pilosa W. C. Cheng		LC	地区新记录	YLX
	瑞香属 Daphne	荛花	白瑞香	Daphne genkwa Siebold & Zucc.		LC	地区新记录	YLX
		毛瑞香		Daphne kiusiana var. atrocaulis (Rehder) F. Maek.		NT	栽培	YX
	结香属 Edgeworthia	结香	打结树、三桠	Edgeworthia chrysantha Lindl.		LC		Y
檀香科 Santalaceae	米面蓊属 Buckleya	米面蓊		Buckleya henryi Diels		LC		Y
桑寄生科 Loranthaceae	槲寄生属 Viscum	槲寄生		Viscum coloratum (Kom.) Nakai		LC	地区新记录	Y
	钝果寄生属 Taxillus	锈毛钝果寄生		Taxillus levinei (Merr.) H. S. Kiu	省	LC		YL
青皮木科 Schoepfiaceae	青皮木属 Schoepfia	青皮木		Schoepfia jasminodora Siebold & Zucc.		LC		CLS
蓝果树科 Nyssaceae	蓝果树属 Nyssa	蓝果树	紫树	Nyssa sinensis Oliv.		LC	栽培	YL
	喜树属 Camptotheca	喜树	旱莲木	Camptotheca acuminata Decne.		LC		Y
	钻地风属 Schizophragma	钻地风		Schizophragma integrifolium Oliv.		LC		Y
		粉绿钻地风		Schizophragma integrifolium var. glaucescens Rehder		LC		YL
	绣球属 Hydrangea	圆锥绣球		Hydrangea paniculata Siebold		LC		
		中国绣球	伞形绣球	Hydrangea chinensis Maxim.		LC		YL
		蜡莲绣球	腊莲绣球	Hydrangea strigosa Rehder		LC		Y
		冠盖绣球		Hydrangea anomala D. Don		LC		Y
	冠盖藤属 Pileostegia	冠盖藤		Pileostegia viburnoides Hook. f. & Thomson		LC		L
绣球花科 Hydrangeaceae	溲疏属 Deutzia	黄山溲疏		Deutzia glauca Kom.		LC		
		齿叶溲疏	圆齿溲疏	Deutzia crenata Siebold & Zucc.		LC	地区新记录	YL
		宁波溲疏		Deutzia ningpoensis Rehder		LC		YLD
	山梅花属 Philadelphus	疏花山梅花		Philadelphus laxiflorus Rehder		LC		L
		绢毛山梅花		Philadelphus sericanthus Koehne		LC		L
	八角枫属 Alangium	八角枫	华瓜木	Alangium chinense (Lour.) Harms		LC		Y
		毛八角枫		Alangium kurzii Craib		LC		
山茱萸科 Cornaceae	山茱萸属 Cornus	灯台树		Cornus controversa Hemsl.		LC		LZ
		梾木		Cornus macrophylla Wall.		LC	地区新记录	CYLMZ
		毛梾	车梁木	Cornus walteri Wangerin		LC	地区新记录	CYLMZ
		四照花		Cornus kousa subsp. chinensis (Osborn) Q. Y. Xiang		LC		LS
		山茱萸	枣皮	Cornus officinalis Siebold & Zucc.		NT	栽培	YLM
柿树科 Ebenaceae	柿属 Diospyros	君迁子	黑枣柿	Diospyros lotus L.		LC		CYSG
		柿		Diospyros kaki Thunb.		LC	栽培	SG
		野柿	浙江柿、粉叶柿	Diospyros kaki var. silvestris Makino		LC		SG
		山柿		Diospyros japonica Siebold & Zucc.		LC		CG
		油柿	绿柿、方柿	Diospyros oleifera W. Cheng		LC	地区新记录	G

(续)

科	属	种名	别名	学名	保护级别	IUCN等级	备注	用途
报春花科 Primulaceae	杜茎山属 Maesa	杜茎山		Maesa japonica (Thunb.) Moritzi & Zoll.		LC		Y
	紫金牛属 Ardisia	紫金牛		Ardisia japonica (Thunb.) Blume		LC		Y
		朱砂根	硃砂根	Ardisia crenata Sims		LC		YLZ
		红凉伞		Ardisia crenata var. bicolor (Walk.) C. Y. Wu & C. Chen		LC		L
		百两金		Ardisia crispa (Thunb.) A. DC.		LC		YLSZ
		九管血	血党、矮茎紫金牛	Ardisia brevicaulis Diels		LC		Y
		锦花紫金牛	锦花九管血、堇叶紫金牛	Ardisia violacea (T. Suzuki) W. Z. Fang & K. Yao	省	NT	安徽新记录	L
	铁仔属 Myrsine	光叶铁仔		Myrsine stolonifera (Koidz.) E. Walker		LC		Y
五列木科 Pentaphylacaceae	厚皮香属 Ternstroemia	厚皮香	猪血柴	Ternstroemia gymnanthera (Wight & Arn.) Bedd.		LC		H
		亮叶厚皮香		Ternstroemia nitida Merr.	省	LC	地区新记录	H
	杨桐属 Adinandra	杨桐	黄瑞木	Adinandra millettii (Hook. & Arn.) Benth. & Hook. f. ex Hance		LC		H
	红淡比属 Cleyera	红淡比		Cleyera japonica Thunb.	省	LC		YLH
	柃木属 Eurya	格药柃		Eurya muricata Dunn		LC		M
		微毛柃		Eurya hebeclados Ling		LC		M
		窄基红褐柃		Eurya rubiginosa var. attenuata Hung T. Chang		LC		
		短柱柃		Eurya brevistyla Kobuski		LC		
		岩柃		Eurya saxicola Hung T. Chang		LC		
		翅柃	翼柃	Eurya alata Kobuski		LC		
	核果茶属 Pyrenaria	小果石笔木	狭叶石笔木、小果核果茶	Pyrenaria microcarpa Keng	省	LC		
山茶科 Theaceae	山茶属 Camellia	毛柄连蕊茶	毛花连蕊茶、连蕊茶	Camellia fraterna Hance		LC		Z
		尖连蕊茶	尖叶山茶	Camellia cuspidata (Kochs) H. J. Veitch		LC		Z
		油茶		Camellia oleifera Abel		LC		LSMZD
		细叶短柱茶	小叶茶	Camellia microphylla (Merr.) S. S. Chien		LC		M
		茶		Camellia sinensis (L.) Kuntze	国二	VU		YSMZ
	紫茎属 Stewartia	天目紫茎		Stewartia gemmata Chien & Cheng		DD	考证新记录，紫茎误认	L
	木荷属 Schima	木荷		Schima superba Gardner & Champ.	省	LC		CYLDH
山矾科 Symplocaceae	山矾属 Symplocos	白檀		Symplocos tanakana Nakai		LC		YGD
		华山矾	中华山矾	Symplocos chinensis (Lour.) Druce		DD	地区新记录	YSZ
		朝鲜白檀		Symplocos coreana (H. Lév.) Ohwi		DD	地区新记录	
		琉璃白檀	琉璃山矾	Symplocos sawafutagi H. Nagamasu		DD	地区新记录	M
		叶萼山矾		Symplocos phyllocalyx Clarke		DD	地区新记录	XZ
		光亮山矾		Symplocos lucida (Thunb.) Siebold & Zucc.	省	DD		Y
		薄叶山矾		Symplocos anomala Brand		LC		YS
		山矾	尾叶山矾	Symplocos sumuntia Buch.-Ham. ex D. Don		LC		YLR
		老鼠矢		Symplocos stellaris Brand		LC		Y

(续)

科	属	种名	别名	学名	保护级别	IUCN等级	备注	用途
安息香科 Styracaceae	赤杨叶属 Alniphyllum	赤杨叶	水冬瓜、拟赤杨、豆渣	Alniphyllum fortunei (Hemsl.) Makino		LC		CYL
		玉铃花		Styrax obassis Siebold & Zucc.		LC		CYLFZ
		栓叶安息香	红皮树	Styrax suberifolius Hook. & Arn.		LC		Y
		野茉莉		Styrax japonicus Siebold & Zucc.		LC		YLZ
	安息香属 Styrax	芬芳安息香	郁香野茉莉	Styrax odoratissimus Champion ex Bentham		LC		Y
		赛山梅		Styrax confusus Hemsl.		LC		Y
		垂珠花		Styrax dasyanthus Perkins		LC	地区新记录	YZG
		白花荚		Styrax faberi Perkins		LC	地区新记录	Y
	白辛树属 Pterostyrax	小叶白辛树	小果白辛树	Pterostyrax corymbosus Siebold & Zucc.		LC		L
猕猴桃科 Actinidiaceae	猕猴桃属 Actinidia	软枣猕猴桃	软枣子	Actinidia arguta (Siebold et Zucc.) Planch. ex Miq.	国二	NT		S
		对萼猕猴桃	镊合猕猴桃、麻叶猕猴桃	Actinidia valvata Dunn	省	NT		S
		葛枣猕猴桃	木天蓼	Actinidia polygama (Siebold & Zucc.) Maxim.		LC		YS
		大籽猕猴桃	猫人参	Actinidia macrosperma C. F. Liang	国二	NT	地区新记录	YS
		异色猕猴桃		Actinidia callosa var. discolor C. F. Liang		LC	地区新记录	S
		小叶猕猴桃		Actinidia lanceolata Dunn		VU		S
		中华猕猴桃	阳桃	Actinidia chinensis Planch.	国二	LC		YLSMF
杜鹃花科 Ericaceae	Rhododendron	羊踯躅		Rhododendron molle (Blume) G. Don	省	LC	地区新记录	YL
		丁香杜鹃	满山红	Rhododendron farrerae Sweet		LC		L
		杜鹃	映山红	Rhododendron simsii Planch.		LC		YL
		马银花		Rhododendron ovatum (Lindl.) Planch. ex Maxim.		LC		YLH
		黄山杜鹃	安徽杜鹃	Rhododendron maculiferum subsp. anhweiense (E. H. Wilson) D. F. Chamb.	省	LC		YL
		云锦杜鹃		Rhododendron fortunei Lindl.	省	LC		YL
	珍珠花属 Lyonia	毛果珍珠花	毛果南烛	Lyonia ovalifolia var. hebecarpa (Franch. ex F. B. Forbes & Hemsl.) Chun		DD		Y
		小果珍珠花	小果南烛	Lyonia ovalifolia var. elliptica (Siebold & Zucc.) Hand.-Mazz.		LC		Y
	吊钟花属 Enkianthus	灯笼花	灯笼花	Enkianthus chinensis Franch.		LC		L
	马醉木属 Pieris	马醉木	梫木	Pieris japonica (Thunb.) D. Don ex G. Don		LC		YL
		南烛	乌饭树	Vaccinium bracteatum Thunb.		LC		YS
	越橘属 Vaccinium	江南越橘	米饭花	Vaccinium mandarinorum Diels		LC		YS
		刺毛越橘		Vaccinium trichocladum Merr. & F. P. Metcalf		LC		YS
		无梗越橘		Vaccinium henryi Hemsl.		LC		
		黄背越橘		Vaccinium iteophyllum Hance		LC		YS
		扁枝越橘		Vaccinium japonicum var. sinicum (Nakai) Rehder		LC		L
杜仲科 Eucommiaceae	杜仲属 Eucommia	杜仲		Eucommia ulmoides Oliv.	省	VU	栽培	CYSG

(续)

科	属	种名	别名	学名	保护级别	IUCN等级	备注	用途
茜草科 Rubiaceae	水团花属 Adina	细叶水团花	水杨梅	Adina rubella Hance		LC		Y
		水团花		Adina pilulifera (Lam.) Franch. ex Drake		LC		CY
	茜树属 Aidia	茜树		Aidia cochinchinensis Lour.	省	LC	安徽新记录	
	钩藤属 Uncaria	钩藤		Uncaria rhynchophylla (Miq.) Miq. ex Havil.		LC		Y
	玉叶金花属 Mussaenda	大叶白纸扇	藕花、玉叶金花	Mussaenda shikokiana Makino		LC		LG
	香果树属 Emmenopterys	香果树		Emmenopterys henryi Oliv.	国二	NT		CLX
	流苏子属 Thysanospermum	流苏子		Coptosapelta diffusa (Champ. ex Benth.) Steenis		LC		
	栀子属 Gardenia	栀子	山栀	Gardenia jasminoides J. Ellis		LC		YLR
	巴戟天属 Morinda	羊角藤		Morinda umbellata subsp. obovata Y. Z. Ruan		DD		Y
	粗叶木属 Lasianthus	日本粗叶木	榄绿粗叶木	Lasianthus japonicus Miq.		LC		Y
	虎刺属 Damnacanthus	虎刺		Damnacanthus indicus C. F. Gaertn.		LC		YL
		浙皖虎刺		Damnacanthus macrophyllus Siebold ex Miq.	省	LC	地区新记录	Y
		短刺虎刺		Damnacanthus giganteus (Makino) Nakai		LC		Y
	白马骨属 Serissa	六月雪		Serissa japonica (Thunb.) Thunb.		LC		L
		白马骨	山地六月雪	Serissa serissoides (DC.) Druce		LC	地区新记录	Y
	乌口树属 Tarenna	白花苦灯笼		Tarenna mollissima (Hook. & Am.) B. L. Rob.		LC		Y
	狗骨柴属 Diplospora	狗骨柴		Diplospora dubia (Lindl.) Masam.		LC		CY
	鸡仔木属 Sinoadina	鸡仔木	水冬瓜	Sinoadina racemosa (Siebold & Zucc.) Ridsdale	省	LC	地区新记录	CX
	蓬莱葛属 Gardneria	蓬莱葛	多花蓬莱葛	Gardneria multiflora Makino		LC		Y
马钱科 Loganiaceae		线叶蓬莱葛	少花蓬莱葛、俯垂蓬莱葛	Gardneria nutans Siebold & Zucc.		EN		Y
夹竹桃科 Apocynaceae	络石属 Trachelospermum	亚洲络石	细梗络石	Trachelospermum asiaticum (Siebold & Zucc.) Nakai		LC	地区新记录	YXF
		络石		Trachelospermum jasminoides (Lindl.) Lem.		LC		
		紫花络石		Trachelospermum axillare Hook. f.		LC		XG
		毛药藤		Sindechites henryi Oliv.		LC		Y
	秦岭藤属 Biondia	祛风藤	浙江乳突果	Biondia microcentra (Tsiang) P. T. Li		LC		Y
	娃儿藤属 Tylophora	贵州娃儿藤		Tylophora silvestris Tsiang		LC		Y
紫草科 Boraginaceae	厚壳树属 Ehretia	厚壳树		Ehretia acuminata R. Br.		DD		CR
		粗糠树		Ehretia dicksonii Hance		LC		L
茄科 Solanaceae	枸杞属 Lycium	枸杞		Lycium chinense Mill.		LC		YSZ
木樨科 Oleaceae	雪柳属 Fontanesia	雪柳		Fontanesia phillyraeoides var. fortunei (Carrière) Koehne		LC	地区新记录	LX
	梣属 Fraxinus	尖萼梣		Fraxinus odontocalyx Hand.-Mazz. ex E. Peter		LC	地区新记录	L
		苦枥木		Fraxinus insularis Hemsl.		LC		L
		白蜡树		Fraxinus chinensis Roxb.		LC		CYLG
		庐山梣	黄山梣	Fraxinus sieboldiana Blume		LC	地区新记录	L
	连翘属 Forsythia	金钟花	黄金条	Forsythia viridissima Lindl.		LC		YLZ

(续)

科	属	种名	别名	学名	保护级别	IUCN等级	备注	用途
木樨科 Oleaceae	木樨属 Osmanthus	木樨	桂花	Osmanthus fragrans (Thunb.) Lour.		LC	栽培	YLFZ
		宁波木樨	华东木樨	Osmanthus cooperi Hemsl.		LC		YLFG
	女贞属 Ligustrum	女贞		Ligustrum lucidum W. T. Aiton		LC		L
		扩展女贞	鄂皖女贞	Ligustrum expansum Rehder	省	NT	地区新记录	L
		小蜡	蜡子树	Ligustrum sinense Lour.		LC		YLSZ
		小蜡		Ligustrum leucanthum (S. Moore) P. S. Green	省	LC		LZ
		长筒女贞		Ligustrum longitubum (P. S. Hsu) P. S. Hsu		LC		L
	万钧木属 Chengiodendron	牛矢果	牛矢果	Chengiodendron matsumuranum (Hayata) C. B. Shang, X. R. Wang, Yi F. Duan & Yong F. Li		LC		
	流苏树属 Chionanthus	流苏树		Chionanthus retusus Lindl. & Paxton		LC		LSF
	素馨属 Jasminum	华素馨	华清香藤	Jasminum sinense Hemsl.		LC	考证新记录，清香藤误认	L
玄参科 Scrophulariaceae	醉鱼草属 Buddleja	醉鱼草		Buddleja lindleyana Fortune		LC		YL
唇形科 Lamiaceae/Labiatae	牡荆属 Vitex	黄荆	牡荆	Vitex negundo L.		LC		Y
	莸属 Caryopteris	兰香草		Caryopteris incana (Thunb. ex Houtt.) Miq.		LC		Y
		臭牡丹		Clerodendrum bungei Steud.		LC		YL
	大青属 Clerodendrum	大青		Clerodendrum cyrtophyllum Turca.		LC		YS
		浙江大青	黄山大青	Clerodendrum kaichianum P. S. Hsu		LC		
		海州常山		Clerodendrum trichotomum Thunb.		LC		YL
	紫珠属 Callicarpa	白棠子树		Callicarpa dichotoma (Lour.) K. Koch		LC		YLF
		紫珠	珍珠枫	Callicarpa bodinieri H. Lév.		LC		YL
		红紫珠		Callicarpa rubella Lindl.		LC		YL
		华紫珠		Callicarpa cathayana H. T. Chang		LC		YL
		老鸦糊		Callicarpa giraldii Hesse ex Rehder		LC		YL
		日本紫珠		Callicarpa japonica Thunb.		LC		YL
		全缘叶紫珠		Callicarpa integerrima Champ.		LC		YL
	豆腐柴属 Premna	豆腐柴	腐婢	Premna microphylla Turcz.		LC	安徽新记录	YSG
泡桐科 Paulowniaceae	泡桐属 Paulownia	白花泡桐		Paulownia fortunei (Seem.) Hemsl.		LC		L
		毛泡桐		Paulownia tomentosa (Thunb.) Steud.		LC		L
青荚叶科 Helwingiaceae	青荚叶属 Helwingia	青荚叶	叶上珠	Helwingia japonica (Thunb.) F. Dietr.	省	LC		YL
冬青科 Aquifoliaceae	冬青属 Ilex	冬青		Ilex chinensis Sims		LC		CYLG
		香冬青	甜果冬青	Ilex suaveolens (H. Lév.) Loes.		LC		L
		绿冬青		Ilex viridis Champ. ex Benth.		LC		L
		铁冬青		Ilex rotunda Thunb.		LC		YL
		木姜冬青		Ilex litseifolia Hu & Tang		LC	地区新记录	CYL
		枸骨	枸骨冬青	Ilex cornuta Lindl. & Paxton		LC		L
						LC		YL

附录 枯牛降木本植物（续）

科	属	种名	别名	学名	保护级别	IUCN等级	备注	用途
冬青科 Aquifoliaceae	冬青属 Ilex	猫儿刺		Ilex pernyi Franch.		LC		YL
		毛冬青	洛箱红	Ilex pubescens Hook. & Arn.		LC	地区新记录	YL
		矮冬青		Ilex lohfauensis Merr.		LC	地区新记录	
		三花冬青		Ilex triflora Blume		LC	地区新记录	
		厚叶冬青		Ilex elmerrilliana S. Y. Hu		LC	地区新记录	
		尾叶冬青		Ilex wilsonii Loes.		LC		L
		短梗冬青	华东冬青、毛枝冬青	Ilex buergeri Miq.		LC		
		大叶冬青	苦丁茶	Ilex latifolia Thunb.	省	LC		CYL
		具柄冬青		Ilex pedunculosa Miq.		LC		L
		大柄冬青		Ilex macropoda Miq.		LC		L
		大果冬青		Ilex macrocarpa Oliv.		LC	地区新记录	
菊科 Asteraceae/Compositae	帚菊属 Pertya	心叶帚菊		Pertya cordifolia Mattf.		LC		
荚蒾科 Viburnaceae	接骨木属 Sambucus	接骨木		Sambucus williamsii Hance	省	LC		Y
	荚蒾属 Viburnum	合轴荚蒾		Viburnum sympodiale Graebn.		LC		L
		壮大聚花荚蒾		Viburnum glomeratum subsp. magnificum (P. S. Hsu) P. S. Hsu		DD		
		蝴蝶戏珠花	蝴蝶荚蒾	Viburnum plicatum f. tomentosum (Miq.) Rehder		LC		YL
		具毛常绿荚蒾	毛枝常绿荚蒾	Viburnum sempervirens var. trichophorum Hand.-Mazz.		LC	地区新记录	YLS
		茶荚蒾	饭汤子	Viburnum setigerum Hance		LC		YLSZ
		宜昌荚蒾	蚀齿荚蒾	Viburnum erosum Thunb.		LC		YLS
		荚蒾		Viburnum dilatatum Thunb.		NT		
		浙皖荚蒾		Viburnum wrightii Miq.		LC		L
		鸡树条	天目琼花	Viburnum opulus subsp. calvescens (Rehder) Sugim.	省	VU	地区新记录	L
	蝟实属 Kolkwitzia	蝟实	美人木、蝟实	Kolkwitzia amabilis Graebn.		LC		L
	忍冬属 Lonicera	下江忍冬	吉利子、庐山忍冬	Lonicera modesta Rehder		LC		L
		郁香忍冬		Lonicera fragrantissima Lindl. et Paxton		LC		LS
		金银忍冬	金银木	Lonicera maackii (Rupr.) Maxim.		LC		LF
		忍冬	金银花	Lonicera japonica Thunb.		LC		YLF
		菰腺忍冬		Lonicera hypoglauca Miq.		LC	地区新记录	Y
		盘叶忍冬		Lonicera tragophylla Hemsl.		LC		Y
		大盘山忍冬		Lonicera gynochlamydea subsp. dapanshanensis Z. H. Chen, G. Y. Li & Jian S. Wang		LC	地区新记录	L
		淡红忍冬	渐尖忍冬、毛萼忍冬	Lonicera acuminata Wall.		LC		Y
	锦带花属 Weigela	半边月	水马桑	Weigela japonica var. sinica (Rehder) L. H. Bailey		DD		L
	六道木属 Zabelia	南方六道木	太白六道木、伞花六道木	Zabelia dielsii (Graebn.) Makino		DD		L
海桐科 Pittosporaceae	海桐花属 Pittosporum	海金子	崖花海桐	Pittosporum illicioides Makino		LC		YXZ

(续)

科	属	种名	别名	学名	保护级别	IUCN等级	备注	用途
五加科 Araliaceae	树参属 Dendropanax	树参		Dendropanax dentiger (Harms) Merr.		LC		YS
	常春藤属 Hedera	常春藤	中华常春藤	Hedera nepalensis var. sinensis (Tobler) Rehder		LC		YL
	刺楸属 Kalopanax	刺楸		Kalopanax septemlobus (Thunb.) Koidz.	省	LC		CYL
		树商陆		Eleutherococcus scandens H. Ohashi		LC		
		白簕	三叶五加	Eleutherococcus trifoliatus (L.) S. Y. Hu		DD	地区新记录	Y
		细柱五加	五加	Eleutherococcus nodiflorus (Dunn) S. Y. Hu	省	LC		Y
	五加属 Eleutherococcus	三叶五加	三叶细柱五加	Eleutherococcus nodiflorus var. trifoliolatus (C. B. Shang) Shui L. Zhang & Z. H. Chen		LC	地区新记录	Y
		藤五加	刚毛五加	Eleutherococcus leucorrhizus Oliv.		LC		Y
		黄山五加		Eleutherococcus huangshanensis C. H. Kim & B. Y. Sun		LC	地区新记录	
	萸叶五加属 Gamblea	吴茱萸五加	萸叶五加	Gamblea ciliata var. evodiifolia (Franch.) C. B. Shang, Lowry & Frodin		VU		YL
		棘茎楤木	鸟不休	Aralia echinocaulis Hand.-Mazz.		LC		Y
	楤木属 Aralia	楤木	辽东楤木、安徽楤木	Aralia elata (Miq.) Seem.		LC		YS
		头序楤木	毛叶楤木	Aralia dasyphylla Miq.		LC		Y

注：用途中"C"代表材用植物；"Y"代表药用植物；"L"代表绿化或观赏植物；"S"代表食用植物，包括直接食用或含淀粉、含糖，作为饲料等间接食用的植物；"X"代表纤维可供造纸、人造棉等使用的植物；"M"代表蜜源植物；"F"代表芳香可提精油的植物；"Z"代表油脂含量丰富，可供榨油或制皂的植物；"G"代表后含物中的丹宁、果胶、蜡质、生漆等可供工业用途的植物；"R"代表可提取色素制作媒染剂的植物；"D"代表含毒性可用于杀虫杀菌的植物；"H"代表可营造防火林的植物。

附录2　植物种名生僻字

榧	fěi		榛	zhēn
蒟	jǔ		枥	lì
菝	bá		柞	zuò
蕣	qiā		桕	jiù
檗	bò		棯	rěn
檵	jì		瘿	yǐng
蘦	lě		栾	luá
蘡	yīng		簕	lè
薁	yù		荛	ráo
蔹	liǎn		芫	yuán
栌	lú		蓊	wěng
藨	pāo / biāo		溲	sōu
柘	zhè		梾	lái
朴	pò		茜	qiàn
楮	chǔ		祛	qū
薜	bì		梣	chén
槠	zhū		枥	lì
栲	kǎo		樨	xī
柯	kē		菰	gū
槲	hú		楤	sǒng
桤	qī